高等学校土木工程专业系列推荐教材

U0159896

土木工程数值计算

李 飞 王金安 刘彩平 编著

中国建筑工业出版社

图书在版编目（CIP）数据

土木工程数值计算/李飞，王金安，刘彩平编著
．—北京：中国建筑工业出版社，2020.7（2021.12重印）
高等学校土木工程专业系列推荐教材
ISBN 978-7-112-25188-9

Ⅰ.①土… Ⅱ.①李… ②王… ③刘… Ⅲ.①土木工
程-数值计算-高等学校-教材 Ⅳ.①TU17

中国版本图书馆 CIP 数据核字(2020)第 086835 号

责任编辑：周娟华
责任校对：李美娜

高等学校土木工程专业系列推荐教材
土木工程数值计算
李 飞 王金安 刘彩平 编著

*

中国建筑工业出版社出版、发行（北京海淀三里河路 9 号）
各地新华书店、建筑书店经销
北京科地亚盟排版公司制版
北京建筑工业印刷厂印刷

*

开本：787 毫米×1092 毫米 1/16 印张：20½ 字数：494 千字
2021 年 1 月第一版 2021 年 12 月第二次印刷
定价：59.00 元
ISBN 978-7-112-25188-9
（35954）

前　言

当今土木工程发展迅速，土木工程结构更加集大型化、综合性和复杂化于一体。为了满足建筑结构功能性以及强度和稳定性的要求，土木工程设计和优化必须进行精准的计算和校核。由于土木工程建筑涉及工程材料的多样性和其力学性质的复杂性、几何形状和受荷类型的复杂、多变性，利用传统的结构解析方法计算是非常困难的，甚至不可能。因此，借助现代计算机技术，采用数值计算方法进行结构受力分析与精确的过程仿真，成为土木工程结构设计和优化经济、可靠的途径。

本书作者所在课题组经过数年的土木工程理论教学和科研实践，在数值计算分析方面积累了一定的经验和应用技巧。为了达到让学生零起点入门、快速掌握土木工程数值计算分析的技能，本书精选了适合土木工程专业的教学内容和大量的工程应用实例，以期学生能够在较短时间内具备运用数值计算方法分析和解决土木工程问题的能力。

本书各章节编写分工为：绪论、第1~6章由北京科技大学王金安教授编写；第7~11章由北京科技大学李飞编写；第12章由北京科技大学刘彩平编写。全书由李飞统稿，并负责全书终审。北京科技大学土木工程系的教师和同行们在本书的编写和示教过程中给予了大力协助和指导。北京科技大学博士和硕士研究生展亚太、高安琪、管维东、孙阳、杨京豫、黎伟佳、常宁东等在本书图文录入和编排中做了大量的工作，在此一并表示感谢。

本书的出版得到了北京科技大学"十三五"规划教材项目、国家重点研发计划（十三五重点专项计划，No. 2017YFC1503104）和北京科技大学北京市重点学科工程力学的资助，在此表示感谢。

限于时间和水平，书中难免有错误和不妥之处，恳请专家、学者不吝批评和赐教，谢谢！

编者

2019 年 12 月

目　　录

绪　　论

0.1　学习数值计算的必要性

1. 工程的复杂性

土木工程、采矿工程、石油工程、水利水电、国防、交通运输等工程领域涉及材料的多样性、力学环境的复杂性、几何形态的不规则性和介质性态的多元性，具体体现在：

(1) 材料属性：岩石、土、混凝土、流体、支护构件；

(2) 力学性质：弹性、塑形、黏性、流变性、各向异性；

(3) 应力环境：水平、垂直，拉、压、剪、扭及其复合应力；

(4) 几何形状：多样、复杂；

(5) 介质性态：层状、块体、散体，连续、非连续等。

2. 工程设计的要求

对于工程设计，应满足以下基本要求：

(1) 满足功能需要；

(2) 满足强度与稳定性要求；

(3) 满足经济合理性要求。

为此，设计者和研究者必须对工程对象进行结构设计和强度校验，以及结构优化等，以满足工程的需要。

3. 数值计算的必要性

经典弹性力学计算只限于少数简单、规则的问题才能获得解析解。但对于大多数工程问题，特别是岩土工程问题，涉及的材料和边界条件复杂、多样且不规则，应用材料力学、弹性力学、土力学、岩石力学和结构力学中的传统方法，无法在数学上获得解析解，或者计算极其复杂。举例如下：

(1) 等围压硐室受力分析

如图 0.1 所示的圆形硐室在均质、等围压情况下，受力状态较简单，可以容易地得到围岩应力及位移的解析解。

$$\sigma_r = P\left(1 - \frac{r_0^2}{r^2}\right)$$

$$\sigma_\theta = P\left(1 + \frac{r_0^2}{r^2}\right)$$

$$\tau_{r\theta} = 0$$

$$u_r = \frac{Pr_0^2}{2G} \times \frac{1}{r}$$

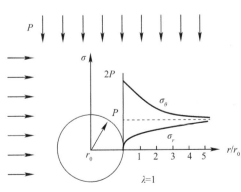

图 0.1　圆形硐室围岩受力分布

$$u_\theta = 0$$

式中：σ_r 为硐室围岩径向应力；σ_θ 为硐室围岩切向应力；$\tau_{r\theta}$ 为硐室围岩剪切应力；u_r 为硐室围岩径向位移；P 为围岩压力；r_0 为圆形硐室开挖半径；r 为围岩中任意点离开圆心的距离；G 为剪切模量。

当硐室形状、围岩应力状态和围岩性质发生变化时，解析解的方程形式将变得相当复杂，甚至无解析解。

（2）三角桁架受力分析

对于图 0.2 所示的简单桁架，由 $\sum X = 0$、$\sum Y = 0$、$\sum M = 0$，分别列出①、②、③杆的力平衡方程，再求出各杆内的 σ、σ_M 等。当杆件的组合形式变化（或者外荷施加方式变化）时，传统方法将极为烦琐，很难求解。

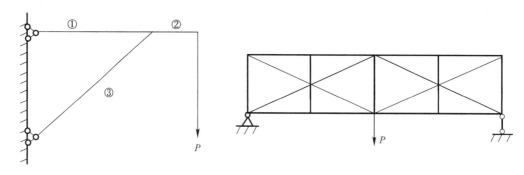

图 0.2　简单桁架分析

因此，必须采用新的理论分析手段和计算方式，借助计算机这一强大计算工具进行求解。

0.2　数值计算方法的分类

0.2.1　数值计算方法的分类

这里所说的数值计算方法是指以求解域的离散化为特征的计算方法，其复杂程度决定了求解需在计算机上实现。数值计算方法主要包括确定性方法和非确定性方法。

1. 确定性分析方法

确定性分析方法主要包括连续介质分析方法和非连续介质分析方法。连续介质分析方法主要有有限单元法（ANSYS、NASTRAN、SAP、ADINA、LUSYS、3D-Sigma、ABAQUS、ALGOL、PKPM），边界元法，有限差分法（FLAC），无元法等；非连续介质分析方法主要有离散元法（UDEC）、关键块体法（Key Block）、颗粒元法（PFC），以及能够模拟和追踪材料断裂的流形元法（Manifold Element Method）等。

（1）有限单元法（Finite Element Method，简称 FEM）：该方法在 20 世纪 70 年代发展较快。有限单元法的理论基础是虚功原理和基于最小势能的变分原理，它将研究域离散化，对位移场和应力场的连续性进行物理近似。主要采用区域变分的方式，在每一小单元中确定形函数和变形模式，进行离散化处理，建立刚度矩阵，引入边界条件求解。有限单元法适用性广泛，从理论上讲对任何问题都适用，但计算速度相对较慢。特别是在求解高度非线性问题时，需要多次迭代求解。近年来，随着高性能计算机的问世和并行算法的出现，以及采用 GPU 代替 CPU 计算模式，计算精度和速度都有了很大的提高和改善。

（2）有限差分法（Finite Difference Method，简称 FDM）：有限差分法可能是解算给定初值和（或）边值微分方程组的最古老的数值方法。在有限差分法中，基本方程组和边界条件（一般均为微分方程）近似地改用差分方程（代数方程）来表示，即由空间离散点处的场变量（应力、位移）的代数表达式代替。这些变量在单元内是非确定的，从而把求解微分方程的问题改换成求解代数方程的问题。该方法适合于求解非线性大变形问题，在岩土力学计算中有广泛的应用。

有限差分法和有限单元法都产生一组待解方程组。尽管这些方程是通过不同方式推导出来的，但两者产生的方程是一致的。另外，有限单元法通常要将单元矩阵组合成大型整体刚度矩阵，而有限差分法则无须如此，因为它相对高效地在每个计算步重新生成有限差分方程。在有限单元法中，常采用隐式、矩阵解算方法，而有限差分法则通常采用"显式"、时间递步法解算代数方程。

20 世纪 80 年代以来，有限差分方法在国外，尤其是在岩土工程计算中应用很广泛，其中以 FLAC 软件为代表。Fairhurst 教授认为，FLAC 在岩土力学研究中是最有前途的。FLAC 采用显示快速拉格朗日算法获得模型全部运动方程（包括内变量）的时间步长解，根据计算对象的形状，将计算区域划分成离散网格，每个单元在外载和边界约束条件下，按照约定的线性或非线性应力-应变关系产生力学响应，非常适合于计算岩石力学和岩土工程问题，包括边坡稳定、地基基础、采矿与隧道开掘、岩体和土体锚固、重力坝、地震和岩爆、爆破动力响应、地下渗流和热力效应。

（3）边界元法（Boundary Element Method，简称 BEM）：在 20 世纪 80 年代发展较快。边界元法的理论基础是 Betti 功互等定理和 Kelvin 基本解，它只离散求解域的边界，因而得到的离散代数方程组中的未知量也只是边界上的量。边界元法的优点是：化微分方程为边界积分方程，离散划分少，可考虑远场应力，能降低维数，可用较少的内存解决较大的问题，便于提高计算速度。边界元法分为直接法和间接法，其关键要预先知道基本解，主要用于小边界和大的半无限问题，如巷道、地基问题，但是在求解非均匀非线性问题时，需要在域内补划网格。

（4）离散元法（Discrete Element Method，简称 DEM）：离散元法的理论基础是 Newton 第二定律（$F=ma$ 和 $M=I\ddot{\theta}$）并结合不同的本构关系，适用对非连续体（如岩体）问题求解。该方法利用岩体的断裂面进行网格划分，每个单元就是被断裂面切割的岩块，岩块的运动主要受控于岩体节理系统。它采用显式求解的方法，按照块体运动、弱面产生变形，变形是接触区的滑动和转动，由 Newton 定律、运动学方程求解，无须形成大型矩阵而直接按时步迭代求解，在求解过程中允许块体间开裂、错动，并可以脱离母体而下落。离散元法对破碎岩石工程的动态和准动态问题能给出较好解答。

（5）颗粒元法（Particle Flow Code，简称 PFC）：颗粒元法是通过离散单元方法来模拟圆形颗粒介质的运动及其相互作用，它采用数值方法将物体分为有代表性的多个颗粒单元，通过颗粒间的相互作用来表达整个宏观物体的应力响应，从而利用局部的模拟结果来计算颗粒群体的运动与应力场特征。

（6）不连续变形分析法（Discontinuous Deforemation Method，简称 DDA）：该方法

是并行于有限单元法的一种方法，其不同之处是可以计算不连续面的错位、滑移、开裂和旋转等大位移的静力和动力问题。此方法在岩石力学中的应用倍受关注。

（7）流形元法（Manifold Element Method，简称 MEM）：该方法是运用现代数学"流形"（manifold）的有限覆盖技术所建立起来的一种新的数值方法。有限覆盖技术是由物理覆盖和数学覆盖所组成的，它可以处理连续和非连续的问题，在统一解决有限单元法、不连续变形分析法和其他数值方法的耦合计算方面，有重要的应用前景。

（8）无单元法（Element-Free Method）：该方法是一种不划分单元的数值计算方法，它采用滑动最小二乘法所产生的光滑函数去近似场函数，而且又保留了有限单元法的一些特点。它只需要结点处的信息，而不需要、单元的信息。无单元法可以求解具有复杂边界条件的边值问题，如开裂问题，只要加密离散点就可以跟踪裂缝的传播。它在解决岩石力学非线性、非连续问题等方面具有重要价值和发展前景。

（9）混合法：对于复杂工程问题，可采用混合法，即有限单元法、边界元法、离散元法等两两耦合来求解。

（10）其他方法：加权残数法、半解析法、反分析法、无限元法、有限单元线法、颗粒流法、微分流形法等。

2. 非确定性方法

非确定性方法主要有以下几种：

（1）模糊数学方法：模糊理论用隶属函数代替确定论中的特征函数来描述边界不清的过渡性问题，模糊模式识别和综合评判理论对多因素问题分析适用，如：岩土工程环境评价、岩土（体）分类、强度预报等。

（2）概率论与可靠度分析方法：运用概率论方法分析事件发生的概率，进行安全和可靠度评价。对岩土力学而言，包括岩石（土）稳定性判断、强度预测预报、工程可靠度分析、顶板稳定性分析、地震研究、基础工程稳定性研究等。

（3）灰色系统理论：以"灰色、灰关系、灰数"为特征，研究介于"黑色"（完全未知系统）和"白色"（已知系统）之间的事件的特征，在社会科学及自然科学领域应用广泛。岩土力学中，用灰色系统理论进行岩体分类、滑坡发生时间预测、岩爆分析与预测、基础工程稳定性分析、工程结构分析，用灰色关联度分析岩土体稳定性因素主次关系等。

（4）人工智能与专家系统（决策支持系统，包括知识工程、模式识别等）：应用专家知识（经验提取）进行知识处理、运用、搜索，不确定性推理分析复杂问题并给出合理的建议和决策。岩石力学中，可进行如岩土（石）分类、稳定性分析、支护设计、加固方案优化等研究。

（5）神经网络方法：试图模拟人脑神经系统的组织方式来构成新型的信息处理系统，通过神经网络的学习、记忆和推理过程（主要是学习算法）进行信息处理。岩石力学中，用于各种岩土力学参数分析、地应力处理、地压预测、岩土分类、稳定性评价与预测等。此方法曾用于三峡船闸区地应力分析处理。

（6）时间序列分析法：通过对系统行为的涨落规律统计，用时间序列函数研究系统的动态力学行为。岩石力学中，用于矿压显现规律研究、岩石蠕变、岩石工程的位移、边坡和硐室稳定性（长期变形、长期强度）等；基础工程中降水、开挖、沉降变形等与时间相关的问题。

0.2.2　有限单元法求解分类

有限单元法求解有三种基本方法：

（1）位移法：是以单元结点位移作为基本未知量的方法，主要采用最小势能原理或虚功原理建立计算模式；

（2）力法：以单元结点力作为基本未知量，常采用最小余能原理进行分析；

（3）混合法：是以一部分结点位移和一部分结点力作为未知量的分析方法。

本教材以讲授有限单元法为主，介绍有限单元法的基本理论框架和解算流程，其他方法做一般性了解和介绍。

0.3　有限单元法基本思想

0.3.1　有限单元法

首先，将复杂的结构体（求解域）假想成由有限个单元组成，每个单元只在"结点"处连接并构成整体，求解过程是先建立每个单元的平衡方程（矩阵）；然后，按单元间的连接方式组成整体，形成整体方程组，再引入边界条件，求解整体方程组；最终获得原型在"结点"及"单元"内的未知量（位移或应力）。

有限单元法作为数值分析的方法，有两个重要特点：

（1）离散化。将连续的求解区域离散为一组有限个且按一定方式相互连接在一起的单元组合体。由于单元能按不同的连接方式进行组合，并且单元本身又可以有不同的形状和力学性质。因此，可以将模型划分成几何形状复杂、力学性质各异的求解域，即有限单元的含义。如图0.3所示。

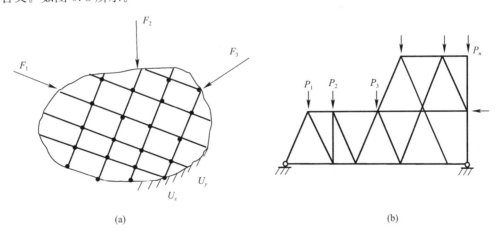

（a）　　　　　　　　　　　　　　　　（b）

图0.3　连续求解域离散化

（2）数值解。利用在每一个单元内假设的近似函数来分片地表示求解域上待求的未知场函数。单元内的近似函数通常由未知场函数式及其导数在单元的各个结点的数值和插值函数表示。这样，在一个问题的有限单元分析中，未知场函数式及其导数在各个结点上的数值就成为新的未知量（自由度），从而使一个连续的无限自由度问题变成离散的有限自由度问题。一经求解这些未知量，就可以通过插值函数计算出各个单元内场函数的近似值，从而得到整个求解域上的近似解，即数值解的含义。

0.3.2 有限单元法计算过程

有限单元法的分析过程、步骤介绍如下：

（1）离散化

将待分析的连续体（杆系）用一些假想的线或面进行划分，使其成为具有选定形状的有限个单元体（注：每个单元体可以有不同的形状和力学性质）。

这些单元体被认为只有在结点处相互连接，这些点又被称为结点，从而用单元的集合体代替原结构体或连续体。

取每个单元的若干结点作为基本未知量，即

$$\{u\}^{\mathrm{e}} = \begin{bmatrix} u_i & v_i & w_i & \cdots \end{bmatrix}^{\mathrm{T}} \tag{0.1}$$

（2）选取位移模式

为了对任意单元特性进行分析，必须对该单元中任意一点的位移分布作出假设，即在单元内建立位移模式或位移函数：

$$\{f\} = [N]\{u\}^{\mathrm{e}} \tag{0.2}$$

式中：$[N]$ 为形函数（或形函数矩阵）；$\{u\}^{\mathrm{e}}$ 为单元结点位移矩阵。

注意：位移函数假设的合理与否，直接影响有限单元分析的计算精度、效率和可靠性。

目前，常采用多项式位移模式，原因是其微积分运算比较简单，从泰勒级数展开的角度来说，任何光滑函数都可以用无限项的泰勒级数多项式展开。

位移模式是建立单元特性的核心内容。为使位移模式尽可能地反映物体中的真实位移形式，应满足：

1）必须能反映单元的刚体位移；
2）必须能反映单元的常量应变； } 完备性条件

3）应尽可能地反映位移的连续性。——协调性条件

即在单元间，除了结点处有共同的结点位移外，还应尽可能反映单元间边界上位移的连续性。

（3）由几何方程建立单元内部的应变矩阵：

$$\{\varepsilon\}=[L]\{u\}=[L][N]\{u\}^{\mathrm{e}}=[B]\{u\}^{\mathrm{e}} \tag{0.3}$$

其中 $\qquad [B]=[L][N] \qquad$ （称为单元应变矩阵或几何矩阵）

（4）根据物理方程建立单元内的应力矩阵：

$$\{\sigma\}=[D]\{\varepsilon\}=[D][B]\{u\}^{\mathrm{e}}=[S]\{u\}^{\mathrm{e}} \tag{0.4}$$

其中 $\qquad [S]=[D][B] \qquad$ （称为应力矩阵）

（5）根据虚功原理求出单元中的结点力：

$$\{F\}^{\mathrm{e}}=[k]\{u\}^{\mathrm{e}} \tag{0.5}$$

式中：$[k]$ 为单元刚度矩阵，即

$$[k] = \int_{V_{\mathrm{e}}} [B]^{\mathrm{T}}[D][B]\mathrm{d}V$$

（6）应用虚功原理将单元中的载荷等效地变换成结点载荷：

$$\{Q\}^e = [N]^T\{P\} = \int_{\Gamma_\sigma} [N]^T[\overline{P}]dS + \int_{\Gamma_e} [N]^T[\overline{F}]dV \qquad (0.6)$$

式中：$\{Q\}^e$ 为单元结点载荷列阵；$\{P\}$ 为作用在单元上的集中力；$[\overline{P}]$ 为作用在单元上的面力；$\{\overline{F}\}$ 为作用在单元上的体力。

（7）对每个结点 i 建立平衡方程式：

$$\sum_i \{F_i\} = \sum_i \{Q_i\} \qquad (0.7)$$

（8）联立所有结点的方程，得出总体平衡方程式：

$$[K]\{U\} = \{R\} \qquad (0.8)$$

式中：$[K]$ 为总体刚度矩阵；$\{U\}$ 为总体位移列阵；$\{R\}$ 为整体结构的结点载荷列阵。

（9）引入边界条件，修正整体平衡方程及总体刚度矩阵。

位移法求解遇到的边界条件有两类：

1）位移边界条件：

可将已知位移条件

$$u \mid_{\Gamma_u} = \bar{u}(u,v,w) \quad （在 \Gamma_u 上） \qquad (0.9)$$

直接转化为位移约束条件。即

$$u_i \mid_{\Gamma_u} = \bar{u}_i(u,v,w)_i \quad （在 \Gamma_u 上） \qquad (0.10)$$

2）面力边界条件：

将每个单元的面力边界条件转化为单元结点上的等效载荷，即按式（0.6）化面力为结点等效载荷。

$$\{Q\}^e = \int_{\Gamma_\sigma} [N]^T\{\overline{P}\}dS$$

（10）求解总方程组，获得单元、结点未知量。

1）由式（0.8）求出结点位移 $\{U\}$（$i=1, 2, \cdots, n$）；

2）由式（0.3）求出单元应变 $\{\varepsilon\}$（$i=1, 2, \cdots, n$）；

3）由式（0.4）求出各单元的应力 $\{\sigma\}$（$i=1, 2, \cdots, n$）；

4）根据应力或应变大小，判断单元是否破坏。

0.4　有限单元法发展概况

从经典结构力学派生出来的结构矩阵分析方法，很早就用于建筑工程的复杂钢架体系的力学分析。1943 年，Courant 第一个假设翘曲函数在一个人为划分的三角形单元集合体的每个单元上为简单的线性函数，求得了 St. Venant 扭转问题近似解，从而提出了有限单元法的基本思想。

1956 年，Turner、Clough 等人在进行飞机结构分析时完善和发展了有限单元法：将结构矩阵位移法的原理和方法推广应用于弹性力学平面问题，将一个弹性连续体假想地划分为一系列三角形（单元），将每个单元角点的位移作为优先解决的未知量，在满足一定条件的情况下，对整个求解域构造分片连续的位移场，使建立位移场困难的问题得到解决。他们的研究工作成为有限单元法的第一个成功尝试。之后，单元结点力和位移之间的单元特性问题（单元刚度矩阵）也获得了解决，用三角形单元可求得平面应力问题的近似解。

早期的有限单元法建立在虚位移原理或最小势能原理的基础上，有清晰的物理概念，但由于受当时计算技术的制约，这种方法还难以应用到工程实际，应用上有很大的局限性。到了 20 世纪 60 年代以后，随着计算机硬件技术和计算理论的飞速进步，有限单元法也得以逐步完善和提高，在计算方法和实用性方面都获得了长足的发展。

1960 年，Clough 进一步处理了平面弹性问题，并第一次提出了"有限单元法"（Finite Element Method，简称 FEM）的名称。

1963～1964 年，Besseling、Melosh 等基于变分原理，建立了更为灵活、适应性更强、计算精度更高的有限单元法。新的有限单元模型——混合元、杂交元、非协调元、广义协调元等相继出现。

20 世纪 60 年代末，建立了基于加权余量的有限单元法。此外，网格划分的自动化、自适应得到基本解决，并且分析对象的范围、适用的领域极大地扩展。

（1）从静力分析推广到动力分析、稳定问题及波动问题；

（2）从杆系分析推广到连续或非连续平面、空间、板壳问题；

（3）从线弹性材料推广到弹塑性、黏弹性、黏塑性材料分析；

（4）从固体力学推广到流体力学、传热学、电磁学等；

（5）从正分析推广到反分析。

除此之外，还从单纯结构力学计算推广到优化设计、工程预测；从航空领域推广到机械、水电、交通、采矿、土木、生物、医学等领域。可见，有限单元法作为一种具有坚实的理论基础并且广泛、有效的数学力学分析手段，将在各学科领域发挥巨大的作用。

0.5 学习要求和方法

本书分为基础篇（包括第 1～7 章）和应用篇（包括第 8～12 章）。基础篇主要讲授有限元方法的基本原理，有限差分方法和离散元法只做一般性介绍。应用篇从建模方法和应用分析两方面，重点介绍了目前广泛使用的岩土工程数值计算分析软件，包括有限单元法 ABAQUS、有限差分法 FLAC3D、离散单元法 UDEC、颗粒元法 PFC、结构力学 PKPM 的基本使用和建模方法，并给出了典型工程应用实例。读者可以根据计算对象的几何与力学特点，有选择地学习和使用相关软件。

初学者应具备线性代数、弹性力学、结构力学等知识和计算机应用能力。学习完成后，应能够独立建立有限元基本方程，熟悉求解步骤和边界条件，了解数值方法的基本原理和过程（建模、求解和结果输出）。

习题与思考题

1. 数值计算的特点是什么？

2. 数值计算有哪些方法？其适用条件是什么？

3. 有限单元方法的基本思想是什么？

4. 简述连续弹性体有限单元计算方法的基本过程。

第1章 弹性力学基本方程及虚位移原理

1.1 概述

1.1.1 材料力学解决应力计算问题的思路

（1）在大量宏观实验观察的基础上，作出如平截面假定等的假设；

（2）在此假设基础上解决杆件的变形（应变）计算；

（3）根据应力与应变关系（虎克定律），获得应力的变化规律；

（4）利用平衡条件获得应力计算公式。

1.1.2 弹性力学解题思路与方法

弹性力学是研究弹性变形体受力变形的学科，与材料力学的主要区别在于：

（1）除保留均匀、连续、各向同性、小变形假设外，放松了某些从宏观观察作出的人为假定；

（2）从变形体中取出微元体，进行平衡分析，建立平衡微分方程；

（3）从变形体中线段和互相垂直两线段间的夹角的改变进行分析，建立应变和位移之间的几何方程；

（4）利用广义虎克定律，建立应力和应变之间关系的物理方程（也称本构关系）；

（5）从上述方程出发，在满足给定的变形体边界受力、位移条件的基础上，进行数学求解（称偏微分方程的边值问题），获得变形体的受力和变形解答。

由于弹性力学的思路放松了人为假定，因此求解结果更符合实际，但求解时所用的数学方法（数学物理方程）更为复杂。

总之，研究线弹性体的问题，要建立微元体的平衡条件、几何关系、应力-应变关系，并满足边界条件等，这些形成的方程统称为"弹性力学的基本方程"。

1.2 弹性力学基本方程

设弹性体 V 受体力作用（图 1.1），$\bar{\boldsymbol{F}}=\begin{bmatrix}\bar{F}_x & \bar{F}_y & \bar{F}_z\end{bmatrix}^{\mathrm{T}}$，它的整个边界 Γ 可以分成已知面力边界 Γ_σ 和已知位移边界 Γ_u 两部分，在 Γ_σ 上的给定面力 $\bar{\boldsymbol{p}}=\begin{bmatrix}\bar{p}_x & \bar{p}_y & \bar{p}_z\end{bmatrix}^{\mathrm{T}}$，在 Γ_u 上有给定位移 $\{\bar{\boldsymbol{u}}\}=\begin{bmatrix}\bar{u} & \bar{v} & \bar{w}\end{bmatrix}^{\mathrm{T}}$。

（1）在外力作用下，弹性体的变形状态可用体内各点位移列阵 $\{\boldsymbol{u}\}$ 表示：

$$\{\boldsymbol{u}\} = \begin{bmatrix} u & v & w\end{bmatrix}^{\mathrm{T}} = \begin{Bmatrix} u \\ v \\ w \end{Bmatrix} \tag{1.1}$$

式中：$u=u(x, y, z)$，$v=v(x, y, z)$，$w=w(x, y, z)$ 分别是沿 x、y、z 轴方向的位移分量，一般是坐标（x, y, z）的函数。

（2）弹性体内的应力状态可用体内各点的应力列阵 $\{\boldsymbol{\sigma}\}$ 表示：

$$\{\boldsymbol{\sigma}\} = \begin{bmatrix} \sigma_x & \sigma_y & \sigma_z & \tau_{xy} & \tau_{yz} & \tau_{zx} \end{bmatrix}^{\mathrm{T}} \tag{1.2}$$

式中：σ_x、σ_y、σ_z 是正应力，τ_{xy}、τ_{yz}、τ_{zx} 是剪应力。

其中，单元体上一点的应力状态如图 1.2 所示。

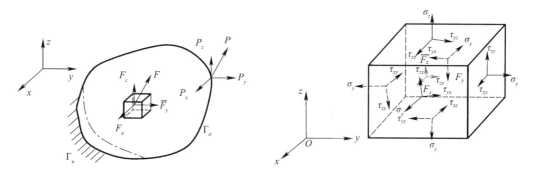

图 1.1　弹性体的受力与约束状态　　　　图 1.2　单元体的应力状态

根据剪应力互等原理，即 $\tau_{xy}=\tau_{yx}$、$\tau_{yz}=\tau_{zy}$、$\tau_{zx}=\tau_{xz}$，故弹性体内共有六个独立的应力分量。

（3）弹性体内任意点的应变状态可用列阵 $\{\boldsymbol{\varepsilon}\}$ 表示：

$$\{\boldsymbol{\varepsilon}\} = \begin{bmatrix} \varepsilon_x & \varepsilon_y & \varepsilon_z & \gamma_{xy} & \gamma_{yz} & \gamma_{zx} \end{bmatrix}^{\mathrm{T}} \tag{1.3}$$

式中：ε_x、ε_y、ε_z 是线应变，γ_{xy}、γ_{yz}、γ_{zx} 是剪应变。对于处于平衡状态的受荷弹性体，$\varepsilon\text{-}u$、$\sigma\text{-}\varepsilon$、$\sigma\text{-}\overline{F}$、$\overline{P}$ 之间存在一定的关系，将这些关系统称为弹性力学的基本方程，附加给定的边界条件，构成求解弹性力学问题的基础。

1.2.1　应变-位移关系（$\varepsilon\text{-}u$ 几何方程）

在线弹性、小变形条件下，应变和位移是线性关系。

$$\varepsilon_x = \frac{\partial u}{\partial x}, \quad \varepsilon_y = \frac{\partial v}{\partial y}, \quad \varepsilon_z = \frac{\partial w}{\partial z}$$

$$\varepsilon_{xy} = \frac{\partial u}{\partial y} + \frac{\partial v}{\partial x}, \quad \varepsilon_{yz} = \frac{\partial v}{\partial z} + \frac{\partial w}{\partial y}, \quad \varepsilon_{zx} = \frac{\partial u}{\partial z} + \frac{\partial w}{\partial x}$$

用矩阵表示为：

$$\begin{Bmatrix} \varepsilon_x \\ \varepsilon_y \\ \varepsilon_z \\ \varepsilon_{xy} \\ \varepsilon_{yz} \\ \varepsilon_{zx} \end{Bmatrix} = \begin{bmatrix} \dfrac{\partial}{\partial x} & 0 & 0 & \dfrac{\partial}{\partial y} & 0 & \dfrac{\partial}{\partial z} \\ 0 & \dfrac{\partial}{\partial y} & 0 & \dfrac{\partial}{\partial x} & \dfrac{\partial}{\partial z} & 0 \\ 0 & 0 & \dfrac{\partial}{\partial z} & 0 & \dfrac{\partial}{\partial y} & \dfrac{\partial}{\partial x} \end{bmatrix}^{\mathrm{T}} \begin{Bmatrix} u \\ v \\ w \end{Bmatrix} \tag{1.4}$$

或简写成　　　　　　　　　　　　$\{\boldsymbol{\varepsilon}\} = [\boldsymbol{L}]\{\boldsymbol{u}\}$

其中，$[\boldsymbol{L}]$ 称为拉普拉斯算子。

$$[\mathbf{L}] = \begin{bmatrix} \dfrac{\partial}{\partial x} & 0 & 0 & \dfrac{\partial}{\partial y} & 0 & \dfrac{\partial}{\partial z} \\[2mm] 0 & \dfrac{\partial}{\partial y} & 0 & \dfrac{\partial}{\partial x} & \dfrac{\partial}{\partial z} & 0 \\[2mm] 0 & 0 & \dfrac{\partial}{\partial z} & 0 & \dfrac{\partial}{\partial y} & \dfrac{\partial}{\partial x} \end{bmatrix}^{\mathrm{T}}$$

1.2.2　应力-应变关系（σ-ε 物理方程）

对于线性各向同性材料，由广义虎克定律可以给出弹性体任意点应力与应变之间的关系。

$$\begin{cases} \varepsilon_x = \dfrac{1}{E}[\sigma_x - \mu(\sigma_y + \sigma_z)] \\[3mm] \varepsilon_y = \dfrac{1}{E}[\sigma_y - \mu(\sigma_z + \sigma_x)] \\[3mm] \varepsilon_z = \dfrac{1}{E}[\sigma_z - \mu(\sigma_x + \sigma_y)] \\[3mm] \gamma_{xy} = \dfrac{2(1+\mu)}{E}\sigma_{xy} \\[3mm] \gamma_{yz} = \dfrac{2(1+\mu)}{E}\sigma_{yz} \\[3mm] \gamma_{zx} = \dfrac{2(1+\mu)}{E}\sigma_{zx} \end{cases}$$

式中：E 为弹性模量；μ 为泊松比。

用矩阵形式可简写成：

$$\{\boldsymbol{\sigma}\} = [\mathbf{D}]\{\boldsymbol{\varepsilon}\} \tag{1.5}$$

式中：$\{\boldsymbol{\sigma}\} = [\sigma_x \ \ \sigma_y \ \ \sigma_z \ \ \tau_{xy} \ \ \tau_{yz} \ \ \tau_{zr}]^{\mathrm{T}}$；$\{\boldsymbol{\varepsilon}\} = [\varepsilon_x \ \ \varepsilon_y \ \ \varepsilon_z \ \ \gamma_{xy} \ \ \gamma_{yz} \ \ \gamma_{zr}]^{\mathrm{T}}$；$[\mathbf{D}]$ 称为弹性矩阵，其表达式为：

$$[\mathbf{D}] = \frac{E(1-\mu)}{(1+\mu)(1-2\mu)} \begin{bmatrix} 1 & & & & & \\[2mm] \dfrac{\mu}{1-\mu} & 1 & & \text{对} & & \\[3mm] \dfrac{\mu}{1-\mu} & \dfrac{\mu}{1-\mu} & 1 & & \text{称} & \\[3mm] 0 & 0 & 0 & \dfrac{1-2\mu}{2(1-\mu)} & & \\[3mm] 0 & 0 & 0 & 0 & \dfrac{1-2\mu}{2(1-\mu)} & \\[3mm] 0 & 0 & 0 & 0 & 0 & \dfrac{1-2\mu}{2(1-\mu)} \end{bmatrix} \tag{1.6}$$

1.2.3　应力和外力的平衡关系（σ-F 平衡方程）

对于体力作用时的情况，在受载弹性体内取一微小六面体，分析其受力情况，如图 1.3 所示，据此可建立弹性体内力和外力的微分平衡方程：

$$\begin{cases} \dfrac{\partial \sigma_x}{\partial x}+\dfrac{\partial \tau_{xy}}{\partial y}+\dfrac{\partial \tau_{zx}}{\partial z}+\overline{F}_x=0 \\ \dfrac{\partial \tau_{xy}}{\partial x}+\dfrac{\partial \sigma_y}{\partial y}+\dfrac{\partial \tau_{yz}}{\partial z}+\overline{F}_y=0 \\ \dfrac{\partial \tau_{zx}}{\partial x}+\dfrac{\partial \tau_{yz}}{\partial y}+\dfrac{\partial \sigma_z}{\partial z}+\overline{F}_z=0 \end{cases} \tag{1.7}$$

式中：$\{\overline{F}\}=[\overline{F}_x \quad \overline{F}_y \quad \overline{F}_z]^{\mathrm{T}}$ 是给定体力列阵。

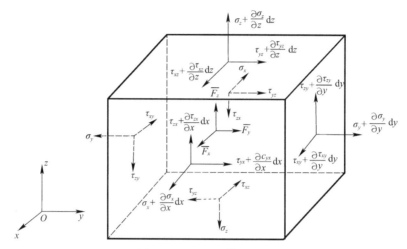

图 1.3　微小六面体的内力

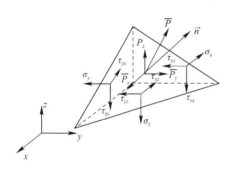

图 1.4　单元体的内力与外力

对于承受面力的情况，另取三个垂直于坐标轴的平面，形成如图 1.4 所示的四面体，作用在弹性体边界上的面力列阵 $\{P\}=[P_x \quad P_y \quad P_z]^{\mathrm{T}}$ 和该处的应力之间有如下关系：

$$\{P\}=\begin{Bmatrix}\overline{P}_x\\\overline{P}_y\\\overline{P}_z\end{Bmatrix}=\begin{Bmatrix}l\sigma_x+m\tau_{xy}+n\tau_{zx}\\l\tau_{xy}+m\sigma_y+n\tau_{yz}\\l\tau_{zx}+m\tau_{yz}+n\sigma_z\end{Bmatrix} \tag{1.8}$$

式中：l、m、n 分别是边界面外法线 $\vec{n}$ 与坐标轴 x、y、z 夹角的方向余弦。若夹角分别为 α、β、γ，则

$$l=\cos\alpha$$
$$m=\cos\beta$$
$$n=\cos\gamma$$

另外，根据几何关系有：

$$l^2+m^2+n^2=1$$

1.3　两种平面问题

1.3.1　平面应力问题

如图 1.5 所示，平板中面与 z 轴垂直，受与中面平行、沿板厚均匀分布的外力作用，

板的上下表面没有横向力，即

$$\sigma_z = 0, \quad \tau_{xz} = 0, \quad \tau_{yz} = 0$$

且 σ_x、σ_y、τ_{xy} 仅是 x、y 坐标的函数，与坐标 z 无关。这种问题称为平面应力问题。

对于各向同性材料，其平面应力问题的应力-应变关系为：

$$\begin{Bmatrix} \sigma_x \\ \sigma_y \\ \tau_{xy} \end{Bmatrix} = \frac{E}{1-\mu^2} \begin{bmatrix} 1 & \mu & 0 \\ \mu & 1 & 0 \\ 0 & 0 & \dfrac{1-\mu}{2} \end{bmatrix} \begin{Bmatrix} \varepsilon_x \\ \varepsilon_y \\ \gamma_{xy} \end{Bmatrix} \quad (1.9)$$

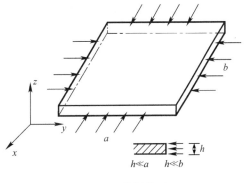

图 1.5 薄板模型

或简写成：$\{\boldsymbol{\sigma}\} = [\boldsymbol{D}]\{\boldsymbol{\varepsilon}\}$

1.3.2 平面应变问题

假设有一很长的坝体（图 1.6），取 xoy 坐标面与坝体的横截面平行。若平行于 xoy 平面的外力沿坝体长轴（z 轴）不变，则可以认为坝体的各个横截面处于同样的应变状态，对于假定的无限长坝体，各横截面沿纵向位移为 0，即

$$\varepsilon_z = \gamma_{xz} = \gamma_{yz} = 0$$

这种问题称为平面应变问题。

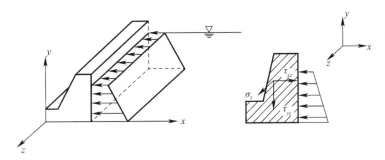

图 1.6 坝体模型及其受力状态

对于各向同性材料，平面应变问题的应力-应变关系为：

$$\begin{Bmatrix} \sigma_x \\ \sigma_y \\ \tau_{xy} \end{Bmatrix} = \frac{E}{(1+\mu)(1-2\mu)} \begin{bmatrix} 1-\mu & \mu & 0 \\ \mu & 1-\mu & 0 \\ 0 & 0 & \dfrac{1-2\mu}{2} \end{bmatrix} \begin{Bmatrix} \varepsilon_x \\ \varepsilon_y \\ \gamma_{xy} \end{Bmatrix} \quad (1.10)$$

在式（1.10）中，若令：$E_1 = E/(1-\mu^2)$，$\mu_1 = \mu/(1-\mu)$，则可以得到用 E_1、μ_1 表示的与平面应力问题形式相同的应力-应变关系。只是 E_1、μ_1 与 E、μ 不同而已。因此，以 E_1、μ_1 代替式（1.9）的 E、μ，就可得到平面应变问题的应力-应变关系。

另外，两种平面问题的几何方程和平衡方程相同。其中，几何方程为：

$$\{\boldsymbol{\varepsilon}\} = \begin{Bmatrix} \varepsilon_x \\ \varepsilon_y \\ \gamma_{xy} \end{Bmatrix} = \begin{bmatrix} \dfrac{\partial}{\partial x} & 0 \\ 0 & \dfrac{\partial}{\partial y} \\ \dfrac{\partial}{\partial y} & \dfrac{\partial}{\partial x} \end{bmatrix} \begin{Bmatrix} u \\ v \end{Bmatrix} = [\boldsymbol{L}]\{\boldsymbol{u}\}$$

对于平面应变问题，$\sigma_z \neq 0$，由广义虎克定律得：

$$\sigma_z = \mu(\sigma_x + \sigma_y)$$

两类平面问题均有很广泛的用途，许多实际工程问题都可以简化成平面问题，大大减少了计算工作量，并且结果与实际情况相似。如图 1.7 所示。

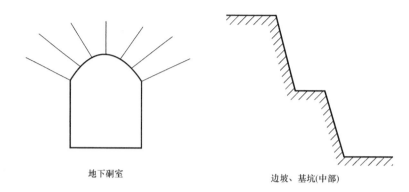

地下硐室　　　　　　　边坡、基坑(中部)

图 1.7　岩土工程简例

1.4　虚位移原理

弹性体的有限单元方程一般采用由变分法导出的能量原理来建立。对于位移法有限单元方程，通常采用最小势能原理与等价的虚位移原理来建立。

1.4.1　虚位移原理

虚位移是指一种约束允许的无限微小的可能位移，它在弹性体内是连续的，在边界上满足位移边界条件。如果弹性体在外力作用下处于平衡状态，则从任何位置开始的虚位移，外力在其上所做的虚功（δW）等于该虚位移在弹性体内所引起的虚应变能（δU）；反之，若有虚功等于虚应变能，则该弹性体在外力作用下是平衡的，这就是虚位移原理。

将虚位移原理用数学形式表示，得到虚功方程：

$$\delta U = \delta W \tag{1.11}$$

式中：δW 是外力（包括体力 $\overline{F}_x$、$\overline{F}_y$、$\overline{F}_z$ 和面力 $\overline{P}_x$、$\overline{P}_y$、$\overline{P}_z$）在虚位移上做的虚功：

$$\delta W = \iiint\limits_V (\overline{F}_x \delta u + \overline{F}_y \delta v + \overline{F}_z \delta W)\mathrm{d}V + \iint\limits_{\partial V_\sigma} (\overline{P}_x \delta u + \overline{P}_y \delta v + \overline{P}_z \delta W)\mathrm{d}S \tag{1.12}$$

δU 是弹性体由于虚位移引起的虚应变能：

$$\delta U = \iiint\limits_V (\sigma_x \delta\varepsilon_x + \sigma_y \delta\varepsilon_y + \sigma_z \delta\varepsilon_z + \tau_{xy} \delta\gamma_{xy} + \tau_{yz} \delta\gamma_{yz} + \tau_{zx} \delta\gamma_{zx})\mathrm{d}V \tag{1.13}$$

虚位移在弹性体内引起的虚应变仍满足几何关系：

$$\begin{cases} \delta\varepsilon_x = \dfrac{\partial \delta u}{\partial x} & \delta\gamma_{xy} = \dfrac{\partial \delta v}{\partial x} + \dfrac{\partial \delta u}{\partial y} \\[2mm] \delta\varepsilon_y = \dfrac{\partial \delta v}{\partial y} & \delta\gamma_{yz} = \dfrac{\partial \delta w}{\partial y} + \dfrac{\partial \delta v}{\partial z} \\[2mm] \delta\varepsilon_z = \dfrac{\partial \delta w}{\partial z} & \delta\gamma_{zx} = \dfrac{\partial \delta w}{\partial x} + \dfrac{\partial \delta u}{\partial z} \end{cases} \tag{1.14}$$

可以证明：$\delta U - \delta W = 0$ 或 $\delta U = \delta W$（略）。

结论：对于任何从平衡位置开始的虚位移，都有虚功等于虚应变能。

$$\delta U - \delta W = -\iiint\limits_{V}\left[\left(\frac{\partial \sigma_x}{\partial x} + \frac{\partial \tau_{xy}}{\partial y} + \frac{\partial \tau_{zx}}{\partial z} + \overline{F}_x\right)\delta u + \left(\frac{\partial \tau_{xy}}{\partial x} + \frac{\partial \sigma_y}{\partial y} + \frac{\partial \tau_{yz}}{\partial z} + \overline{F}_y\right)\delta v + \right.$$

$$\left.\left(\frac{\partial \tau_{zx}}{\partial x} + \frac{\partial \tau_{yz}}{\partial y} + \frac{\partial \sigma_z}{\partial z} + \overline{F}_z\right)\delta w\right]\mathrm{d}V + \iint\limits_{\partial \Gamma_\sigma}[(\sigma_x l + \tau_{xy}m + \tau_{zx}n - \overline{P}_x)\delta u + $$

$$(\tau_{xy}l + \sigma_y m + \tau_{yz}n - \overline{P}_y)\delta v + (\tau_{zx}l + \tau_{yz}m + \sigma_z n - \overline{P}_z)\delta w]\mathrm{d}S \quad (1.15)$$

式（1.15）说明：$\delta U = \delta W$ 与平衡方程和面力边界条件是等价的。由此说明：这个变形状态就是弹性体在外力作用下的平衡状态。

虚功方程的矩阵表达式（由 $\delta U = \delta W$ 导出）：

$$\iiint\limits_{V}\{\delta \boldsymbol{\varepsilon}\}^{\mathrm{T}}\{\boldsymbol{\sigma}\}\mathrm{d}V = \iiint\limits_{V}\{\delta \boldsymbol{u}\}^{\mathrm{T}}\{\overline{\boldsymbol{F}}\}\mathrm{d}V + \iint\limits_{\partial \Gamma_\sigma}\{\delta \boldsymbol{u}\}^{\mathrm{T}}\{\overline{\boldsymbol{P}}\}\mathrm{d}S \quad (1.16)$$

式中：$\{\delta \boldsymbol{\varepsilon}\}$ 是虚应变列阵 $[\begin{matrix} \delta \varepsilon_x & \delta \varepsilon_y & \delta \varepsilon_z & \delta \gamma_{xy} & \delta \gamma_{yz} & \delta \gamma_{zx} \end{matrix}]^{\mathrm{T}}$；$\{\delta \boldsymbol{u}\}$ 是虚位移列阵 $[\begin{matrix} \delta u & \delta v & \delta w \end{matrix}]^{\mathrm{T}}$；$\{\boldsymbol{\sigma}\}$ 是应力列阵 $[\begin{matrix} \sigma_x & \sigma_y & \sigma_z & \tau_{xy} & \tau_{yz} & \tau_{zx} \end{matrix}]^{\mathrm{T}}$；$\{\overline{\boldsymbol{F}}\}$ 是体力列阵 $[\begin{matrix} \overline{F}_x & \overline{F}_y & \overline{F}_z \end{matrix}]^{\mathrm{T}}$；$\{\overline{\boldsymbol{P}}\}$ 是面力列阵 $[\begin{matrix} \overline{P}_x & \overline{P}_y & \overline{P}_z \end{matrix}]^{\mathrm{T}}$。

1.4.2 平面问题的虚功方程

1. 平面应力问题

如图 1.8 所示，设有一平板，面积为 A，围边界 ∂A 被划分为 ∂A_σ、∂A_u 两部分，在 ∂A_σ 上给定面力，列阵形式为：

$$\{\overline{\boldsymbol{P}}\} = [\begin{matrix} \overline{P}_x & \overline{P}_y \end{matrix}]^{\mathrm{T}} \quad (1.17)$$

在 ∂A_u 上给定位移，列阵形式为：

$$\{\overline{\boldsymbol{u}}\} = [\begin{matrix} \overline{u} & \overline{v} \end{matrix}]^{\mathrm{T}} \quad (1.18)$$

板内有与板面平行的体力：

$$\{\overline{\boldsymbol{F}}\} = \{\begin{matrix} \overline{F}_x & \overline{F}_y \end{matrix}\}^{\mathrm{T}} \quad (1.19)$$

虚功方程为：$\delta U = \delta W$

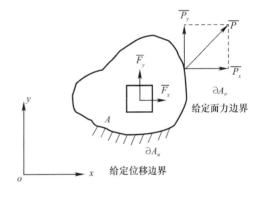

图 1.8 弹性体体力、面力与边界条件

或写为：

$$\iint\limits_{A}\{\delta \boldsymbol{\varepsilon}\}^{\mathrm{T}}\{\boldsymbol{\sigma}\}t\mathrm{d}A = \iint\limits_{A}\{\delta \boldsymbol{u}\}^{\mathrm{T}}\{\overline{\boldsymbol{F}}\}t\mathrm{d}A + \int\limits_{\partial A_\sigma}\{\delta \boldsymbol{u}\}^{\mathrm{T}}\{\overline{\boldsymbol{P}}\}t\mathrm{d}S \quad (1.20)$$

式中：虚应变列阵 $\{\delta \boldsymbol{\varepsilon}\} = [\begin{matrix} \delta \varepsilon_x & \delta \varepsilon_y & \delta \tau_{xy} \end{matrix}]^{\mathrm{T}}$，虚位移列阵 $\{\delta \boldsymbol{u}\} = [\begin{matrix} \delta u & \delta v \end{matrix}]^{\mathrm{T}}$，$t$ 为板的厚度。

将材料的应力-应变关系 $\{\boldsymbol{\sigma}\} = [\boldsymbol{D}]\{\boldsymbol{\varepsilon}\}$ 代入式（1.20），得：

$$\iint\limits_{A}\{\delta \boldsymbol{\varepsilon}\}^{\mathrm{T}}[\boldsymbol{D}]\{\boldsymbol{\varepsilon}\}t\mathrm{d}A = \iint\limits_{A}\{\delta \boldsymbol{u}\}^{\mathrm{T}}\{\overline{\boldsymbol{F}}\}t\mathrm{d}A + \int\limits_{\partial A_\sigma}\{\delta \boldsymbol{u}\}^{\mathrm{T}}\{\overline{\boldsymbol{P}}\}t\mathrm{d}S \quad (1.21)$$

上式既是平面应力问题的虚功方程，也是位移法有限元方程的力学基础和理论依据。

2. 平面应变问题

对于平面应变问题，虚功方程的形式和式（1.21）相同，只要把平面应变状态的弹性系数矩阵式（1.6）代入式（1.21）即可，也就是用 $E_1 = E/(1-\mu^2)$、$\mu_1 = \mu/(1-\mu)$ 代替式（1.21）$[D]$ 矩阵中的 E 和 μ。

以上归结为有限单元法的弹性力学基础。

1.4.3　弹性力学问题的解题过程

几何方程（9个）　　　　　$\{\varepsilon\}=[L]\{u\}$　　　　　　　　　　（1.22）

物理方程（6个）　　　　　$\{\sigma\}=[D]\{\varepsilon\}$　　　　　　　　　　（1.23）

平衡方程　　　　　　　$[\sigma_{ij,j}]+[F_i]=0$　　　　　　　　　（1.24）

注：下标"ij,j"表示对独立坐标 x_j 求偏导数。

以上三组方程中共有 15 个未知量：6 个应变、6 个应力、3 个位移。再加上位移边界条件和面力边界条件，就可以求解位移、应变、应力 15 个未知量。从数学角度上，求解条件是具备的。

在实际求解过程中，可将某些基本未知量先求出，然后再求出其他所需要的未知量。

如前所述，根据选择的基本未知量不同，弹性力学有三种基本解题方法：①位移法；②应力法；③混合法。其中，位移法是有限单元法中较常采用的方法。由于其基本未知量是位移，故首先要把平衡方程和边界条件中的应力（或力的边界条件）转化成用位移表述的形式。转化思路如下：

（1）将 $\{\varepsilon\}=[L]\{u\}$ 代入 $\{\sigma\}=[D]\{\varepsilon\}$ 中，得：

$$\{\sigma\}=[D][L]\{u\}$$

（2）将上式代入式（1.7）和式（1.8）中，便可以把平衡方程和面力边界条件转化成用位移表述的形式。

因此，以位移分量为基本未知数的弹性力学问题，求解方法是：

（1）寻找位移函数：$u(x,y,z)$、$v(x,y,z)$、$w(x,y,z)$，令其满足平衡方程和边界条件，求出位移分量 $\{u\ \ v\ \ w\}$；

（2）由几何方程 $\{\varepsilon\}=[L]\{u\}$ 求出应变分量；

（3）由物理方程 $\{\sigma\}=[D]\{\varepsilon\}$ 求出应力分量。

习题与思考题

1. 弹性力学基本方程有哪些？分别表示哪些力学量的关系？

2. 平面应力问题和平面应变问题的区别是什么？试列举典型平面应力问题和平面应变问题的实例。

3. 如何在本构方程中转换平面应变问题和平面应力问题？

4. 试阐述虚位移原理的含义，并写出其数学表达式。

5. 试推导平面应变问题的虚功方程。

6. 试述弹性力学问题的求解过程。

第 2 章　杆系结构有限单元法

2.1　杆系结构的定义

正确理解杆系结构的定义，应把握四点：

（1）杆系结构是指由有限个构件（如杆、梁等）以一定方式连接起来所形成的结构（如桁架、刚架等）；

（2）平面结构：在同一平面内的杆系结构，其所受的外力作用线位于该平面内；

（3）在杆系中，每一个杆件可视为一个单元，称为杆单元，如果是刚架中的构件，则称之为刚架单元（或梁单元）；

（4）每个杆（梁）单元的端点称为结点。

2.2　平面杆系结构有限单元分析

2.2.1　结构的离散化

将结构体系中的每个杆件视为一个单元，每个单元端点即是结点。单元和结点的编号一般遵循从左到右、自下而上的顺序编排。为描述各结点的位置，必须建立联系整个杆系结构的总体坐标系 xoy。

为建立局部杆件的有限单元方程，要在每个杆系上建立局部坐标系 $\bar{x}o\bar{y}$；$\bar{x}$ 轴与杆、梁单元的轴线重合，并按右手规则定出 $\bar{y}$ 轴。

根据单元结点在整体坐标中的位置，可以推导出局部坐标系和总体坐标系之间的关系。如图 2.1 所示。

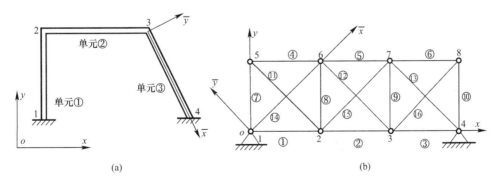

图 2.1　杆系结构单元划分

（a）平面刚架；（b）平面桁架

2.2.2 单元的结点力与结点位移

1. 平面杆单元

如图 2.2 所示的平面杆单元 m，结点为 $i(x_i，y_i)$ 和 $j(x_j，y_j)$。

（1）在局部坐标系 $\bar{x}o\bar{y}$ 中，i、j 结点位移列阵分别为：

$$\{\bar{\boldsymbol{u}}_i\}^{\mathrm{e}} = \left\{\begin{matrix}\bar{u}_i\\\bar{v}_i\end{matrix}\right\}$$

$$\{\bar{\boldsymbol{u}}_j\}^{\mathrm{e}} = \left\{\begin{matrix}\bar{u}_j\\\bar{v}_j\end{matrix}\right\}$$

式中：$\bar{u}_i$，$\bar{u}_j$ 分别为结点 i 和 j 沿局部坐标系 $\bar{x}$ 方向的位移分量；$\bar{v}_i$，$\bar{v}_j$ 分别为结点 i 和 j 沿局部坐标系 $\bar{y}$ 方向的位移分量。

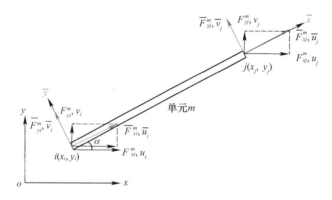

图 2.2 杆单元隔离体受力分析

所以，单元结点位移列阵为：

$$\{\bar{\boldsymbol{u}}\}^m = \left\{\begin{matrix}\{\bar{\boldsymbol{u}}_i\}^{\mathrm{e}}\\\{\bar{\boldsymbol{u}}_j\}^{\mathrm{e}}\end{matrix}\right\} = \begin{bmatrix}\bar{u}_i & \bar{v}_i & \bar{u}_j & \bar{v}_j\end{bmatrix}^{\mathrm{T}} \tag{2.1}$$

（2）在局部坐标系 $\bar{x}o\bar{y}$ 中，i、j 结点力的列阵为：

$$\{\bar{\boldsymbol{F}}_i\}^{\mathrm{e}} = \left\{\begin{matrix}\bar{F}^m_{xi}\\\bar{F}^m_{yi}\end{matrix}\right\}$$

$$\{\bar{\boldsymbol{F}}_j\}^{\mathrm{e}} = \left\{\begin{matrix}\bar{F}^m_{xj}\\\bar{F}^m_{yj}\end{matrix}\right\}$$

式中：$\bar{F}^m_{xi}$、$\bar{F}^m_{xj}$ 分别为结点 i 和 j 沿整体坐标系 x 方向的作用力分量；$\bar{F}^m_{yi}$、$\bar{F}^m_{yj}$ 分别为结点 i 和 j 沿整体坐标系 y 方向的作用力分量。

则单元结点力列阵为：

$$\{\bar{\boldsymbol{F}}\}^m = \left\{\begin{matrix}\{\bar{\boldsymbol{F}}_i\}^{\mathrm{e}}\\\{\bar{\boldsymbol{F}}_j\}^{\mathrm{e}}\end{matrix}\right\} = \begin{bmatrix}\bar{F}^m_{xi} & \bar{F}^m_{yi} & \bar{F}^m_{xj} & \bar{F}^m_{yj}\end{bmatrix}^{\mathrm{T}} \tag{2.2}$$

（3）在整体坐标系 xoy 中，杆单元结点位移列阵为：

$$\{\boldsymbol{u}\}^m = \left\{\begin{matrix}\{\boldsymbol{u}_i\}^{\mathrm{e}}\\\{\boldsymbol{u}_j\}^{\mathrm{e}}\end{matrix}\right\} = \begin{bmatrix}u_i & v_i & u_j & v_j\end{bmatrix}^{\mathrm{T}} \tag{2.3}$$

式中：u_i、u_j 分别为结点 i 和 j 沿 x 方向的位移分量；v_i、v_j 分别为结点 i 和 j 沿 y 方向的位移分量。

（4）杆单元结点力在整体坐标系 xoy 中的列阵为：

$$\{\boldsymbol{F}\}^m = \left\{ \begin{array}{c} \{\boldsymbol{F}_i\} \\ \{\boldsymbol{F}_j\} \end{array} \right\} = \begin{bmatrix} F_{xi}^m & F_{yi}^m & F_{xj}^m & F_{yj}^m \end{bmatrix}^{\mathrm{T}} \tag{2.4}$$

式中：F_{xi}^m、F_{xj}^m 分别为结点 i 和 j 沿整体坐标系 x 方向的结点力分量；F_{yi}^m、F_{yj}^m 分别为结点 i 和 j 沿整体坐标系 y 方向的结点力分量。

（5）局部坐标系下的结点力与总体坐标系下的结点力的关系：

$$\overline{F}_{xi}^m = F_{xi}^m \cos\alpha + F_{yi}^m \sin\alpha$$

$$\overline{F}_{yi}^m = -F_{xi}^m \sin\alpha + F_{yi}^m \cos\alpha$$

$$\overline{F}_{xj}^m = F_{xj}^m \cos\alpha + F_{yj}^m \sin\alpha$$

$$\overline{F}_{yj}^m = -F_{xj}^m \sin\alpha + F_{yj}^m \cos\alpha$$

其矩阵形式为：

$$\{\overline{\boldsymbol{F}}\}^m = [\boldsymbol{T}]\{\boldsymbol{F}\}^m \tag{2.5}$$

式中：

$$[\boldsymbol{T}] = \begin{bmatrix} \cos\alpha & \sin\alpha & 0 & 0 \\ -\sin\alpha & \cos\alpha & 0 & 0 \\ 0 & 0 & \cos\alpha & \sin\alpha \\ 0 & 0 & -\sin\alpha & \cos\alpha \end{bmatrix}$$

$[T]$ 称为变换矩阵，它是一个正交矩阵，即它的逆阵等于转置阵：$[\boldsymbol{T}]^{-1} = [\boldsymbol{T}]^{\mathrm{T}}$。

由单元 m 的结点坐标可知，该单元的长度为：

$$L = \sqrt{(x_j - x_i)^2 + (y_j - y_i)^2}$$

则

$$\cos\alpha = \frac{x_j - x_i}{L} \qquad \sin\alpha = \frac{y_j - y_i}{L} \tag{2.6}$$

（6）结点位移在两坐标系间的变换关系为：

$$\{\overline{\boldsymbol{u}}\}^m = [\boldsymbol{T}]\{\boldsymbol{u}\}^m \tag{2.7}$$

2. 平面梁单元

如图 2.3 所示的平面梁单元，结点为 i（x_i，y_i）和 j（x_j，y_j）。

（1）在局部坐标系中，梁单元的结点力列阵为：

$$\{\overline{\boldsymbol{F}}\}^m = \left\{ \begin{array}{c} \{\overline{\boldsymbol{F}}_i\} \\ \{\overline{\boldsymbol{F}}_j\} \end{array} \right\} = \begin{bmatrix} \overline{F}_{xi} & \overline{F}_{yi} & \overline{M}_{zi} & \overline{F}_{xj} & \overline{F}_{yj} & \overline{M}_{zj} \end{bmatrix}^{\mathrm{T}} \tag{2.8}$$

式中：$\overline{F}_{xi}$、$\overline{F}_{xj}$ 分别表示作用于 i、j 点的轴力；$\overline{F}_{yi}$、$\overline{F}_{yj}$ 分别表示作用于 i、j 点的剪力；$\overline{M}_{zi}$、$\overline{M}_{zj}$ 分别表示作用于 i、j 点的弯矩。

（2）在局部坐标系中，梁单元的结点位移列阵为：

$$\{\overline{\boldsymbol{u}}\}^m = \left\{ \begin{array}{c} \{\overline{\boldsymbol{u}}_i\} \\ \{\overline{\boldsymbol{u}}_j\} \end{array} \right\} = \begin{bmatrix} \overline{u}_i & \overline{v}_i & \overline{\theta}_i & \overline{u}_j & \overline{v}_j & \overline{\theta}_j \end{bmatrix}^{\mathrm{T}} \tag{2.9}$$

式中：$\overline{u}_i$、$\overline{u}_j$ 表示结点 i、j 在梁轴方向的变形；$\overline{v}_i$、$\overline{v}_j$ 表示结点 i、j 在垂直于梁轴线方向的挠度；$\overline{\theta}_i$、$\overline{\theta}_j$ 表示结点 i、j 处横截面的转角。

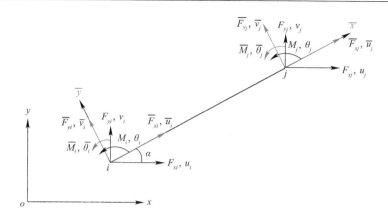

图 2.3 梁单元隔离体受力分析

（3）在总体坐标系中，梁单元结点力的列阵为：

$$\{\boldsymbol{F}\}^m = \left\{ \begin{matrix} \{\boldsymbol{F}_i\} \\ \{\boldsymbol{F}_j\} \end{matrix} \right\} = \begin{bmatrix} F_{xi} & F_{yi} & M_{zi} & F_{xj} & F_{yj} & M_{zj} \end{bmatrix}^T \tag{2.10}$$

（4）在总体坐标系中，梁单元的结点位移列阵为：

$$\{\boldsymbol{u}\}^m = \left\{ \begin{matrix} \{\boldsymbol{u}_i\} \\ \{\boldsymbol{u}_j\} \end{matrix} \right\} = \begin{bmatrix} u_i & v_i & \theta_i & u_j & v_j & \theta_j \end{bmatrix}^T \tag{2.11}$$

（5）平面刚架单元的结点力在局部坐标系与总体坐标系之间的变换关系为：

$$\{\overline{\boldsymbol{F}}\}^m = [\boldsymbol{T}]\{\boldsymbol{F}\}^m \tag{2.12}$$

式中：$[T]$ 为坐标变换矩阵，是一个正交矩阵，即 $[\boldsymbol{T}]^{-1} = [\boldsymbol{T}]^T$。

$$[\boldsymbol{T}] = \begin{bmatrix} \cos\alpha & \sin\alpha & 0 & 0 & 0 & 0 \\ -\sin\alpha & \cos\alpha & 0 & 0 & 0 & 0 \\ 0 & 0 & 1 & 0 & 0 & 0 \\ 0 & 0 & 0 & \cos\alpha & \sin\alpha & 0 \\ 0 & 0 & 0 & -\sin\alpha & \cos\alpha & 0 \\ 0 & 0 & 0 & 0 & 0 & 1 \end{bmatrix}$$

其中：$\cos\alpha = \dfrac{x_j - x_i}{L}$，$\sin\alpha = \dfrac{y_j - y_i}{L}$

（6）梁单元结点位移在局部坐标系与总体坐标系之间的变换关系为：

$$\{\overline{\boldsymbol{u}}\}^m = [\boldsymbol{T}]\{\boldsymbol{u}\}^m \tag{2.13}$$

2.3 局部坐标系的单元刚度方程

有限元分析中，很重要的一步就是建立联系结点力矩阵和结点位移列阵的刚度方程。建立刚度方程的方法有两种：

（1）用结构分析的基本方程引申出来的直接法（适用于一维杆系）；

（2）用变分原理导出的能量法（即虚位移原理，适用于复杂杆系）。

由于直接法有助于理解刚度矩阵的力学意义，这里将介绍推导单元刚度方程的直接法。

2.3.1　平面杆单元刚度矩阵

如图 2.4 所示，设单元 m 的杆端结点 i、j，其坐标分别为 (x_i, y_i)、(x_j, y_j)，则杆件长度 $L_m = \sqrt{(x_j - x_i)^2 + (y_j - y_i)^2}$。其他参数：$A_m$ 为杆件截面积；E_m 为材料弹性模量。

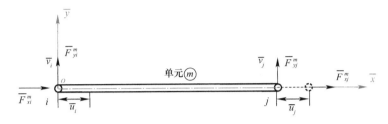

图 2.4　局部坐标系下杆单元隔离体受力分析

在局部坐标系 $\bar{x}oy$ 中，对隔离体进行分析：
（1）结点力分量：$\overline{F}_{xi}^m$、$\overline{F}_{yi}^m$、$\overline{F}_{xj}^m$、$\overline{F}_{yj}^m$；
（2）结点位移分量：$\bar{u}_i$、$\bar{v}_i$、$\bar{u}_j$、$\bar{v}_j$。
由于杆系仅受轴向力作用，故

$$\overline{F}_{yi}^m = 0$$
$$\overline{F}_{yj}^m = 0$$

单元的轴向绝对变形为：

$$\Delta L_m = \bar{u}_j - \bar{u}_i$$

由虎克定律得：

$$\overline{F}_{xj}^m = \frac{A_m E_m}{L_m} \times \Delta L_m = \frac{A_m E_m}{L_m}(\bar{u}_j - \bar{u}_i)$$

由单元力的平衡关系可得：

$$\overline{F}_{xi}^m = -\overline{F}_{xj}^m = -\frac{A_m E_m}{L_m}(\bar{u}_j - \bar{u}_i)$$

综合上述诸式，有：

$$\left\{ \begin{array}{c} \overline{F}_{xi}^m \\ \overline{F}_{yi}^m \\ \overline{F}_{xj}^m \\ \overline{F}_{yj}^m \end{array} \right\} = \frac{E_m A_m}{L_m} \begin{bmatrix} 1 & 0 & -1 & 0 \\ 0 & 0 & 0 & 0 \\ -1 & 0 & 1 & 0 \\ 0 & 0 & 0 & 0 \end{bmatrix} \left\{ \begin{array}{c} \bar{u}_i \\ \bar{v}_i \\ \bar{u}_j \\ \bar{v}_j \end{array} \right\} \tag{2.14a}$$

简写为：

$$\{\overline{\boldsymbol{F}}\}^m = [\overline{\boldsymbol{k}}]^m \{\overline{\boldsymbol{u}}\}^m \tag{2.14b}$$

上式称为单元刚度方程。
式中：$\{\overline{\boldsymbol{F}}\}^m$、$\{\overline{\boldsymbol{u}}\}^m$、$[\overline{\boldsymbol{k}}]^m$ 分别是局部坐标系中单元结点力列阵、单元结点位移列阵和单元刚度矩阵。其中，单元刚度矩阵为：

$$[\overline{\boldsymbol{k}}]^m = \frac{E_m A_m}{L_m} \begin{bmatrix} 1 & 0 & -1 & 0 \\ 0 & 0 & 0 & 0 \\ -1 & 0 & 1 & 0 \\ 0 & 0 & 0 & 0 \end{bmatrix}$$

2.3.2 平面梁单元刚度矩阵

假设梁单元长 L，材料弹性模量为 E，截面积为 A，截面对 z 轴的惯性矩为 I，并规定按右手坐标系确定单元局部坐标系 $\bar{x}$、$\bar{y}$、$\bar{z}$ 轴，沿 $\bar{x}$、$\bar{y}$ 轴正方向为正值，绕 $\bar{z}$ 轴右旋方向的结点转角和结点力矩为正值。

在线弹性小变形条件下，可以将复杂变形简化成三种单一变形的叠加（图 2.5），可用"材料力学"方法计算结点力和位移关系。

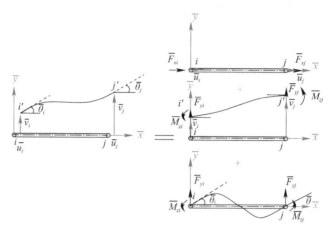

图 2.5　叠加分析局部坐标系下梁单元隔离体受力

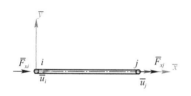

图 2.6　局部坐标系下梁单元隔离体轴向受力分析

1. 情况一

单元两端结点 i、j 只有沿 $\bar{x}$ 轴方向的位移 $\bar{u}_i$、$\bar{u}_j$（图 2.6），单元轴向变形的结点力与位移的关系为：

$$\begin{cases} \bar{F}_{xi} = -\dfrac{EA}{L}(\bar{u}_j - \bar{u}_i) \\[3mm] \bar{F}_{xj} = \dfrac{EA}{L}(\bar{u}_j - \bar{u}_i) \end{cases} \tag{2.15}$$

2. 情况二

单元两端结点 i、j 只有沿 $\bar{y}$ 轴方向的位移 $\bar{v}_i$、$\bar{v}_j$（图 2.7），单元发生平面弯曲变形，其结点力与位移关系为：

$$\begin{cases} \bar{F}_{yi} = -\dfrac{12EI}{L^3}(\bar{v}_j - \bar{v}_i) \\[3mm] \bar{F}_{yj} = \dfrac{12EI}{L^3}(\bar{v}_j - \bar{v}_i) \\[3mm] \bar{M}_{zi} = \dfrac{6EI}{L^2}(\bar{v}_i + \bar{v}_j) \\[3mm] \bar{M}_{zj} = -\dfrac{6EI}{L^2}(\bar{v}_i + \bar{v}_j) \end{cases} \tag{2.16}$$

其推导过程如下：

（1）先假定 j 端固定，则 i 点转角为零（图 2.8）。

则令：

$$\bar{\theta}_i = \dfrac{\bar{M}'_{zi}L}{EI} - \dfrac{\bar{F}'_{yi}L^2}{2EI} = 0$$

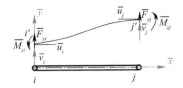

图 2.7　局部坐标系下梁单元隔离体剪切受力分析　　图 2.8　局部坐标系下梁单元隔离体受弯分析

得：

$$\overline{M}'_{zi} = \frac{1}{2}\overline{F}'_{yi}L$$

$$\overline{v}_i = \frac{\overline{F}'_{yi}L^3}{3EI} - \frac{\overline{M}'_{zi}L^2}{2EI}$$

将上式简化，得：

$$\overline{F}'_{yi} = \frac{12EI}{L^3}\overline{v}_i$$

$$\overline{M}'_{zi} = \frac{6EI}{L^2}\overline{v}_i$$

作 $\sum y = 0$，得：$\overline{F}'_{yj} = -\dfrac{12EI}{L^3}\overline{v}_i$

作 $\sum M = 0$，得：$\overline{M}'_{zj} = \overline{M}'_{zi} - \overline{F}'_{yi}L = -\dfrac{6EI}{L^2}\overline{v}_i$

（2）假定 i 端固定（图 2.9）

同理有：　　$\overline{\theta}_j = \dfrac{\overline{M}''_{zj}L}{EI} + \dfrac{\overline{F}''_{yj}L^2}{2EI} = 0$

图 2.9　局部坐标系下梁单元隔离体
一端固定受弯分析

得：　　$$\overline{M}''_{zj} = -\frac{1}{2}\overline{F}''_{yj}L$$

$$\overline{v}_j = \frac{\overline{F}''_{yj}L^3}{3EI} + \frac{\overline{M}''_{zj}L^2}{2EI}$$

简化上式，得：　　$$\overline{F}''_{yj} = \frac{12EI}{L^3}\overline{v}_j$$

$$\overline{M}''_{zj} = -\frac{6EI}{L^2}\overline{v}_j$$

作 $\sum y = 0$，得：　　$$\overline{F}''_{yi} = -\overline{F}''_{yj} = -\frac{12EI}{L^3}\overline{v}_j$$

作 $\sum M = 0$，得：　　$$\overline{M}''_{zi} = \overline{M}''_{zj} + \overline{F}''_{yj}L = \frac{6EI}{L^2}\overline{v}_j$$

（3）当两种情况同时发生时，则与图 2.7 情况相符，则有：

$$\begin{cases}
\overline{F}_{yi} = \overline{F}'_{yi} + \overline{F}''_{yi} = -\dfrac{12EI}{L^3}(\overline{v}_j - \overline{v}_i) \\[2mm]
\overline{F}_{yj} = \overline{F}'_{yj} + \overline{F}''_{yj} = \dfrac{12EI}{L^3}(\overline{v}_j - \overline{v}_i) \\[2mm]
\overline{M}_{zi} = \overline{M}'_{zi} + \overline{M}''_{zi} = \dfrac{6EI}{L^2}(\overline{v}_i + \overline{v}_j) \\[2mm]
\overline{M}_{zj} = \overline{M}'_{zj} + \overline{M}''_{zj} = \dfrac{-6EI}{L^2}(\overline{v}_i + \overline{v}_j)
\end{cases} \tag{2.17}$$

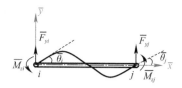

图 2.10 局部坐标系下梁单元
隔离体受转动分析

3. 情况三

单元两端结点 i、j 只绕 z 轴转动，设其转角为 θ_i、θ_j（图 2.10）。

推导过程：

（1）假设 j 点固定，$\bar{v}_j = 0$；

（2）假设 i 点固定，$\bar{v}_i = 0$；

（3）假定两种情况存在，合并（1）、（2）。

得出：

$$\begin{cases} \overline{F}_{yi} = \dfrac{6EI}{L^2}(\bar{\theta}_j + \bar{\theta}_i) \\[2mm] \overline{F}_{yj} = -\dfrac{6EI}{L^2}(\bar{\theta}_j + \bar{\theta}_i) \\[2mm] \overline{M}_{zi} = \dfrac{EI}{L}(4\bar{\theta}_i + 2\bar{\theta}_j) \\[2mm] \overline{M}_{zj} = \dfrac{EI}{L}(2\bar{\theta}_i + 4\bar{\theta}_j) \end{cases} \tag{2.18}$$

将上述三种情况叠加，得到梁单元结点力和位移的关系：

$$\begin{cases} \overline{F}_{xi} = \dfrac{EA}{L}\bar{u}_i - \dfrac{EA}{L}\bar{u}_j \\[2mm] \overline{F}_{xj} = -\dfrac{EA}{L}\bar{u}_i + \dfrac{EA}{L}\bar{u}_j \\[2mm] \overline{F}_{yi} = \dfrac{12EI}{L^3}\bar{v}_i + \dfrac{6EI}{L^2}\bar{\theta}_i - \dfrac{12EI}{L^3}\bar{v}_j + \dfrac{6EI}{L^2}\bar{\theta}_j \\[2mm] \overline{F}_{yj} = -\dfrac{12EI}{L^3}\bar{v}_i - \dfrac{6EI}{L^2}\bar{\theta}_i + \dfrac{12EI}{L^3}\bar{v}_j - \dfrac{6EI}{L^2}\bar{\theta}_j \\[2mm] \overline{M}_{zi} = \dfrac{6EI}{L^2}\bar{v}_i + \dfrac{4EI}{L}\bar{\theta}_i + \dfrac{6EI}{L^2}\bar{v}_j + \dfrac{2EI}{L}\bar{\theta}_j \\[2mm] \overline{M}_{zj} = -\dfrac{6EI}{L^2}\bar{v}_i + \dfrac{2EI}{L}\bar{\theta}_i - \dfrac{6EI}{L^2}\bar{v}_j + \dfrac{4EI}{L}\bar{\theta}_j \end{cases} \tag{2.19a}$$

矩阵形式为：

$$\{\overline{F}\} = [\bar{k}]\{\bar{u}\} \tag{2.19b}$$

此式是局部坐标系下梁单元平衡方程的矩阵形式，$[\bar{k}]$ 为单元刚度矩阵，即

$$[k] = \begin{bmatrix} \dfrac{EA}{L} & 0 & 0 & -\dfrac{EA}{L} & 0 & 0 \\[3mm] 0 & \dfrac{12EI}{L^3} & \dfrac{6EI}{L^2} & 0 & -\dfrac{12EI}{L^3} & \dfrac{6EI}{L^2} \\[3mm] 0 & \dfrac{6EI}{L^2} & \dfrac{4EI}{L} & 0 & \dfrac{6EI}{L^2} & \dfrac{2EI}{L} \\[3mm] -\dfrac{EA}{L} & 0 & 0 & \dfrac{EA}{L} & 0 & 0 \\[3mm] 0 & -\dfrac{12EI}{L^3} & -\dfrac{6EI}{L^2} & 0 & \dfrac{12EI}{L^3} & -\dfrac{6EI}{L^2} \\[3mm] 0 & -\dfrac{6EI}{L^2} & \dfrac{2EI}{L} & 0 & -\dfrac{6EI}{L^2} & \dfrac{4EI}{L} \end{bmatrix}$$

$$
\left\{
\begin{array}{c}
\overline{F}_{xi} \\
\overline{F}_{yi} \\
\overline{M}_{zi} \\
\overline{F}_{xj} \\
\overline{F}_{yj} \\
\overline{M}_{zj}
\end{array}
\right\}
=
\begin{bmatrix}
\dfrac{EA}{L} & 0 & 0 & -\dfrac{EA}{L} & 0 & 0 \\[2mm]
0 & \dfrac{12EI}{L^3} & \dfrac{6EI}{L^2} & 0 & -\dfrac{12EI}{L^3} & \dfrac{6EI}{L^2} \\[2mm]
0 & \dfrac{6EI}{L^2} & \dfrac{4EI}{L} & 0 & \dfrac{6EI}{L^2} & \dfrac{2EI}{L} \\[2mm]
-\dfrac{EA}{L} & 0 & 0 & \dfrac{EA}{L} & 0 & 0 \\[2mm]
0 & -\dfrac{12EI}{L^3} & -\dfrac{6EI}{L^2} & 0 & \dfrac{12EI}{L^3} & -\dfrac{6EI}{L^2} \\[2mm]
0 & -\dfrac{6EI}{L^2} & \dfrac{2EI}{L} & 0 & -\dfrac{6EI}{L^2} & \dfrac{4EI}{L}
\end{bmatrix}
\left\{
\begin{array}{c}
\overline{u}_i \\
\overline{v}_i \\
\overline{\theta}_i \\
\overline{u}_j \\
\overline{v}_j \\
\overline{\theta}_j
\end{array}
\right\}
$$

2.4　总体坐标系中的单元刚度方程

上节的单元刚度方程是在局部坐标系中建立的，在整体坐标系中的单元刚度方程需要进行坐标转换。

已知：

$$
\{\overline{\boldsymbol{F}}\}^m = [\boldsymbol{T}]\{\boldsymbol{F}\}^m
$$
$$
\{\overline{\boldsymbol{u}}\}^m = [\boldsymbol{T}]\{\boldsymbol{u}\}^m
$$

及 $\cos\alpha$、$\sin\alpha$。

代入式（2.14b），得：

$$
[\boldsymbol{T}]\{\boldsymbol{F}\}^m = [\bar{\boldsymbol{k}}]^m[\boldsymbol{T}]\{\boldsymbol{u}\}^m
$$

等式两边左乘 $[\boldsymbol{T}]^{-1}$，得：

$$
\{\boldsymbol{F}\}^m = [\boldsymbol{T}]^{-1}[\bar{\boldsymbol{k}}]^m[\boldsymbol{T}]\{\boldsymbol{u}\}^m
$$

因为 $[\boldsymbol{T}]^{-1} = [\boldsymbol{T}]^{\mathrm{T}}$，所以

$$
\{\boldsymbol{F}\}^m = [\boldsymbol{T}]^{\mathrm{T}}[\bar{\boldsymbol{k}}]^m[\boldsymbol{T}]\{\boldsymbol{u}\}^m
$$

令 $[\boldsymbol{k}]^m = [\boldsymbol{T}]^{\mathrm{T}}[\bar{\boldsymbol{k}}]^m[\boldsymbol{T}]$ 为整体坐标系的单元刚度矩阵。

得：
$$
\{\boldsymbol{F}\}^m = [\boldsymbol{k}]^m\{\boldsymbol{u}\}^m \tag{2.20}
$$

式（2.20）就是在整体坐标系中的单元刚度方程，具体形式如下：

$$
\left\{
\begin{array}{c}
F_{xi}^m \\
F_{yi}^m \\
F_{xj}^m \\
F_{yj}^m
\end{array}
\right\}
=
\dfrac{E_m A_m}{L_m}
\begin{bmatrix}
\cos^2\alpha & \cos\alpha\sin\alpha & -\cos^2\alpha & -\cos\alpha\sin\alpha \\
\cos\alpha\sin\alpha & \sin^2\alpha & -\cos\alpha\sin\alpha & -\sin^2\alpha \\
-\cos^2\alpha & -\cos\alpha\sin\alpha & \cos^2\alpha & \cos\alpha\sin\alpha \\
-\cos\alpha\sin\alpha & -\sin^2\alpha & \cos\alpha\sin\alpha & \sin^2\alpha
\end{bmatrix}
\left\{
\begin{array}{c}
u_i \\
v_i \\
u_j \\
v_j
\end{array}
\right\}
$$

$$
[\boldsymbol{k}]^m =
\dfrac{E_m A_m}{L_m}
\begin{bmatrix}
\cos^2\alpha & \cos\alpha\sin\alpha & -\cos^2\alpha & -\cos\alpha\sin\alpha \\
\cos\alpha\sin\alpha & \sin^2\alpha & -\cos\alpha\sin\alpha & -\sin^2\alpha \\
-\cos^2\alpha & -\cos\alpha\sin\alpha & \cos^2\alpha & \cos\alpha\sin\alpha \\
-\cos\alpha\sin\alpha & -\sin^2\alpha & \cos\alpha\sin\alpha & \sin^2\alpha
\end{bmatrix}
$$

讨论：单元刚度矩阵的意义及特性

将整体坐标系的单元刚度方程写成一般形式：

$$\begin{Bmatrix} F_{xi}^m \\ F_{yi}^m \\ F_{xj}^m \\ F_{yj}^m \end{Bmatrix} = \begin{bmatrix} k_{11}^m & k_{12}^m & k_{13}^m & k_{14}^m \\ k_{21}^m & k_{22}^m & k_{23}^m & k_{24}^m \\ k_{31}^m & k_{32}^m & k_{33}^m & k_{34}^m \\ k_{41}^m & k_{42}^m & k_{43}^m & k_{44}^m \end{bmatrix} \begin{Bmatrix} u_i \\ v_i \\ u_j \\ v_j \end{Bmatrix} \qquad (2.21)$$

展开成：

$$F_{xi}^m = k_{11}^m u_i + k_{12}^m v_i + k_{13}^m u_j + k_{14}^m v_j$$
$$F_{yi}^m = k_{21}^m u_i + k_{22}^m v_i + k_{23}^m u_j + k_{24}^m v_j$$
$$F_{xj}^m = k_{31}^m u_i + k_{32}^m v_i + k_{33}^m u_j + k_{34}^m v_j$$
$$F_{yj}^m = k_{41}^m u_i + k_{42}^m v_i + k_{43}^m u_j + k_{44}^m v_j$$

（1）如图 2.11 所示，令 $u_i = u_i^*$（给定值），$v_i = u_j = v_j = 0$（固定）
则有：

$$F_{xi}^m = k_{11}^m u_i^*$$
$$F_{yi}^m = k_{21}^m u_i^*$$
$$F_{xj}^m = k_{31}^m u_i^*$$
$$F_{yj}^m = k_{41}^m u_i^*$$

可见：k_{11}^m、k_{21}^m、k_{31}^m、k_{41}^m 是结点力 F^m 在产生 u_i^* 之间的刚度系数，与弹簧系数有相同的物理含义。

（2）任取一单元刚度系数讨论，如式（2.21）中 k_{34}^m。

如图 2.12 所示，令 $u_i = v_i = u_j = 0$，$v_j = v_j^*$ 时：

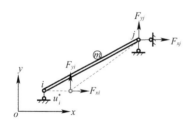

图 2.11　杆件一端水平移动

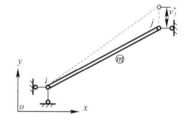

图 2.12　杆件一端垂直移动

$$F_{xj}^m = k_{34}^m v_j^m$$

式中：k_{34}^m 是单元 m 在结点 j 抵抗由于 F_{xj}^m 在 y 方向产生位移 v_j^* 的刚度系数。

由于单元刚度矩阵的各元素的物理意义与刚度系数相同，故命名这个矩阵为单元刚度矩阵。

2.5　总体刚度方程的形成

如图 2.13 所示的桁架结构，已知（给出）单元结点编号、力学与几何参数、所受载荷及约束反力。

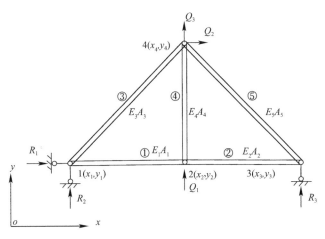

图 2.13　平面桁架与结点力

2.5.1　各结点的平衡方程

各结点受力分析如图 2.14 所示。

结点 1 处：

x 方向：$R_1 = F_{x1}^1 + F_{x1}^3$

y 方向：$R_2 = F_{y1}^1 + F_{y1}^3$

结点 2 处：

x 方向：$0 = F_{x2}^1 + F_{x2}^2 + F_{x2}^4$

y 方向：$Q_1 = F_{y2}^1 + F_{y2}^2 + F_{y2}^4$

结点 3 处：

x 方向：$0 = F_{x3}^2 + F_{x3}^5$

y 方向：$R_3 = F_{y3}^2 + F_{y3}^5$

结点 4 处：

x 方向：$Q_2 = F_{x4}^3 + F_{x4}^4 + F_{x4}^5$

y 方向：$Q_3 = F_{y4}^3 + F_{y4}^4 + F_{y4}^5$

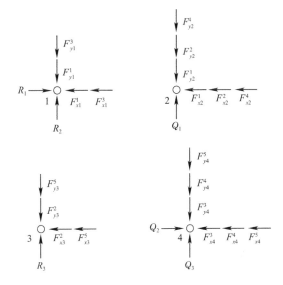

图 2.14　各结点受力分析

2.5.2　各单元总体坐标系下刚度方程

各单元受力分析如图 2.15 所示。

单元①——结点 1、2

$$
\left\{ \begin{array}{c} F_{x1}^1 \\ F_{y1}^1 \\ F_{x2}^1 \\ F_{y2}^1 \end{array} \right\} = \left[\begin{array}{cccc} k_{11}^1 & k_{12}^1 & k_{13}^1 & k_{14}^1 \\ k_{21}^1 & k_{22}^1 & k_{23}^1 & k_{24}^1 \\ k_{31}^1 & k_{32}^1 & k_{33}^1 & k_{34}^1 \\ k_{41}^1 & k_{42}^1 & k_{43}^1 & k_{44}^1 \end{array} \right] \left\{ \begin{array}{c} u_1 \\ v_1 \\ u_2 \\ v_2 \end{array} \right\}
$$

单元②——结点 2、3

$$
\left\{ \begin{array}{c} F_{x2}^2 \\ F_{y2}^2 \\ F_{x3}^2 \\ F_{y3}^2 \end{array} \right\} = \left[\begin{array}{cccc} k_{11}^2 & k_{12}^2 & k_{13}^2 & k_{14}^2 \\ k_{21}^2 & k_{22}^2 & k_{23}^2 & k_{24}^2 \\ k_{31}^2 & k_{32}^2 & k_{33}^2 & k_{34}^2 \\ k_{41}^2 & k_{42}^2 & k_{43}^2 & k_{44}^2 \end{array} \right] \left\{ \begin{array}{c} u_2 \\ v_2 \\ u_3 \\ v_3 \end{array} \right\}
$$

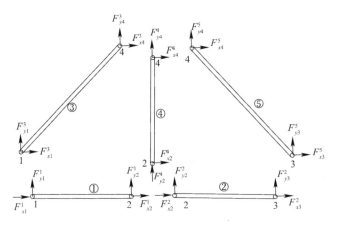

图 2.15　平面桁架杆件各单元受力分析

单元③——结点 1、4

$$\begin{Bmatrix} F_{x1}^3 \\ F_{y1}^3 \\ F_{x4}^3 \\ F_{y4}^3 \end{Bmatrix} = \begin{bmatrix} k_{11}^3 & k_{12}^3 & k_{13}^3 & k_{14}^3 \\ k_{21}^3 & k_{22}^3 & k_{23}^3 & k_{24}^3 \\ k_{31}^3 & k_{32}^3 & k_{33}^3 & k_{34}^3 \\ k_{41}^3 & k_{42}^3 & k_{43}^3 & k_{44}^3 \end{bmatrix} \begin{Bmatrix} u_1 \\ v_1 \\ u_4 \\ v_4 \end{Bmatrix}$$

单元④——结点 2、4

$$\begin{Bmatrix} F_{x2}^4 \\ F_{y2}^4 \\ F_{x4}^4 \\ F_{y4}^4 \end{Bmatrix} = \begin{bmatrix} k_{11}^4 & k_{12}^4 & k_{13}^4 & k_{14}^4 \\ k_{21}^4 & k_{22}^4 & k_{23}^4 & k_{24}^4 \\ k_{31}^4 & k_{32}^4 & k_{33}^4 & k_{34}^4 \\ k_{41}^4 & k_{42}^4 & k_{43}^4 & k_{44}^4 \end{bmatrix} \begin{Bmatrix} u_2 \\ v_2 \\ u_4 \\ v_4 \end{Bmatrix}$$

单元⑤——结点 3、4

$$\begin{Bmatrix} F_{x3}^5 \\ F_{y3}^5 \\ F_{x4}^5 \\ F_{y4}^5 \end{Bmatrix} = \begin{bmatrix} k_{11}^5 & k_{12}^5 & k_{13}^5 & k_{14}^5 \\ k_{21}^5 & k_{22}^5 & k_{23}^5 & k_{24}^5 \\ k_{31}^5 & k_{32}^5 & k_{33}^5 & k_{34}^5 \\ k_{41}^5 & k_{42}^5 & k_{43}^5 & k_{44}^5 \end{bmatrix} \begin{Bmatrix} u_3 \\ v_3 \\ u_4 \\ v_4 \end{Bmatrix}$$

上述各式上标均表示单元编号。

2.5.3　总体刚度方程的形成

将各单元刚度方程代入各结点平衡方程右端，即可得到结构的总体刚度方程：

$$\begin{Bmatrix} R_1 \\ R_2 \\ 0 \\ Q_1 \\ 0 \\ R_3 \\ Q_2 \\ Q_3 \end{Bmatrix} = \begin{bmatrix} k_{11} & k_{12} & k_{13}^1 & k_{14}^1 & 0 & 0 & k_{13}^3 & k_{14}^3 \\ k_{21} & k_{22} & k_{23}^1 & k_{24}^1 & 0 & 0 & k_{23}^3 & k_{24}^3 \\ k_{31}^1 & k_{32}^1 & k_{33} & k_{34} & k_{13}^2 & k_{14}^2 & k_{13}^4 & k_{14}^4 \\ k_{41}^1 & k_{42}^1 & k_{43} & k_{44} & k_{23}^2 & k_{24}^2 & k_{23}^4 & k_{24}^4 \\ 0 & 0 & k_{31}^2 & k_{32}^2 & k_{55} & k_{56} & k_{13}^5 & k_{14}^5 \\ 0 & 0 & k_{41}^2 & k_{42}^2 & k_{65} & k_{66} & k_{23}^5 & k_{24}^5 \\ k_{31}^3 & k_{32}^3 & k_{31}^4 & k_{32}^4 & k_{31}^5 & k_{32}^5 & k_{77} & k_{78} \\ k_{41}^3 & k_{42}^3 & k_{41}^4 & k_{42}^4 & k_{41}^5 & k_{42}^5 & k_{87} & k_{88} \end{bmatrix} \begin{Bmatrix} u_1 \\ v_1 \\ u_2 \\ v_2 \\ u_3 \\ v_3 \\ u_4 \\ v_4 \end{Bmatrix}$$

其中：

$$k_{11}=k_{11}^1+k_{11}^3 \qquad\qquad k_{12}=k_{12}^1+k_{12}^3$$
$$k_{21}=k_{21}^1+k_{21}^3 \qquad\qquad k_{22}=k_{22}^1+k_{22}^3$$
$$\vdots \qquad\qquad \vdots \qquad\qquad \vdots$$
$$k_{87}=k_{43}^3+k_{43}^4+k_{43}^5 \qquad\qquad k_{88}=k_{44}^3+k_{44}^4+k_{44}^5$$

将上述总体刚度方程简写成：

$$\{R\}=[K]\{U\}$$

式中：$\{R\}=[R_1 \quad R_2 \quad 0 \quad Q_1 \quad 0 \quad R_3 \quad Q_2 \quad Q_3]^T$ 为总体载荷列阵；$\{U\}=[u_1 \quad v_1 \quad u_2$ $v_2 \quad u_3 \quad v_3 \quad u_4 \quad v_4]^T$ 为总体位移列阵；$[K]$ 为总体刚度矩阵（简称总刚矩阵）。

如用符号可表示为：

$$[K]=\begin{bmatrix} K_{11} & K_{12} & K_{13} & K_{14} & K_{15} & K_{16} & K_{17} & K_{18} \\ K_{21} & K_{22} & K_{23} & K_{24} & K_{25} & K_{26} & K_{27} & K_{28} \\ K_{31} & K_{32} & K_{33} & K_{34} & K_{35} & K_{36} & K_{37} & K_{38} \\ K_{41} & K_{42} & K_{43} & K_{44} & K_{45} & K_{46} & K_{47} & K_{48} \\ K_{51} & K_{52} & K_{53} & K_{54} & K_{55} & K_{56} & K_{57} & K_{58} \\ K_{61} & K_{62} & K_{63} & K_{64} & K_{65} & K_{66} & K_{67} & K_{68} \\ K_{71} & K_{72} & K_{73} & K_{74} & K_{75} & K_{76} & K_{77} & K_{78} \\ K_{81} & K_{82} & K_{83} & K_{84} & K_{85} & K_{86} & K_{87} & K_{88} \end{bmatrix}$$

其中，某一元素可能是几个单元刚度矩阵相关元素之和。

2.5.4　总体刚度矩阵的形成方法——编码法

1. 结构总体自由度编号

总体刚度方程中，总体位移列阵 $\{U\}$ 的元素总数为结构自由度总数 N。对于平面桁架，每个结点只有 x、y 两个位移分量，称为 2 个自由度，故结构总体自由度 $N=n\times2$（n 为结点数）。

（1）结构总体自由度

例如：$\{U\}=[u_1 \quad v_1 \quad u_2 \quad v_2 \quad u_3 \quad v_3 \quad u_4 \quad v_4]^T$

其结构自由度总数 $N=8$。

（2）元素的顺序号——在总体自由度中的编号

例如：v_3 在总体自由度中的编号为 6。

通常规定：

1）总体自由度号按结点顺序由小到大排列；

2）每一个结点总自由度编号先排 x 方向，后排 y 方向。即：结点 i 的 x 方向位移分量 u_i 的总体自由度编号为 $2i-1$；结点 i 的 y 方向位移分量 v_i 的总体自由度编号为 $2i$；

3）总体刚度方程中的总体载荷列阵 $\{R\}$ 中的元素排列顺序必须与总体位移列阵的元素排列顺序一一对应。即：同一结点同一坐标方向的载荷分量和位移分量在总体载荷列阵、总体位移列阵中元素排列顺序号，即总体自由度编号是相同的。

2. 单元局部自由度编号

在单元刚度方程中：

$$\begin{Bmatrix} F_{xi}^m \\ F_{yi}^m \\ F_{xj}^m \\ F_{yj}^m \end{Bmatrix}=\begin{bmatrix} k_{11}^m & k_{12}^m & k_{13}^m & k_{14}^m \\ k_{21}^m & k_{22}^m & k_{23}^m & k_{24}^m \\ k_{31}^m & k_{32}^m & k_{33}^m & k_{34}^m \\ k_{41}^m & k_{42}^m & k_{43}^m & k_{44}^m \end{bmatrix}\begin{Bmatrix} u_i \\ v_i \\ u_j \\ v_j \end{Bmatrix}$$

单元结点位移列阵元素 u_i、v_i、u_j、v_j 及对应的结点力列阵元素 F_{xi}^m、F_{yi}^m、F_{xj}^m、F_{yj}^m 的顺序号称为单元局部自由度编号。

单元刚度矩阵 $[k]$ 中的元素 k_{rs}^m（r、s = 1～4）是局部自由度编号 r 的结点力分量与局部自由度编号 s 的结点位移分量之间的刚度系数。如：

$$F_{xj}^m = k_{34} v_j$$

$$r = 3 \quad s = 4$$

同理，总体刚度方程 $\{R\} = [K]\{U\}$ 中，总体刚度矩阵 $[K]$ 中的元素 K_{IJ} 是总体自由度编号 I 的结点载荷分量与总体自由度编号 J 的结点位移分量之间的刚度系数。

因此，只要知道单元的结点号，就可以确定单元局部自由度编号与结构总体自由度编号的对应关系。例如：若单元的结点编号为 i、j，则结点位移分量 u_i、v_i、u_j、v_j 在单元内的局部自由度编号是 1、2、3、4；在结构中的总体自由度编号是 $2i-1$、$2i$、$2j-1$、$2j$。

3. 编码法

如图 2.16 所示的平面桁架，其中单元③的结点号为 $i=1$、$j=4$。两种编号的对应关系见表 2.1。

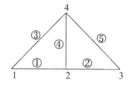
图 2.16 平面桁架杆件单元划分

局部与总体自由度编号对照表 　　　　　　表 2.1

结点号	$i=1$		$j=4$	
方向	x	y	x	y
局部自由度编号	u_i 1	v_i 2	u_j 3	v_j 4
总体自由度编号	$2i-1$ $2\times1-1=1$	$2i$ $2\times1=2$	$2j-1$ $2\times4-1=7$	$2j$ $2\times4=8$

单元刚度矩阵中的元素 k_{rs} 在总体刚度矩阵 $[K]$ 的位置：

例如：单元⑩，结点号为 2、4（即 $i=2$，$j=4$）

$$\begin{matrix} i & \begin{matrix}1\\2\end{matrix} \\ j & \begin{matrix}3\\4\end{matrix} \end{matrix} \begin{Bmatrix} u_2\\v_2\\u_4\\v_4 \end{Bmatrix} \rightarrow 总体编号 \begin{matrix} 2i-1\\2i\\2j-1\\2j \end{matrix} \begin{bmatrix} k_{11}^m & k_{12}^m & k_{13}^m & k_{14}^m \\ k_{21}^m & k_{22}^m & k_{23}^m & k_{24}^m \\ k_{31}^m & k_{32}^m & k_{33}^m & k_{34}^m \\ k_{41}^m & k_{42}^m & k_{43}^m & k_{44}^m \end{bmatrix}$$

若已知单元刚度矩阵中元素 k_{34}（$r=3$，$s=4$），求其对应的总体刚度矩阵中 K_{IJ} 的 I、J 号。

（1）$r=3$ 对应 u_4 　　$I=2j-1=2\times4-1=7$；

（2）$s=4$ 对应 v_4 　　$J=2j=2\times4=8$。

所以 $k_{34} \rightarrow K_{78}$。

再如 k_{13}（$r=1$，$s=3$），求 K_{IJ} 的 I、J 号。

（1）$r=1$ 对应 u_2 　　$I=2i-1=2\times2-1=3$；

（2）$s=3$ 对应 u_4 　　$J=2j-1=2\times4-1=7$。

所以 $k_{13} \rightarrow K_{37}$。

可见，单元矩阵元素 k_{rs}^m 其脚标 r、s 是单元 m 的自由度编号，与之对应的总体自由度编号分别是 I、J。在形成总刚矩阵时，k_{rs}^m 将累加到总刚矩阵元素 K_{IJ} 中。

实施步骤：

（1）将总体刚度矩阵中的全部元素置零 $K_{IJ}=0, I=1,2,\cdots,n,\cdots,2n, J=1,2,\cdots,n,\cdots,2n$；

（2）形成每个单元的刚度矩阵，并确定单元的结点编号 i、j；

（3）将单元刚度矩阵中的各元素 $k_{rs}(r=1\sim4, s=1\sim4)$ 分别按局部自由度与总体自由度编号的关系：

$$k_{rs} \quad \begin{array}{c} r \to \\ \\ s \to \end{array} \left. \begin{cases} 1 & 2i-1 \\ 2 & 2i \\ 3 & 2j-1 \\ 4 & 2j \end{cases} \right\} \begin{array}{c} \to I \\ \\ \to J \end{array} \quad K_{IJ}$$

组集到总刚矩阵的 K_{IJ} 位置上；

（4）依次完成各单元的组集，形成总体刚度矩阵 $[\mathbf{K}]$。必要时，将 $k_{rs}^m(m=1\sim n)$ 累加到对应的 K_{IJ} 中。

利用计算机，可以很方便地完成上述编号和组集工作。

2.5.5　总体刚度矩阵的特性

1. 对称性

单元刚度矩阵 $[k]$ 是对称矩阵，即 $k_{rs}^m=k_{sr}^m$，由组集过程可知，总体刚度矩阵 $[\mathbf{K}]$ 也是对称的，即 $K_{IJ}=K_{JI}$。

2. 奇异性

在总体载荷列阵 $\{\mathbf{R}\}=[R_1 \quad R_2 \quad 0 \quad Q_1 \quad 0 \quad R_3 \quad Q_2 \quad Q_3]^{\mathrm{T}}$ 中，包括了结构各结点上作用的全部载荷和支座反力，它们应该满足力系的三个平衡方程：

$$\sum F_x=0 \qquad \sum F_y=0 \qquad \sum M=0$$

可以推知，总体刚度矩阵中存在三个线性相关行，因而它是奇异阵，即

$$|\mathbf{K}|（行列式）\equiv 0$$

另外，无约束的结构，当 $\{\mathbf{R}\}=\{0\}$ 仍允许产生任意的刚体位移，此时总体刚度方程是齐次的线性方程组：

$$[\mathbf{K}]\{\mathbf{U}\}=\{0\}$$

它有非零解的充分必要条件是方程组的系数行列式为零，即 $|\mathbf{K}|=0$，故 $[\mathbf{K}]$ 是奇异的。

3. 稀疏性

在大型结构中，一个结点只能与周围几个单元相连接。若该结点的某一位移分量或结点力分量的总体自由度编号是 I，则只有含该结点单元刚度矩阵元素才对总体刚度矩阵第 I 行或列有关元素有贡献。凡没有含该结点单元刚度矩阵元素贡献的总刚矩阵元素均为零。自由度越大，零元素越多。

2.6 总体载荷列阵的形成

2.6.1 桁架结构

桁架结构的载荷一般都作用在结点上，可将结点上作用的载荷沿坐标轴方向分解成结点载荷分量，然后按结点编号将其加入总体载荷列阵的对应元素上。

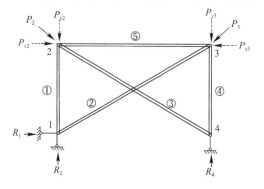

图 2.17 平面桁架杆件受力分析

例如：图 2.17 所示的平面桁架杆系中，对于结点 2，将 P_2 沿坐标轴方向分解成 P_{x2}、P_{y2}。则对应的总载荷列阵中的编号如下：

$$P_{x2} \rightarrow 2i - 1 = 2 \times 2 - 1 = 3$$
$$P_{y2} \rightarrow 2i = 2 \times 2 = 4$$

同理，对于结点 3，分解成 P_{x3}、P_{y3}：

$$P_{x3} \rightarrow 2j - 1 = 2 \times 3 - 1 = 5$$
$$P_{y3} \rightarrow 2j = 2 \times 3 = 6$$

故总体载荷列阵为：

$$\left\{ \begin{matrix} R_1 \\ R_2 \\ P_{x2} \\ P_{y2} \\ P_{x3} \\ P_{y3} \\ 0 \\ R_4 \end{matrix} \right\} = \{ \boldsymbol{R} \}$$

2.6.2 平面刚架单元

1. 点载荷直接作用在结点上（力、弯矩）

形成总体载荷列阵时，先将结点载荷分解为总体坐标轴方向的分量，再将这些载荷分量按总自由度编号组集到总体载荷列阵对应的元素项中。如图 2.18 所示。

2. 单元受非结点载荷的作用

先在单元内计算等效结点载荷，然后把等效结点载荷按总自由度编号组集到总体载荷列阵中。如图 2.19 所示。

将图 2.19（a）单元所受的非结点载荷作用分解成图 2.19（b）和图 2.19（c）两种情况的叠加。

图 2.19（b）：梁单元两端固定，固定端产生反力和反力矩（固端力、固端力矩），梁单元固端力、固端力矩和分布载荷 q 组成平衡力系，不会引起两端的结点位移，但能引起单元内力；

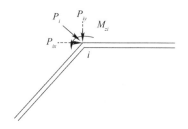

图 2.18 载荷作用于刚架结点的受力分析

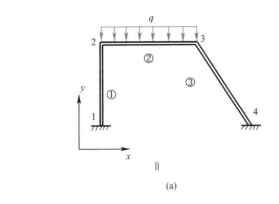

(a)

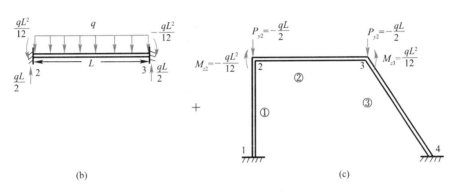

(b)　　　　　　　　　　　　　　　　(c)

图 2.19　平面刚架杆件受力分析

图 2.19 （c）：单元两端结点承受与固端力、固端力矩相反，大小相等的力和力矩，称之为等效结点载荷。

故：①计算刚架结点位移时，只考虑图 2.19 （c）所示的等效结点载荷作用即可；②计算单元内力时，应分别计算图 2.19 （b）、图 2.19 （c）两种受力情况下单元内力，进行叠加后得到单元的实际内力。

编程时，一般将非结点载荷换算成单元局部坐标系的固端力、固端力矩。处理时，将固端力、固端力矩乘以 -1，再经坐标变换，化成总体坐标系的单元等效结点载荷，然后组集到总体载荷列阵中去。

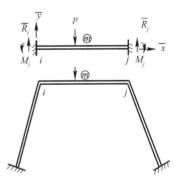

图 2.20　平面刚架杆件
非结点受力分析

例如：图 2.20 中，单元 m 局部坐标固端力、固端力矩分别是 $\overline{R}_i$，$\overline{M}_i$，$\overline{R}_j$，$\overline{M}_j$。用列阵表示为：

$$\{\boldsymbol{P}\} = \begin{bmatrix} 0 & \overline{R}_i & \overline{M}_i & 0 & \overline{R}_j & \overline{M}_j \end{bmatrix}^\mathrm{T}$$

局部坐标等效结点载荷列阵为：

$$\{\overline{\boldsymbol{Q}}\} = -\{\overline{\boldsymbol{P}}\}$$

对于总体坐标单元等效结点载荷列阵 $\{\boldsymbol{Q}\}$，

$$\because \{\overline{\boldsymbol{Q}}\} = [\boldsymbol{T}]\{\boldsymbol{Q}\}$$

$$\therefore \{\boldsymbol{Q}\} = [\boldsymbol{T}]^{-1}\{\overline{\boldsymbol{Q}}\} = [\boldsymbol{T}]^\mathrm{T}\{\overline{\boldsymbol{Q}}\}$$

式中：$[\boldsymbol{T}]$ 为坐标变换矩阵。

2.7 引入边界条件修正总体刚度方程

前已述及，结构总体刚度方程 $\{R\}=[K]\{U\}$ 中，没有给定位移边界条件，并且总刚矩阵 $[K]$ 是一个奇异阵（即逆阵不存在），所以不能直接求解位移列阵 $\{U\}$。

消除总刚矩阵的奇异性，可以通过引入约束条件来完成。

2.7.1 位移边界条件（约束条件、支承方式、支承条件）

（1）固定支座［图 2.21（a）］：$u=v=\theta=0$；

（2）不动铰支座［图 2.21（b）］：$u=v=0$；

（3）可动铰支座［图 2.21（c）］：$u=0$ 或 $v=0$；

（4）具有强迫位移支座：可以给出一个或几个强迫位移值，如 $u=u_0$，$v=v_0$ 或 $\theta=\theta_0$；

（5）弹性支座［图 2.21（d）］。

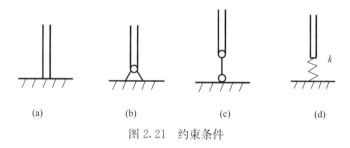

(a)　　　　　(b)　　　　　(c)　　　　　(d)

图 2.21　约束条件

2.7.2 总体刚度方程的修正方法

1. 给定位移是零的情况

对于固定支座、不动铰支座等（图 2.22），$u_1=0$，$v_1=0$，$v_3=0$。

在总体刚度方程中，任意系数乘零总为零，可把总刚矩阵中与 u_1、v_1、v_3 对应的第 1、2、6 列划除，同时把总体位移列阵中的元素 u_1、v_1、v_3 以及相对应的结点力列阵分量划除。

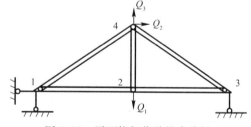

图 2.22　平面桁架位移约束分析

$$
\begin{Bmatrix} R_1 \\ R_2 \\ 0 \\ Q_1 \\ 0 \\ R_3 \\ Q_2 \\ Q_3 \end{Bmatrix} = \begin{bmatrix} K_{11} & K_{12} & K_{13} & K_{14} & K_{15} & K_{16} & K_{17} & K_{18} \\ K_{21} & K_{22} & K_{23} & K_{24} & K_{25} & K_{26} & K_{27} & K_{28} \\ K_{31} & K_{32} & K_{33} & K_{34} & K_{35} & K_{36} & K_{37} & K_{38} \\ K_{41} & K_{42} & K_{43} & K_{44} & K_{45} & K_{46} & K_{47} & K_{48} \\ K_{51} & K_{52} & K_{53} & K_{54} & K_{55} & K_{56} & K_{57} & K_{58} \\ K_{61} & K_{62} & K_{63} & K_{64} & K_{65} & K_{66} & K_{67} & K_{68} \\ K_{71} & K_{72} & K_{73} & K_{74} & K_{75} & K_{76} & K_{77} & K_{78} \\ K_{81} & K_{82} & K_{83} & K_{84} & K_{85} & K_{86} & K_{87} & K_{88} \end{bmatrix} \begin{Bmatrix} u_1 \\ v_1 \\ u_2 \\ v_2 \\ u_3 \\ v_3 \\ u_4 \\ v_4 \end{Bmatrix}
$$

同时，R_1、R_2、R_3 是未知反力。因此，可以划去与之对应的 1、2、6 行以及划去总体载荷列阵中第 1、2、6 个元素，最后得到修正的总刚方程：

$$\begin{Bmatrix} 0 \\ Q_1 \\ 0 \\ Q_2 \\ Q_3 \end{Bmatrix} = \begin{bmatrix} K_{33} & K_{34} & K_{35} & K_{37} & K_{38} \\ K_{43} & K_{44} & K_{45} & K_{47} & K_{48} \\ K_{53} & K_{54} & K_{55} & K_{57} & K_{58} \\ K_{73} & K_{74} & K_{75} & K_{77} & K_{78} \\ K_{83} & K_{84} & K_{85} & K_{87} & K_{88} \end{bmatrix} \begin{Bmatrix} u_2 \\ v_2 \\ u_3 \\ u_4 \\ v_4 \end{Bmatrix}$$

简写为：
$$\{\boldsymbol{R}^*\} = [\boldsymbol{K}^*]\{\boldsymbol{U}^*\}$$

式中：修正总刚矩阵 $[\boldsymbol{K}^*]$ 仍旧保持对称性，但为非奇异矩阵，因为矩阵中已没有线性相关行。至此：①修正总体载荷列阵全部元素都是给定的；②修正总体位移列阵全部元素都是待求的。

2. 给定位移是非零常数的情况

无论是结构内部结点还是支座边界点，如果它们具有已知非零位移值，则称其为强迫位移。

修正总体刚度方程的方法有以下两种：

（1）消行修正法

设总体刚度方程的一般形式是：

$$\begin{bmatrix} K_{11} & K_{12} & \cdots & K_{1j} & \cdots & K_{1n} \\ K_{21} & K_{22} & \cdots & K_{2j} & \cdots & K_{2n} \\ \vdots & & \ddots & \vdots & & \vdots \\ K_{j1} & K_{j2} & \cdots & K_{jj} & \cdots & K_{jn} \\ \vdots & & & \vdots & \ddots & \vdots \\ K_{n1} & K_{n2} & \cdots & K_{nj} & \cdots & K_{nn} \end{bmatrix} \begin{Bmatrix} u_1 \\ u_2 \\ \vdots \\ u_j \\ \vdots \\ u_n \end{Bmatrix} = \begin{Bmatrix} R_1 \\ R_2 \\ \vdots \\ R_j \\ \vdots \\ R_n \end{Bmatrix}$$

假设给定位移的边界条件 $u_j = \bar{u}_j$（$\bar{u}_j$ 是已知位移值），将 $u_j = \bar{u}_j$ 代入上式得：

$$\begin{cases} K_{11}u_1 + K_{12}u_2 + \cdots + K_{1j}\bar{u}_j + \cdots + K_{1n}u_n = R_1 \\ K_{21}u_1 + K_{22}u_2 + \cdots + K_{2j}\bar{u}_j + \cdots + K_{2n}u_n = R_2 \\ \qquad\qquad\qquad \cdots\cdots \\ K_{j1}u_1 + K_{j2}u_2 + \cdots + K_{jj}\bar{u}_j + \cdots + K_{jn}u_n = R_j \\ \qquad\qquad\qquad \cdots\cdots \\ K_{n1}u_1 + K_{n2}u_2 + \cdots + K_{nj}\bar{u}_j + \cdots + K_{nn}u_n = R_n \end{cases}$$

上述 n 次线性方程组中，只有 $n-1$ 个位移未知量（其中 $u_j = \bar{u}_j$ 给定），能够由 $n-1$ 个线性方程组求解：

1）将上式第 j 个方程改成 $u_j = \bar{u}_j$；

2）把方程组左端第 j 项（含 u_j 的项）移到方程右端，用矩阵形式可表达成：

$$\begin{bmatrix} K_{11} & K_{12} & \cdots & K_{1,j-1} & 0 & K_{1,j+1} & \cdots & K_{1n} \\ K_{21} & K_{22} & \cdots & K_{2,j-1} & 0 & K_{2,j+1} & \cdots & K_{2n} \\ \cdots & \cdots & \ddots & \cdots & 0 & \cdots & & \cdots \\ K_{j-1,1} & K_{j-1,2} & \cdots & K_{j-1,j-1} & 0 & K_{j-1,j+1} & \cdots & K_{j-1,n} \\ 0 & 0 & \cdots & 0 & 1 & 0 & \cdots & 0 \\ K_{j+1,1} & K_{j+1,2} & \cdots & K_{j+1,j-1} & 0 & K_{j+1,j+1} & \cdots & K_{j+1,n} \\ \cdots & \cdots & & \cdots & 0 & \cdots & \ddots & \cdots \\ K_{n1} & K_{n2} & \cdots & K_{n,j-1} & 0 & K_{n,j+1} & \cdots & K_{nn} \end{bmatrix} \begin{Bmatrix} u_1 \\ u_2 \\ \vdots \\ u_{j-1} \\ u_j \\ u_{j+1} \\ \cdots \\ u_n \end{Bmatrix} = \begin{Bmatrix} R_1 - K_{1j}\bar{u}_j \\ R_2 - K_{2j}\bar{u}_j \\ \vdots \\ R_{j-1} - K_{j-1j}\bar{u}_j \\ R_j - K_j\bar{u}_j \\ R_{j+1} - K_{j+1j}\bar{u}_j \\ \vdots \\ R_n - K_{nj}\bar{u}_j \end{Bmatrix}$$

简写为： $$[K^*]\{U\}=\{R^*\}$$

修正后的总刚矩阵 $[K^*]$ 仍是一个对称矩阵，阶数 n 不变。

通用程序中，消行修正法实施方法如下：

若给定边界条件 $u_j=\bar{u}_j$：

① 当 $i\neq j(i=1,2,\cdots,j-1,j,j+1,\cdots,n)$ 时，

$$K_{ji}^*=K_{ij}^*=0 \quad \text{（对于第 }j\text{ 列或第 }j\text{ 行）}$$

$$R_i^*=R_i-K_{ij}\bar{u}_j$$

② 当 $i=j$ 时，

$$K_{ij}^*=1$$

$$R_i^*=\bar{u}_j$$

总刚矩阵和总载荷列阵的其余元素不变。

如果有 m 个给定位移边界条件，那么需按上述方法作 m 次循环，分别对总刚矩阵和总载荷列阵进行修正。

（2）对角线扩大法

如果给定位移边界条件是 $u_j=\bar{u}_j$，则按以下步骤修正：将总刚矩阵 $[K]$ 中对角线项 K_{jj} 和总载荷列阵 $\{R\}$ 中对应元素 R_j 增大很大倍数。例如：

$$K_{jj} \rightarrow K_{jj}\times 10^{10}$$

$$R_j \rightarrow \bar{u}_j\times K_{jj}\times 10^{10}$$

这样，与原总体刚度方程相比，其他方程没有改变，只有第 j 个方程修改为：

$$K_{j1}u_1+K_{j2}u_2+\cdots+K_{jj}\times 10^{10}\times u_j+K_{jj+1}u_{j+1}+\cdots+K_{jn}u_n=\bar{u}_j\times K_{jj}\times 10^{10}$$

上式有两项 $K_{jj}\times 10^{10}\times u_j$ 和 $\bar{u}_j\times K_{jj}\times 10^{10}$ 比其余各项的量级要大很多，因此相对而言，其余各项可以忽略不计。

于是有 $$K_{jj}\times 10^{10}\times u_j=\bar{u}_j\times K_{jj}\times 10^{10}$$

或 $$u_j=\bar{u}_j$$

修改后有 $$[K^*]\{U\}=\{R^*\}$$

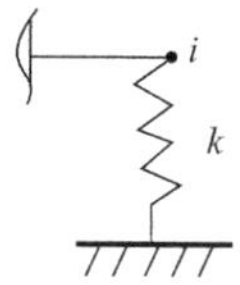

图 2.23 弹性支座

如果有 m 个给定位移，则需按上述方法进行 m 次修正。

（3）弹性支座约束的情况（图 2.23）

假定支座弹性系数为 k，而此位移分量在结构结点位移列阵中为第 r 个元素。处理方法是在总刚矩阵中的 K_{rr} 元素上直接加入弹性系数 k 即可：

$$K_{rr}=K_{rr}+k$$

2.8 总体刚度方程求解

修正后的总体刚度方程 $[K^*]\{U^*\}=\{R^*\}$ 是一组线性代数方程，其中，$[K^*]$ 是正定对称矩阵，由此可以求解出总体位移列阵 $\{U^*\}=[K^*]^{-1}\{R^*\}$。加上给定边界条件，得到全部结点位移分量。

但高阶矩阵求逆 $[K]^{-1}$ 过于复杂，并且逆阵将丧失原矩阵的带状稀疏性。通常采用直接求解线性方程组的办法，如高斯消元法、三角分解法以及迭代法等对位移量进行

求解。

2.8.1　高斯消元法

若求解一个 n 阶线性方程组 $[\boldsymbol{K}]\{\boldsymbol{U}\}=\{\boldsymbol{R}\}$，则展开为：

$$\begin{cases} K_{11}u_1 + K_{12}u_2 + \cdots + K_{1n}u_n = R_1 \\ K_{21}u_1 + K_{22}u_2 + \cdots + K_{2n}u_n = R_2 \\ \vdots \qquad\qquad \ddots \qquad\qquad \vdots \\ K_{n1}u_1 + K_{n2}u_2 + \cdots + K_{nn}u_n = R_n \end{cases} \tag{2.22}$$

消元过程如下：

（1）用第一个方程消去它后面 $n-1$ 个方程中的第一个变量 u_1；

（2）再用第二个方程消去它后面 $n-2$ 个方程中的第二个变量 u_2；

（3）依次类推，经过 $n-1$ 次消元，最后得到一个三角形的矩阵方程。

经过（$m-1$）次消元后，线性方程组的形式是：

（1）　　　$K_{11}^{m-1}u_1 + K_{12}^{m-1}u_2 + \cdots + K_{1m}^{m-1}u_m + K_{1,m+1}^{m-1}u_{m+1} + \cdots + K_{1n}^{m-1}u_n = R_1^{m-1}$

（2）　　　　　　$K_{22}^{m-1}u_2 + \cdots + K_{2m}^{m-1}u_m + K_{2,m+1}^{m-1}u_{m+1} + \cdots + K_{2n}^{m-1}u_n = R_2^{m-1}$

$\vdots$　　　　　　　　　　　　　　　　$\cdots$

（m）　　　　　　　　　　$K_{mn}^{m-1}u_m + K_{m,m+1}^{m-1}u_{m+1} + \cdots + K_{mn}^{m-1}u_n = R_m^{m-1}$

（$m+1$）　　　　　　　$K_{m+1,m}^{m-1}u_m + K_{m+1,m+1}^{m-1}u_{m+1} + \cdots + K_{m+1,n}^{m-1}u_n = R_{m+1}^{m-1}$

$\vdots$　　　　　　　　　　　　　　　　$\cdots$

（n）　　　　　　　　　$K_{nn}^{m-1}u_m + K_{n,m+1}^{m-1}u_{m+1} + \cdots + K_{nn}^{m-1}u_n = R_n^{m-1}$

循环算式：用第（m）式消去第（$m+1$）、（$m+2$）、$\cdots$、（n）式中第 m 个变量 u_m，同时将总刚矩阵元素和总载荷列阵元素的上标 $m-1$ 改为 m。

$$K_{ij}^m = \begin{cases} K_{ij}^{m-1} & \text{在 } i \leqslant m \text{ 时} \\ 0 & \text{在 } i \geqslant m+1 \text{ 和 } j \leqslant m \text{ 时} \\ K_{ij}^{m-1} - \dfrac{K_{in}^{m-1}}{K_{mn}^{m-1}}K_{mj}^{m-1} & \text{在 } i \geqslant m+1 \text{ 和 } j \geqslant m+1 \text{ 时} \end{cases} \tag{2.23}$$

$$R_i^m = \begin{cases} R_i^{m-1} & \text{在 } i \leqslant m \text{ 时} \\ R_i^{m-1} - \dfrac{K_{in}^{m-1}}{K_{mn}^{m-1}}R_m^{m-1} & \text{在 } i > m \text{ 时} \end{cases} \tag{2.24}$$

在（$n-1$）次消元后，线性方程组被简化成下列三角形式：

$$K_{11}^{n-1}u_1 + K_{12}^{n-1}u_2 + \cdots + K_{1,n-1}^{n-1}u_{n-1} + K_{1n}^{n-1}u_n = R_1^{n-1}$$

$$K_{22}^{n-1}u_2 + \cdots + K_{2,n-1}^{n-1}u_{n-1} + K_{2n}^{n-1}u_n = R_2^{n-1}$$

$$\cdots$$

$$K_{n-1,n-1}^{n-1}u_{n-1} + K_{n-1,n}^{n-1}u_n = R_{n-1}^{n-1}$$

$$K_{nn}^{n-1}u_n = R_n^{n-1}$$

回代过程如下：

（1）由最后一个方程求得 u_n；

（2）由倒数第二个方程求得 u_{n-1}；

（3）依次由后向前，逐次求解出变量 u_{n-2}，u_{n-3}，$\cdots$，u_1。

由上式方程组倒数第一式、第二式…，依次回代求解 u_n、u_{n-1}、u_{n-2}、…、u_2、u_1。

$$u_n = R_n^{n-1}/K_{nn}^{n-1} \tag{2.25}$$

$$u_i = \left(R_i^{n-1} - \sum_{j=i+1}^{n-1} K_{ij}^{n-1}u_j \right)\Big/ K_{ii}^{n-1} \qquad (i=n-1,n-2,\cdots,2,1) \tag{2.26}$$

2.8.2 三角分解法

三角分解法充分利用了高斯消元法中回代求解三角形矩阵的线性方程组的便利。

对于给定边界位移条件，经修正后的总刚矩阵 $[K^*]$ 是一个实系数对称正定矩阵，它可以唯一地分解成两个三角形矩阵和一个对角形矩阵的乘积，即

$$[K] = [L]^{\mathrm{T}}[D][L] \tag{2.27}$$

式中：$[L]$ 为单位上三角矩阵；$[D]$ 为对角矩阵。

它们的具体形式是：

$$[L] = \begin{bmatrix} 1 & L_{12} & L_{13} & L_{14} & \cdots & L_{1n} \\ & 1 & L_{23} & L_{24} & \cdots & L_{2n} \\ & & 1 & L_{34} & \cdots & L_{3n} \\ & & & \ddots & \cdots & \vdots \\ & 0 & & & 1 & L_{n-1,n} \\ & & & & & 1 \end{bmatrix} \tag{2.28}$$

$$[D] = \begin{bmatrix} d_{11} & & & & \\ & d_{22} & & 0 & \\ & & d_{33} & & \\ & 0 & & \ddots & \\ & & & & d_{nn} \end{bmatrix} \tag{2.29}$$

将总体刚度方程 $[K]\{U\}=\{R\}$ 化为式（2.30）的运算过程，称为"三角分解"：

$$[L]^{\mathrm{T}}[D][L]\{U\} = \{R\} \tag{2.30}$$

的运算过程，称为"三角分解"。

由于 $[L]$ 和 $[D]$ 分别是单位上三角矩阵和对角矩阵，故求解总体位移 $\{U\}$ 比较容易。

1. 三角分解

将 $[K]=[L]^{\mathrm{T}}[D][L]$ 展开如下：

$$\begin{bmatrix} K_{11} & K_{12} & K_{13} & K_{14} & \cdots & K_{1n} \\ & K_{22} & K_{23} & K_{24} & \cdots & K_{2n} \\ & & K_{33} & K_{34} & \cdots & K_{3n} \\ & 对 & & \ddots & \cdots & \vdots \\ & & 称 & & & K_{nn} \end{bmatrix} = \begin{bmatrix} 1 & & & \\ L_{12} & 1 & & 0 \\ L_{13} & L_{23} & 1 & \\ \vdots & \cdots & \cdots & \ddots \\ L_{1n} & L_{2n} & L_{3n} & \cdots & 1 \end{bmatrix} \begin{bmatrix} d_{11} & d_{11}L_{12} & d_{11}L_{13} & \cdots & d_{11}L_{1n} \\ & d_{22} & d_{22}L_{23} & \cdots & d_{22}L_{2n} \\ & & d_{33} & \cdots & d_{33}L_{3n} \\ & 0 & & \ddots & \vdots \\ & & & & d_{nn} \end{bmatrix} \tag{2.31}$$

上式右端第二项是 $[D]$ 和 $[L]$ 的乘积。

根据方程两端矩阵的各对应元素相等这一条件，可以列出 $n(n+1)/2$ 个等式，必然能够求解出 $d_{ii}(i=1,2,\cdots,n)$ 和 $L_{ij}(i=1,2,\cdots,n;j=i+1,i+2,\cdots,n)$，共 $n(n+1)/2$ 个未知量。

例如，3×3 矩阵：
$$\begin{bmatrix} K_{11} & K_{12} & K_{13} \\ K_{21} & K_{22} & K_{23} \\ K_{31} & K_{32} & K_{33} \end{bmatrix}$$

$n=3$，共有

$$\frac{n(n+1)}{2} = \frac{3 \times (3+1)}{2} = \frac{3 \times 4}{2} = \frac{12}{2} = 6$$

6 个独立元素，分别为 K_{11}、K_{12}、K_{13}、K_{22}、K_{23}、$K_{33}(K_{21}=K_{12}$，$K_{31}=K_{13}$，$K_{32}=K_{23})$。

按列写出等式：

第 1 列：$K_{11}=d_{11}$　　　　　　　得：$d_{11}=K_{11}$

第 2 列：$\begin{cases} K_{12}=d_{11}L_{12} \\ K_{22}=L_{12}d_{11}L_{12}+d_{22} \end{cases}$　　得：$\begin{cases} L_{12}=K_{12}/d_{11} \\ d_{22}=K_{22}-L_{12}d_{11}L_{12} \end{cases}$

第 3 列：$\begin{cases} K_{13}=d_{11}L_{13} \\ K_{23}=L_{12}d_{11}L_{13}+d_{22}L_{23} \\ K_{33}=L_{13}d_{11}L_{13}+L_{23}d_{22}L_{23}+d_{33} \end{cases}$　得：$\begin{cases} L_{13}=K_{13}/d_{11} \\ L_{23}=\left(K_{23}-L_{12}d_{11}L_{13}\right)/d_{22} \\ d_{33}=K_{33}-\left(L_{13}d_{11}L_{13}+L_{23}d_{22}L_{23}\right) \end{cases}$

　　　　……

三角分解的计算通式是：

第 1 列　　　　　　　　　　$d_{11}=K_{11}$

第 j 列　$\begin{cases} L_{ij} = \left(K_{ij} - \sum\limits_{k=1}^{i-1} L_{ki}d_{kk}L_{kj}\right)/d_{ii} & (i=1,2,3,\cdots,j-1) \\ \\ d_{jj} = K_{jj} - \sum\limits_{k=1}^{j-1} L_{kj}d_{kk}L_{kj} & (j=2,3,4,\cdots,n) \end{cases}$

运算过程概述为：按列的顺序 $j=1$，2，$\cdots$，n 进行，在每一列中又按行的顺序 $i=1$，2，$\cdots$，j 进行。这样可以保证在 L_{ij} 和 d_{jj} 的算式中，L_{ki}、L_{kj}、d_{kk} 和 d_{ii} 等项均在前面的计算中已经求出。

2. 前消

设中间列阵为　　　　　　　　$\{\boldsymbol{V}\}=[\boldsymbol{D}][\boldsymbol{L}]\{\boldsymbol{U}\}$　　　　　　　　(2.32)

则方程组：　　　　　　　　$[\boldsymbol{L}]^{\mathrm{T}}[\boldsymbol{D}][\boldsymbol{L}]\{\boldsymbol{U}\}=\{\boldsymbol{R}\}$　　　　　　　(2.33)

可以改写成：　　　　　　　　$[\boldsymbol{L}]^{\mathrm{T}}\{\boldsymbol{V}\}=\{\boldsymbol{R}\}$　　　　　　　　(2.34)

展开为：

$$\begin{bmatrix} 1 & & & & \\ L_{12} & 1 & & 0 & \\ L_{13} & L_{23} & 1 & & \\ \vdots & \cdots & \cdots & \ddots & \\ L_{1n} & L_{2n} & L_{3n} & \cdots & 1 \end{bmatrix} \begin{Bmatrix} V_1 \\ V_2 \\ V_3 \\ \vdots \\ V_n \end{Bmatrix} = \begin{Bmatrix} R_1 \\ R_2 \\ R_3 \\ \vdots \\ R_n \end{Bmatrix}$$

由于 $[\boldsymbol{L}]^{\mathrm{T}}$ 矩阵是一个下三角矩阵，可以由第 1 个方程、第 2 个方程、$\cdots$、第 n 个方程的顺序求得中间列阵 $[\boldsymbol{V}]$ 的元素 V_1、V_2、V_3、$\cdots$、V_n。其计算公式是：

$$V_1 = R_1$$

$$V_j = R_j - \sum_{i=1}^{j-1} L_{ij} V_i \qquad (j = 2, 3, \cdots, n)$$

3. 回代

求出中间列阵 $\{V\}$ 后，可由方程组 $[D][L]\{U\} = \{V\}$ 或 $[L]\{U\} = [D]^{-1}\{V\}$ 解得列阵 $\{U\}$。

其算法如下：

(1) 求 $\{\overline{V}\} = [D]^{-1}\{V\}$。

由于 $[D]$ 阵是对角矩阵，因此算式为：

$$\overline{V}_i = V_i / d_{ii} \qquad (i = 1, 2, 3, \cdots, n) \qquad (2.35)$$

(2) 由 $[L]\{U\} = \{\overline{V}\}$，求列阵 $\{U\}$。

因为 $[L]$ 是单位上三角矩阵，可以采用高斯消元法的回代过程，方便地求出 u_n、u_{n-1}、u_{n-2}、$\cdots$、u_2、u_1。

其算式为：

$$u_n = \overline{V}_n$$

$$u_i = \overline{V}_i - \sum_{j=i+1}^{n} L_{ij} u_j \qquad (i = n-1, n-2, \cdots, 2, 1) \qquad (2.36)$$

2.9 计算单元内力和应力

2.9.1 平面杆单元

如图 2.24 所示，杆单元 ⓜ，结点 i、j，用截面法沿单元横截面 $n-n$ 截开，取隔离体，沿单元轴线列力的平衡方程：

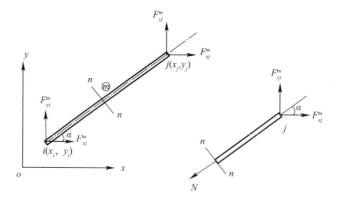

图 2.24 杆件受力分析

$$N = F_{xj}^m \cos\alpha + F_{yj}^m \sin\alpha \qquad (2.37)$$

式中：α 是单元轴线与 x 轴的夹角，可由结点 i、j 坐标值 (x_i, y_i)、(x_j, y_j) 获得：

$$\cos\alpha = \frac{(x_j - x_i)}{\sqrt{(x_j - x_i)^2 + (y_j - y_i)^2}} \qquad \sin\alpha = \frac{(y_j - y_i)}{\sqrt{(x_j - x_i)^2 + (y_j - y_i)^2}}$$

令：$\cos\alpha = c$，$\sin\alpha = s$，$\cos\alpha \cdot \sin\alpha = cs$

则有平衡方程的矩阵表达式：

$$N = \begin{bmatrix} c & s \end{bmatrix} \begin{Bmatrix} F_{xj}^m \\ F_{yj}^m \end{Bmatrix}$$

再由单元刚度方程：

$$\begin{Bmatrix} F_{xj}^m \\ F_{yj}^m \end{Bmatrix} = \frac{A_m E_m}{L_m} \begin{bmatrix} -c^2 & -cs & c^2 & cs \\ -cs & -s^2 & cs & s^2 \end{bmatrix} \begin{Bmatrix} u_i \\ v_i \\ u_j \\ v_j \end{Bmatrix} \tag{2.38}$$

将式（2.38）代入 $N = \begin{bmatrix} c & s \end{bmatrix} \begin{Bmatrix} F_{xj}^m \\ F_{yj}^m \end{Bmatrix}$，得到：

$$N = \frac{A_m E_m}{L_m} \begin{bmatrix} -c & -s & c & s \end{bmatrix} \begin{Bmatrix} u_i \\ v_i \\ u_j \\ v_j \end{Bmatrix} \tag{2.39}$$

简写为：

$$N = [\boldsymbol{S}]\{\boldsymbol{u}^m\} \tag{2.40}$$

式中：$[\boldsymbol{S}] = \dfrac{A_m E_m}{L_m} \begin{bmatrix} -c & -s & c & s \end{bmatrix}$ 称为单元内力矩阵；

$\{\boldsymbol{u}^m\} = \begin{bmatrix} u_i & v_i & u_j & v_j \end{bmatrix}^\mathrm{T}$ 称为单元结点位移列阵。

杆单元横截面上的正应力为

$$\sigma_m = \frac{N}{A_m} \tag{2.41}$$

2.9.2　平面梁单元

对于一个梁单元$\textcircled{m}$，如图 2.25 所示，其局部坐标系的单元刚度方程为：

$$\{\overline{\boldsymbol{F}}\} = [\overline{\boldsymbol{k}}]\{\overline{\boldsymbol{u}}\} \tag{2.42}$$

式中：$\{\overline{F}\} = \begin{bmatrix} \overline{F}_{xi} & \overline{F}_{yi} & \overline{M}_{zi} & \overline{F}_{xj} & \overline{F}_{yj} & \overline{M}_{zj} \end{bmatrix}^\mathrm{T}$ 为单元结点力列阵；

$\{\overline{u}\} = \begin{bmatrix} \overline{u}_i & \overline{v}_i & \overline{\theta}_i & \overline{u}_j & \overline{v}_j & \overline{\theta}_j \end{bmatrix}^\mathrm{T}$ 为单元结点位移列阵。

图 2.25　平面梁单元受力分析

局部坐标与总体坐标系的单元结点位移列阵的关系是：

$$\{\overline{\boldsymbol{u}}\} = [\boldsymbol{T}]\{\boldsymbol{u}\} \tag{2.43}$$

式中：$\{\boldsymbol{u}\} = \begin{bmatrix} u_i & v_i & \theta_i & u_j & v_j & \theta_j \end{bmatrix}^\mathrm{T}$，为总体位移。

代入式（2.42），得

$$\{\overline{\boldsymbol{F}}\} = [\overline{\boldsymbol{k}}][\boldsymbol{T}]\{\boldsymbol{u}\}$$

这些结点力、结点力矩就是单元两端截面 i，j 上的内力，即轴力：$\overline{F}_{xi}$　$\overline{F}_{xj}$；剪力：$\overline{F}_{yi}$　$\overline{F}_{yj}$；弯矩：$\overline{M}_{zi}$　$\overline{M}_{zj}$。

如果在单元上还有中间载荷，则在单元两端截面上除由结点位移引起的内力 $\overline{F}_{xi}$、

$\overline{F}_{yi}$、$\overline{M}_{zi}$、$\overline{F}_{xj}$、$\overline{F}_{yj}$、$\overline{M}_{zj}$外，还应叠加相应的固端力和固端力矩。

因此，在 i，j 两端截面上的内力是：轴力：$\overline{F}_{xi}$　$\overline{F}_{xj}$；剪力：$\overline{F}_{yi}+\overline{R}_i$　$\overline{F}_{yj}+\overline{R}_j$；弯矩：$\overline{M}_{zi}+\overline{M}_i$　$\overline{M}_{zj}+\overline{M}_j$。

至于单元中任意截面上的内力，可由单元两端已知内力和中间截面载荷，用截面法求得。

2.10　逆运算校核计算结果并求解支座反力

逆运算是根据各单元刚度方程，累计结构结点处结点力在 x、y 方向之和，与理论解对比，检验其正确性。

求解支座反力，则是由单元刚度方程对给定位移支座处的结点力求和，得到支座反力值。

例如，在图 2.26 所示的结构中，明显有：

$$\begin{cases} R_1 = F_{x1}^1 + F_{x1}^3 \\ R_2 = F_{y1}^1 + F_{y1}^3 \\ R_3 = F_{y3}^2 + F_{y3}^5 \end{cases} \tag{2.44}$$

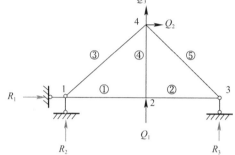

图 2.26　平面桁架支座反力分析

习题与思考题

1. 什么是杆系结构？平面杆系结构的特点是什么？

2. 对于任意平面杆单元，如何建立局部坐标结点力和总体坐标结点力的关系？

3. 对于任意平面杆单元，如何建立局部坐标结点位移和总体坐标结点位移的关系？

4. 试建立平面杆单元在局部坐标系下的刚度方程。

5. 如何将局部坐标下的单元刚度方程转换成总体坐标系下的刚度方程？

6. 试说明单元刚度矩阵不同元素的物理含义及特性。

7. 根据习题 7 图中给出的平面桁架结构进行单元划分，并写出边界条件。

8. 由直接法推导习题 7 图中的杆单元 m 在局部坐标系中的刚度方程。

9. 如习题 9 图所示三角桁架中，各杆件截面积为 A，材料弹性模量为 E，试建立该杆系结构的总体刚度方程。

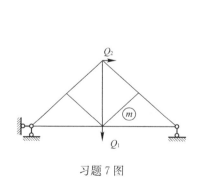

习题 7 图

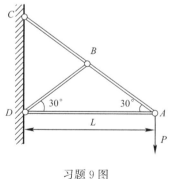

习题 9 图

10. 试用编码法对习题 9 组集总体刚度方程。

11. 根据习题 9 的边界条件，对总体刚度方程进行修正。

12. 假设习题 9 中杆件截面积 $A=0.25 \mathrm{cm}^2$，材料弹性模量 $E=1500 \mathrm{MPa}$，杆件 $L=3.0 \mathrm{m}$，荷载 $P=300 \mathrm{kg}$，试用高斯消元法求：(1) 结点 A 处的竖向位移；(2) 杆件 AB 的内力。并比较用材料力学方法求出的结果。

13. 试阐述杆系结构有限单元方法计算的总体过程。

第 3 章 平面问题有限单元法

上一章介绍了平面杆系有限单元法的基本原理和计算过程,本章将着重介绍弹性体有限单元法,其力学概念和原理与平面杆系有限单元法有类似之处。

3.1 平面问题的单元划分

1. 问题的提出

问题一:连续体上没有自然的结点和单元分界面,必须人为地用若干个离散点将连续体划分成有限个单元。

问题二:没有现成的公式能描述结点位移和单元内任一点处的位移及应力关系,应该选择适当的位移函数来建立这种关系。

2. 要求

(1) 几何近似:计算模型应在几何上与原型和结构近似;

(2) 物理近似:离散单元物理力学性质应该与原型近似;

(3) 边界条件近似。

3. 离散化过程及内容

(1) 确定计算模型几何形状与尺寸,包括边界约束条件和载荷情况;

(2) 选择单元类型,用有限个单元划分求解区域;

(3) 单元和结点编号。将连续体离散后,把所有的单元和结点按一定顺序进行编号(注意:不能重复或遗漏)。

为保证求得的单元面积不为负值,单元结点应按逆时针编号。例如,图 3.1 所示平面的单元划分如下:

单元①:结点编号为 1,2,6;

单元②:结点编号为 2,7,6;

单元③:结点编号为 2,3,7;

单元④:结点编号为 3,8,7;

……

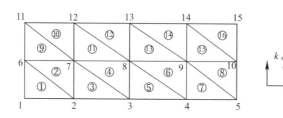

图 3.1 平面问题的网格划分

44

（4）定义单元。单元和结点分别编号后，还要定义单元。定义单元包括以下几个方面工作：

1）定义每个单元的 i，j，k；

2）定义每个单元的 i，j，k 在总体坐标系中的坐标，即 $i(x, y)$、$j(x, y)$、$k(x, y)$。

注意：单元结点号在总体坐标系中的坐标一经确定，在整个计算过程中都不能再改变。

3）给出每个单元的材料性质，如 E、μ、γ、(c, φ) 等。

对于平面问题，用于离散化的单元有多种类型（图3.2）：

1）三角形三结点单元［简称三角单元，如图3.2（a）所示］；

2）三角形六结点单元［图3.2（b）］；

3）矩形四结点单元［图3.2（c）］；

4）矩形八结点单元［图3.2（d）］；

5）任意四边形单元［图3.2（e）］。

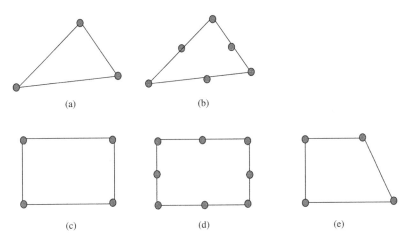

图3.2 用于离散化的单元类型

上述各类单元中，三角形三结点单元最简单，也最常用。它采用线性位移函数，对结构几何形状的适应性强。

如果选定三角形单元，则可用一组网格线把求解区域划分成若干个三角形单元，网格的交点或三角形单元的角点就是结点。如图3.3所示。

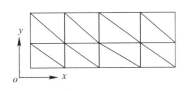

图3.3 用三角形单元
划分求解域

取每个结点沿坐标轴的位移为未知数，每个结点有两个自由度。这样，一个连续体就被人为离散成有限个单元和结点所组成的等效集合体，之后，可以用杆系有限单元问题的基本思想来分析求解。

在划分求解域的过程中，应注意以下几个问题：

1）当边界是曲线时，可以用多段直线近似代替；

2）每个三角单元（或四边单元），其边长不要相差过于悬殊，以免出现大的计算误差或奇异；

3）任一单元的顶点必须同时是相邻单元的顶点，而不能是相邻单元的内点，如图 3.4 所示；

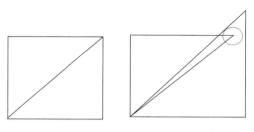

图 3.4　相邻单元顶点间关系

4）应力、位移重要的区域，单元小一些（可加密网格）；非重要区域或应力、位移变化平缓区，单元可以放大一些（网格疏一些）；

5）如图 3.5 所示，在有突变的分布载荷或有集中载荷的部位，应把单元取小一些，并在突变或集中载荷处进行结点布置；

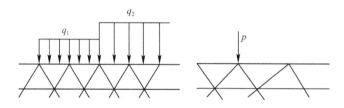

图 3.5　边界载荷突变或遇集中载荷时的单元划分

6）在材料性质差异悬殊处应分别划分单元，如图 3.6 所示；

7）充分利用对称性做简化处理，如图 3.7 所示；

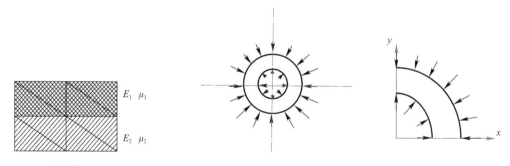

图 3.6　不同材料性质单元的划分　　　　图 3.7　利用对称性取计算模型

8）兼顾精度与经济效益。网格密度、精度就高，但是时间、费用也相对较大。

3.2　单元位移函数及插值函数

位移法有限单元采用结点位移为基本未知量，每个单元内任一点的位移量可用该单元的结点位移插值多项式表示的近似位移函数来描述。

如图 3.8 所示，典型三角形三结点单元，三个结点的总体编号为 I、J、K。为方便起见，引入结点的局部编号为 1、2、3。在总体坐标系中，结点位置为 $1(x_1, y_1)$、$2(x_2, y_2)$、$3(x_3, y_3)$，各结点的位移分量分别为 (u_1, v_1)、(u_2, v_2)、(u_3, v_3)。

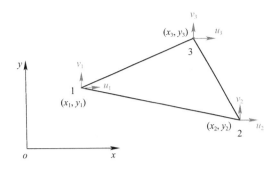

图 3.8　三角形单元局部结点编号

假设单元内的位移函数用多项式近似，即

$$\begin{cases} u(x,y) = \alpha_1 + \alpha_2 x + \alpha_3 y + \cdots \\ v(x,y) = \alpha_4 + \alpha_5 x + \alpha_6 y + \cdots \end{cases} \tag{3.1}$$

一般多项式的幂次越高，位移的近似程度就越好，但同时计算就越复杂。选择的依据是：多项式应满足单调收敛的要求。要达到单调收敛的要求，单元的位移函数应该具有完备性和协调性。

（1）完备性：位移函数必须满足刚体位移和常应变的要求；

（2）协调性：单元内部及相邻单元边界上的位移连续（弹性体受载时，在单元内部及相邻单元之间不应出现开裂或重叠现象）。

证明：线性位移模式（x，y 的一次多项式）

$$\begin{cases} u(x,y) = \alpha_1 + \alpha_2 x + \alpha_3 y \\ v(x,y) = \alpha_4 + \alpha_5 x + \alpha_6 y \end{cases} \tag{3.2}$$

作为三角单元的位移函数，可以同时满足完备性和协调性的要求。

（1）完备性条件

单元刚体运动时，应变 ε_x、ε_y 和 γ_{xy} 均等于零。即

$$\frac{\partial u}{\partial x} = 0 \qquad \frac{\partial v}{\partial y} = 0 \qquad \frac{\partial u}{\partial y} + \frac{\partial v}{\partial x} = 0$$

将式（3.2）代入上式得：

$$\alpha_2 = 0 \qquad \alpha_6 = 0 \qquad \alpha_3 + \alpha_5 = 0$$

则有：

$$\begin{cases} u(x,y) = \alpha_1 - \dfrac{\alpha_5 - \alpha_3}{2} y \\ v(x,y) = \alpha_4 + \dfrac{\alpha_5 - \alpha_3}{2} x \end{cases} \tag{3.2a}$$

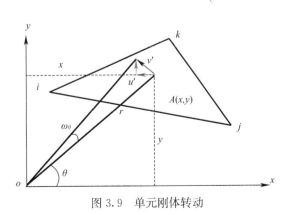

图 3.9　单元刚体转动

如图 3.9 所示，若三角形单元绕 z 轴做刚体转动 ω_0，则单元内任意点 $A(x, y)$ 位移：

x 方向　$u' = -r\omega_0 \sin\theta = -\omega_0 y$

y 方向　$v' = r\omega_0 \cos\theta = \omega_0 x$

再考虑三角形单元沿 x 轴有刚体平移 u_0，沿 y 轴有刚体平移 v_0，则 A 点的总位移是：

$$u = u_0 - \omega_0 y \quad v = v_0 + \omega_0 x \tag{3.2b}$$

对比式（3.2a）和式（3.2b）可见：

$$\alpha_1 = u_0 \qquad \alpha_4 = v_0 \qquad \omega_0 = \frac{\alpha_5 - \alpha_3}{2}$$

这说明线性位移模式完全允许单元作刚体运动。

而单元应变为：

$$\varepsilon_x = \frac{\partial u}{\partial x} = \alpha_2 \qquad \varepsilon_y = \frac{\partial v}{\partial y} = \alpha_6 \qquad \gamma_{xy} = \frac{\partial u}{\partial y} + \frac{\partial v}{\partial x} = \alpha_3 + \alpha_5$$

都是常量，即线性位移模式满足常应变条件。

（2）协调性条件

协调性条件要求相邻的单元在共同边界上应该有唯一的位移函数。

如图 3.10 所示，两个相邻的三角形单元ⓔ和ⓕ，公共边界是 ij 线。因此单元ⓔ和ⓕ公共结点 i 和 j 的位移分量都是 u_i、v_i 和 u_j、v_j。

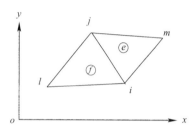

图 3.10　相邻三角形单元公共结点的协调性条件

由于单元位移函数 $u(x, y)$ 和 $v(x, y)$ 都是线性函数，在公共边上一般可写成：

$$u(s) = as + b \qquad v(s) = cs + d$$

式中：s 为边长变量，a、b、c、d 为常数。

因为在公共边上，不论是单元ⓔ还是单元ⓕ，公共点的位移 u_i、v_i 和 u_j、v_j 可以唯一地确定参数 a、b、c、d，也就是唯一地确定函数 $u(s)$ 和 $v(s)$，这就说明线性位移函数在相邻单元之间的边界上是连续的。

证毕。

式（3.2）可写为：

$$u = \begin{Bmatrix} u \\ v \end{Bmatrix} = N_0 \alpha \tag{3.3}$$

式中：

$$N_0 = \begin{bmatrix} N_P & 0 \\ 0 & N_P \end{bmatrix}$$

$$N_P = \begin{bmatrix} 1 & x & y \end{bmatrix}$$

$$\alpha = \{\alpha_1 \quad \alpha_2 \quad \alpha_3 \quad \alpha_4 \quad \alpha_5 \quad \alpha_6\}^T$$

将三角形单元的结点坐标代入式（3.2），得

$$u^e = N\alpha \tag{3.4}$$

式中：

$$u^e = \{u_i \quad v_i \quad u_j \quad v_j \quad u_k \quad v_k\}^T$$

$$N = \begin{Bmatrix} 1 & x_i & y_i & 0 & 0 & 0 \\ 0 & 0 & 0 & 1 & x_i & y_i \\ 1 & x_j & y_j & 0 & 0 & 0 \\ 0 & 0 & 0 & 1 & x_j & y_j \\ 1 & x_k & y_k & 0 & 0 & 0 \\ 0 & 0 & 0 & 1 & x_k & y_k \end{Bmatrix}$$

$$\alpha = \{\alpha_1 \quad \alpha_2 \quad \alpha_3 \quad \alpha_4 \quad \alpha_5 \quad \alpha_6\}^T$$

从式（3.4）可以求出 α

$$\alpha = N^{-1} u^e \tag{3.5}$$

故得：

$$
\begin{Bmatrix} \alpha_1 \\ \alpha_2 \\ \alpha_3 \\ \alpha_4 \\ \alpha_5 \\ \alpha_6 \end{Bmatrix} = \frac{1}{2\Delta}
\begin{bmatrix}
a_i & 0 & a_j & 0 & a_k & 0 \\
b_i & 0 & b_j & 0 & b_k & 0 \\
c_i & 0 & c_j & 0 & c_k & 0 \\
0 & a_i & 0 & a_j & 0 & a_k \\
0 & b_i & 0 & b_j & 0 & b_k \\
0 & c_i & 0 & c_j & 0 & c_k
\end{bmatrix}
\begin{Bmatrix} u_i \\ v_i \\ u_j \\ v_j \\ u_k \\ v_k \end{Bmatrix}
\tag{3.6}
$$

式中：

$$
\begin{cases}
a_i = x_j y_k - x_k y_j & b_i = y_j - y_k & c_i = x_k - x_j \\
a_j = x_k y_i - x_i y_k & b_j = y_k - y_i & c_j = x_i - x_k \\
a_k = x_i y_j - x_j y_i & b_k = y_i - y_j & c_k = x_j - x_i
\end{cases}
\tag{3.7}
$$

$$
2\Delta = \begin{vmatrix} 1 & x_i & y_i \\ 1 & x_j & y_j \\ 1 & x_k & y_k \end{vmatrix}，\text{为三角形面积}
\tag{3.8}
$$

将式 (3.6)～式 (3.8) 代入式 (3.2) 得：

$$
\begin{cases}
u(x,y) = N_i(x,y)u_i + N_j(x,y)u_j + N_k(x,y)u_k \\
v(x,y) = N_i(x,y)v_i + N_j(x,y)v_j + N_k(x,y)v_k
\end{cases}
\tag{3.9}
$$

式中：$N_i(x,y) = (a_i + b_i x + c_i y)/2\Delta$

　　　　$N_j(x,y) = (a_j + b_j x + c_j y)/2\Delta$

　　　　$N_k(x,y) = (a_k + b_k x + c_k y)/2\Delta$

式 (3.9) 可写成：

$$
\{\boldsymbol{u}\} = \begin{Bmatrix} u(x,y) \\ v(x,y) \end{Bmatrix} = [\boldsymbol{N}]\{\boldsymbol{u}^e\}
\tag{3.10}
$$

式中：$[\boldsymbol{N}] = \begin{bmatrix} N_i & 0 & N_j & 0 & N_k & 0 \\ 0 & N_i & 0 & N_j & 0 & N_k \end{bmatrix}$，$[\boldsymbol{u}^e] = \{u_i \quad v_i \quad u_j \quad v_j \quad u_k \quad v_k\}^T$，$[\boldsymbol{N}]$ 为形函数矩阵，$[\boldsymbol{u}^e]$ 为单元结点位移列阵。

形函数有两个特点：

(1) $N_i(x_i, y_i)$ $(i=i, j, k)$ 在结点 i 处为 1，其他结点处为 0，即

$$N_i(x_i, y_i) = 1 \quad (i = i, j, k)$$

$$N_i(x_j, y_j) = 0 \quad (j = i, j, k \quad j \neq i)$$

(2) 全部形函数之和等于 1，即

$$\sum N_i(x,y) = 1 \quad (i = i, j, k)$$

根据这个性质，不管 u_i，u_j，u_k 为何值，由式 (3.9) 均有：

$$u(x_i, y_i) \equiv u_i \quad (i = i, j, k)$$

设想单元沿 x 轴平移 u_0（刚体运动），则将 $u_i = u_j = u_k = u_0$ 代入式 (3.9) 得到：

$$u(x,y) = u_0 = N_i(x,y)u_0 + N_j(x,y)u_0 + N_k(x,y)u_0$$

$$= [N_i(x,y) + N_j(x,y) + N_k(x,y)]u_0$$

证得：$\qquad N_i(x,y) + N_j(x,y) + N_k(x,y) = 1$

3.3 单元应力矩阵和单元应变矩阵

单元位移函数确定后，可以方便地利用几何方程和物理方程求出单元的应变和应力。

3.3.1 应变矩阵

将式（3.10）代入式（1.4）得：

$$\{\boldsymbol{\varepsilon}\} = \left\{\begin{matrix} \varepsilon_x \\ \varepsilon_y \\ \gamma_{xy} \end{matrix}\right\} = \begin{bmatrix} \dfrac{\partial}{\partial x} & 0 \\ 0 & \dfrac{\partial}{\partial y} \\ \dfrac{\partial}{\partial y} & \dfrac{\partial}{\partial x} \end{bmatrix} \left\{\begin{matrix} u \\ v \end{matrix}\right\} = [\boldsymbol{L}]\{\boldsymbol{u}\} = [\boldsymbol{L}][\boldsymbol{N}]\{\boldsymbol{u}^e\}$$

记：
$$[\boldsymbol{B}] = [\boldsymbol{L}][\boldsymbol{N}]$$
则：
$$\{\boldsymbol{\varepsilon}\} = [\boldsymbol{B}]\{\boldsymbol{u}^e\} \tag{3.11}$$

式中：$[\boldsymbol{B}]$ 称为单元应变矩阵，即几何矩阵。

将几何矩阵写成分块形式如下：

$$[\boldsymbol{B}] = \begin{bmatrix} \dfrac{\partial}{\partial x} & 0 \\ 0 & \dfrac{\partial}{\partial y} \\ \dfrac{\partial}{\partial y} & \dfrac{\partial}{\partial x} \end{bmatrix} \begin{bmatrix} N_i & 0 & N_j & 0 & N_k & 0 \\ 0 & N_i & 0 & N_j & 0 & N_k \end{bmatrix} =$$

$$\begin{bmatrix} \dfrac{\partial N_i}{\partial x} & 0 & \dfrac{\partial N_j}{\partial x} & 0 & \dfrac{\partial N_k}{\partial x} & 0 \\ 0 & \dfrac{\partial N_i}{\partial y} & 0 & \dfrac{\partial N_j}{\partial y} & 0 & \dfrac{\partial N_k}{\partial y} \\ \dfrac{\partial N_i}{\partial y} & \dfrac{\partial N_i}{\partial x} & \dfrac{\partial N_j}{\partial y} & \dfrac{\partial N_j}{\partial x} & \dfrac{\partial N_k}{\partial y} & \dfrac{\partial N_k}{\partial x} \end{bmatrix} = \begin{bmatrix} \boldsymbol{B}_i & \boldsymbol{B}_j & \boldsymbol{B}_k \end{bmatrix} \tag{3.12}$$

式中：$[\boldsymbol{B}_i]$ 为一常数矩阵，与单元的结点坐标有关，通常称这种单元为常应变单元。

其中：

$$[\boldsymbol{B}_i] = \begin{bmatrix} \dfrac{\partial N_i}{\partial x} & 0 \\ 0 & \dfrac{\partial N_i}{\partial y} \\ \dfrac{\partial N_i}{\partial y} & \dfrac{\partial N_i}{\partial x} \end{bmatrix} = \dfrac{1}{2\Delta} \begin{bmatrix} b_i & 0 \\ 0 & c_i \\ c_i & b_i \end{bmatrix} \qquad (i = i, j, k)$$

3.3.2 应力矩阵

将式（3.11）代入式（1.5）得：

$$\{\boldsymbol{\sigma}\} = \left\{\begin{matrix} \sigma_x \\ \sigma_y \\ \tau_{xy} \end{matrix}\right\} = [\boldsymbol{D}]\{\boldsymbol{\varepsilon}\} = [\boldsymbol{D}][\boldsymbol{B}]\{\boldsymbol{u}^e\} = [\boldsymbol{S}]\{\boldsymbol{u}^e\} \tag{3.13}$$

式中：$[S]=[D][B]=[D][B_i \quad B_j \quad B_k]=[S_i \quad S_j \quad S_k]$，$[S]$ 称为应力矩阵，也是常数矩阵。 (3.14)

将式（1.9）或式（1.10）代入式（3.14），可得平面应力或平面应变问题的单元应力矩阵：

$$[S_i]=[D][B_i]=\frac{E_0}{2(1-\mu_0^2)\Delta}\begin{bmatrix} b_i & \mu_0 c_i \\ \mu_0 b_i & c_i \\ \frac{1-\mu_0}{2}c_i & \frac{1-\mu_0}{2}b_i \end{bmatrix} \qquad (i=i,j,k) \qquad (3.15)$$

式中：E_0、μ_0 为材料常数，在两种平面问题中的关系如下：

（1）平面应力问题：$E_0=E \qquad \mu_0=\mu$；

（2）平面应变问题：$E_0=\dfrac{E}{1-\mu^2} \qquad \mu_0=\dfrac{\mu}{1-\mu}$。

3.4　单元刚度方程

根据虚功方程式（1.21），单元 n 虚应变能的计算公式：

$$\delta U_e^n=\iint_{A_n}\{\delta\boldsymbol{\varepsilon}\}^{\mathrm{T}}[\boldsymbol{D}]\{\boldsymbol{\varepsilon}\}t\mathrm{d}A \qquad (3.16)$$

式中：A_n 为单元面积，t 为单元厚度，$[\boldsymbol{D}]$ 为弹性矩阵。

将式（3.11）代入式（3.16）得：

$$\delta U_e^n=\iint_{A_n}\{\delta\boldsymbol{u}^e\}^{\mathrm{T}}[\boldsymbol{B}]^{\mathrm{T}}[\boldsymbol{D}][\boldsymbol{B}]\{\boldsymbol{u}^e\}t\mathrm{d}A$$

$$=\{\delta\boldsymbol{u}^e\}^{\mathrm{T}}(\iint_{A_n}[\boldsymbol{B}]^{\mathrm{T}}[\boldsymbol{D}][\boldsymbol{B}]t\mathrm{d}A)\{\boldsymbol{u}^e\}$$

简写成：

$$\delta U_e^n=\{\delta\boldsymbol{u}^e\}^{\mathrm{T}}[\boldsymbol{k}]\{\boldsymbol{u}^e\} \qquad (3.17)$$

式中：$[\boldsymbol{k}]=\iint_{A_n}[\boldsymbol{B}]^{\mathrm{T}}[\boldsymbol{D}][\boldsymbol{B}]t\mathrm{d}A$，称为单元刚度矩阵。 (3.18)

根据式（1.21），单元 n 的外力虚功计算公式是：

$$\delta W_e^n=\iint_{A_n}\{\delta\boldsymbol{u}\}^{\mathrm{T}}\{\overline{\boldsymbol{F}}\}t\mathrm{d}A+\int_{\partial\Gamma_\sigma}\{\delta\boldsymbol{u}\}^{\mathrm{T}}\{\overline{\boldsymbol{P}}\}t\mathrm{d}S$$

$$=\{\delta\boldsymbol{u}^e\}^{\mathrm{T}}(\iint_{A_n}[\boldsymbol{N}]^{\mathrm{T}}\{\overline{\boldsymbol{F}}\}t\mathrm{d}A+\int_{(\partial\Gamma_\sigma)n}[\boldsymbol{N}]^{\mathrm{T}}\{\overline{\boldsymbol{P}}\}t\mathrm{d}S) \qquad (3.19)$$

式中：第一项是体力在虚位移上所作的虚功，第二项是面力在虚位移上所作的虚功。

如果计算单元没有面力的作用，则第二项积分为零。式（3.19）可以简写成：

$$\delta W_e^n=\{\delta\boldsymbol{u}^e\}^{\mathrm{T}}\{\boldsymbol{Q}\} \qquad (3.20)$$

式中：

$$\{\boldsymbol{Q}\}=\iint_{A_n}[\boldsymbol{N}]^{\mathrm{T}}\{\overline{\boldsymbol{F}}\}t\mathrm{d}A+\int_{(\partial\Gamma_\sigma)n}[\boldsymbol{N}]^{\mathrm{T}}\{\overline{\boldsymbol{P}}\}t\mathrm{d}S \qquad (3.21)$$

列阵 $\{\boldsymbol{Q}\}$ 的力学意义是单元体力和面力的等效结点载荷列阵，它与结点虚位移列阵 $\{\delta\boldsymbol{u}^e\}$ 的乘积是单元体力和面力的虚功。

式（3.18）和式（3.21）是单元刚度矩阵和单元载荷列阵算式的一般形式。

由虚功原理： $$\delta U_e^n = \delta W_e^n$$

有 $$\{\delta \boldsymbol{u}^e\}^{\mathrm{T}}[\boldsymbol{k}]\{\boldsymbol{u}^e\} = \{\delta \boldsymbol{u}^e\}^{\mathrm{T}}\{\boldsymbol{Q}\}$$

由于单元结点虚位移列阵 $\{\delta \boldsymbol{u}^e\}$ 是一个非零的任意列阵，上式可以写成：

$$[\boldsymbol{k}]\{\boldsymbol{u}^e\} = \{\boldsymbol{Q}\} \tag{3.22}$$

式（3.22）即是单元刚度方程。

现将式（3.12）代入式（3.18），可得单元刚度矩阵的具体形式：

$$[\boldsymbol{k}] = \iint\limits_{A_n} \begin{bmatrix} \boldsymbol{B}_i^{\mathrm{T}} \\ \boldsymbol{B}_j^{\mathrm{T}} \\ \boldsymbol{B}_k^{\mathrm{T}} \end{bmatrix} [\boldsymbol{D}] \begin{bmatrix} \boldsymbol{B}_i & \boldsymbol{B}_j & \boldsymbol{B}_k \end{bmatrix} t\mathrm{d}A = \begin{bmatrix} k_{11} & k_{12} & k_{13} \\ k_{21} & k_{22} & k_{23} \\ k_{31} & k_{32} & k_{33} \end{bmatrix}_{6\times 6} \tag{3.23}$$

式中：$[\boldsymbol{k}_{ij}]_{2\times 2} = \iint\limits_{A_n} [\boldsymbol{B}_i]^{\mathrm{T}}[\boldsymbol{D}][\boldsymbol{B}_j] t\mathrm{d}A$

$$= [\boldsymbol{B}_i]^{\mathrm{T}}[\boldsymbol{D}][\boldsymbol{B}_j] t\Delta$$

$$= \frac{Et}{4(1-\mu^2)\Delta} \begin{bmatrix} b_i & 0 & c_i \\ 0 & c_i & b_i \end{bmatrix} \begin{bmatrix} 1 & \mu & 0 \\ \mu & 1 & 0 \\ 0 & 0 & \dfrac{1-\mu}{2} \end{bmatrix} \begin{bmatrix} b_j & 0 \\ 0 & c_j \\ c_j & b_j \end{bmatrix}$$

$$= \frac{Et}{4(1-\mu^2)\Delta} \begin{bmatrix} b_ib_j + \dfrac{1-\mu}{2}c_ic_j & \mu b_ic_j + \dfrac{1-\mu}{2}c_ib_j \\ \mu c_ib_j + \dfrac{1-\mu}{2}b_ic_j & c_ic_j + \dfrac{1-\mu}{2}b_ib_j \end{bmatrix} \tag{3.24}$$

由式（3.24）可知：$[\boldsymbol{k}_{ij}]^{\mathrm{T}} = [\boldsymbol{k}_{ji}]$

单元刚度矩阵的性质：

（1）对称性；

（2）奇异性：即使给定结点力，也不能确定结点位移（刚体运动）；

（3）主元恒为正值，即 $k_{ii} > 0$，结点位移 u_i 与结点力 q_i 同向成正比。

单元刚度矩阵的物理意义：

将式（3.22）展开：

$$\begin{bmatrix} k_{11} & k_{12} & \cdots & k_{16} \\ k_{21} & k_{22} & \ddots & k_{26} \\ \cdots & \cdots & \cdots & \cdots \\ k_{61} & k_{62} & \cdots & k_{66} \end{bmatrix} \begin{Bmatrix} u_i \\ v_i \\ u_j \\ v_j \\ u_k \\ v_k \end{Bmatrix} = \begin{Bmatrix} Q_1 \\ Q_2 \\ Q_3 \\ Q_4 \\ Q_5 \\ Q_6 \end{Bmatrix} \tag{3.25}$$

方程左端为结点内力，右端为单元结点外载。

令： $$u_i = 1, \quad v_i = u_j = \cdots = v_k = 0$$

由式（3.25）可得出：$\{k_{11} \quad k_{21} \quad \cdots \quad k_{61}\}^{\mathrm{T}} = \{Q_1 \quad Q_2 \quad \cdots \quad Q_6\}^{\mathrm{T}}$ $\quad (u_i = 1)$

上式表明：当在单元结点 i 沿 x 方向产生单位位移 $u_i = 1$，而其他结点位移均为零时，k_{11}，k_{21}，$\cdots$，k_{61} 分别表示需要在单元各个结点位移方向产生的结点力的大小。

故单元刚度矩阵中的各元素表示单元由于某个结点产生（单位）位移时，在另一个结点处产生的结点力。

单元刚度大，则使结点产生单位位移所需施加的结点力也越大。因此，单元刚度矩阵中的每个元素反映了单元刚度的大小，故称为单元刚度矩阵。

3.5　单元等效结点载荷列阵

3.5.1　单元体力引起的等效力结点载荷

单元体力分布认为是均匀分布的：

$$\{\boldsymbol{Q}\}^{\mathrm{T}} = t\{\overline{\boldsymbol{F}}\}^{\mathrm{T}}\iint_{A_n}[\boldsymbol{N}]\mathrm{d}A = t[\overline{F}_x \quad \overline{F}_y]\iint_{A_n}\begin{bmatrix} N_i & 0 & N_j & 0 & N_k & 0 \\ 0 & N_i & 0 & N_j & 0 & N_k \end{bmatrix}\mathrm{d}A$$

$$\iint_{A_n}N_i(x,y)\mathrm{d}A = \frac{1}{3}\Delta \qquad (i = i,j,k)$$

注：上式左侧等于以三角形 ijk 为底，1 为高的四面体体积，如图 3.11 所示。

$$\{\boldsymbol{Q}\}^{\mathrm{T}} = \frac{t\Delta}{3}[\overline{F}_x \quad \overline{F}_y]\begin{bmatrix} 1 & 0 & 1 & 0 & 1 & 0 \\ 0 & 1 & 0 & 1 & 0 & 1 \end{bmatrix}$$

$$= \frac{t\Delta}{3}[\overline{F}_x \quad \overline{F}_y \quad \overline{F}_x \quad \overline{F}_y \quad \overline{F}_x \quad \overline{F}_y]$$

$$(3.26)$$

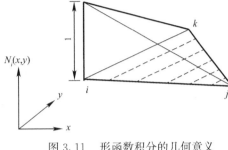

图 3.11　形函数积分的几何意义

3.5.2　边界上分布载荷的等效结点力

设在单元 j 边上有面力 $\{\overline{\boldsymbol{P}}\}$ 作用（j 边是三角形顶点 j 所对应的边），则有：

$$\{\boldsymbol{Q}\}^{\mathrm{T}} = t\{\overline{\boldsymbol{P}}\}^{\mathrm{T}}\int_{j\text{边}}[\boldsymbol{N}]\mathrm{d}s$$

$$= t[\overline{P}_x \quad \overline{P}_y]\int_{\Gamma_j}\begin{bmatrix} N_i & 0 & N_j & 0 & N_k & 0 \\ 0 & N_i & 0 & N_j & 0 & N_k \end{bmatrix}\mathrm{d}s$$

如图 3.12 所示，$\int_{\Gamma_j}N_i(x,y)\mathrm{d}s(i\neq j)$ 表示阴影部分的面积，等于 $\frac{1}{2}l_j$［因为 $N_i(x,y)$ 在 i 点等于 1，在 j、k 点等于 0］，故：

$$\int_{\Gamma_j}N_i(x,y)\mathrm{d}s = \frac{l_j}{2}(1-\delta_{ij})$$

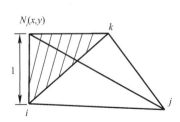

图 3.12　$N_i(x,y)$ 积分的
几何意义

式中：$\delta_{ij} = \begin{cases} 1 & i=j \\ 0 & i\neq j \end{cases}$，称为 Kronecker 记号。

故单元载荷列阵表示为：

$$\{\boldsymbol{Q}\}^{\mathrm{T}} = \frac{tl_j}{2}[(1-\delta_{1j})\overline{P}_x(1-\delta_{1j})\overline{P}_y(1-\delta_{2j})\overline{P}_x(1-\delta_{2j})$$

$$\overline{P}_y(1-\delta_{3j})\overline{P}_x(1-\delta_{3j})\overline{P}_y] \qquad (3.27)$$

注意：式中已经假设面力作用在 j 边上。

如果规定面力作用的边是结点 i 对面的 i 边，则有：

$$\{\boldsymbol{Q}\}^{\mathrm{T}} = \frac{tl_i}{2}\begin{bmatrix} 0 & 0 & \overline{P}_x & \overline{P}_y & \overline{P}_x & \overline{P}_y \end{bmatrix}$$

3.6 总体刚度方程的建立

设弹性体剖分成 N 个单元、M 个结点。总虚应变能等于各个单元应变能之和，即：

$$\delta U = \sum_{n=1}^{N} \delta U_e^n = \sum_{n=1}^{N} (\{\delta \boldsymbol{u}^e\}^{\mathrm{T}}[\boldsymbol{k}]\{\boldsymbol{u}^e\}) \tag{3.28}$$

或写成：
$$\delta U = \{\delta \boldsymbol{U}\}^{\mathrm{T}}[\boldsymbol{K}]\{\boldsymbol{U}\}$$

式中：$\{\boldsymbol{U}\}^{\mathrm{T}} = \begin{bmatrix} u_1 & v_1 & u_2 & v_2 & \cdots & u_M & v_M \end{bmatrix}$，称为总体位移列阵。$[\boldsymbol{K}]$ 称为总体刚度矩阵，由各单元刚度矩阵 $[\boldsymbol{k}]$ 组合而成。

同理，总外力虚功等于单元外力虚功之和。即：

$$\delta W = \sum_{n=1}^{N} \delta W_e^n = \sum_{n=1}^{N} (\{\delta \boldsymbol{u}^e\}^{\mathrm{T}}\{\boldsymbol{Q}\}) \tag{3.29}$$

或写成：
$$\delta W = \{\delta \boldsymbol{U}\}^{\mathrm{T}}\{\boldsymbol{R}\}$$

式中，$\{\delta \boldsymbol{U}\}^{\mathrm{T}} = \begin{bmatrix} \delta u_1 & \delta v_1 & \delta u_2 & \delta v_2 \cdots & \delta u_M & \delta v_M \end{bmatrix}$，称为总体虚位移列阵。$\{\boldsymbol{R}\}$ 称为总体载荷列阵，由各单元载荷列阵 $\{\boldsymbol{Q}\}$ 组合而成。

根据虚功方程 $\delta U - \delta W = 0$，得：

$$\{\delta \boldsymbol{U}\}^{\mathrm{T}}([\boldsymbol{K}]\{\boldsymbol{U}\} - \{\boldsymbol{R}\}) = 0$$

由于总体虚位移列阵 $\{\delta \boldsymbol{U}\}$ 是任意的且不为零，所以上式恒为零，必然有括号内的矩阵为零矩阵。即：

$$[\boldsymbol{K}]\{\boldsymbol{U}\} - \{\boldsymbol{R}\} = 0$$

或
$$[\boldsymbol{K}]\{\boldsymbol{U}\} = \{\boldsymbol{R}\} \tag{3.30}$$

式（3.30）是等价于平衡方程的线性方程组，称为总体刚度方程。

3.7 修正和求解总体刚度方程

（1）引入边界约束条件、载荷边界条件对总体刚度方程进行修正（参考第 2.7 节内容）。
（2）求解修正后的总体刚度方程，求出总体位移列阵 $\{\boldsymbol{U}\}$（参考第 2.8 节内容）。

3.8 计算单元应变和应力

由总体位移列阵 $\{\boldsymbol{U}\}$ 可以确定出各单元的结点位移列阵 $\{\boldsymbol{u}^e\}$。根据式（3.11）：
$$\{\boldsymbol{\varepsilon}\} = [\boldsymbol{B}]\{\boldsymbol{u}^e\}$$
可以计算出单元应变。

根据式（3.13）及式（3.15），可求出单元应力分量：

$$\{\boldsymbol{\sigma}\} = \begin{Bmatrix} \sigma_x \\ \sigma_y \\ \tau_{xy} \end{Bmatrix} = [\boldsymbol{D}]\{\boldsymbol{\varepsilon}\}$$

由"材料力学"平面应力状态的主应力公式，可计算主应力及主方向：

1. 主应力

$$\left.\begin{array}{c}\sigma_1\\\sigma_2\end{array}\right\} = \frac{1}{2}\left[(\sigma_x+\sigma_y)\pm\sqrt{(\sigma_x-\sigma_y)^2+4\tau_{xy}^2}\right] \tag{3.31}$$

2. 主方向

(1) $\sigma_y \leqslant \sigma_x$

$$\theta = \frac{1}{2}\sin^{-1}\left[\frac{\tau_{xy}}{\sqrt{(\sigma_x-\sigma_y)^2+4\tau_{xy}^2}}\right] \quad (弧度)$$

$$= \frac{180}{2\pi}\sin^{-1}\left[\frac{\tau_{xy}}{\sqrt{(\sigma_x-\sigma_y)^2+4\tau_{xy}^2}}\right] \quad (度) \tag{3.32}$$

(2) $\sigma_y > \sigma_x$

$$\begin{aligned}\theta' &= 90° - \theta & \tau_{xy} > 0\\\theta' &= -(90°+\theta) & \tau_{xy} < 0\end{aligned} \tag{3.33}$$

(3) $\sqrt{(\sigma_x-\sigma_y)^2+4\tau_{xy}^2}=0$，则 $\theta=0$

对于平面应变问题：

$$\sigma_2 = \mu(\sigma_x+\sigma_y)$$

习题与思考题

1. 平面问题离散化过程的主要内容有哪些？平面问题单元划分应遵循哪些基本原则？
2. 对习题 2 图（a）中的平面问题进行离散化，并写出图（b）边界条件。
3. 选择平面三角形单元的位移应满足哪些要求？
4. 试证明：在平面三角形三结点单元中能否选用下面的位移模式：

$$u(x,y) = \alpha_1 x^2 + \alpha_2 xy + \alpha_2 y^2$$
$$v(x,y) = \alpha_4 x^2 + \alpha_5 xy + \alpha_6 y^2$$

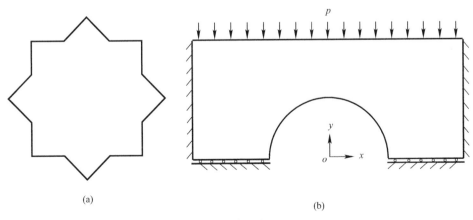

(a)　　　　　　　　　　　(b)

习题 2 图

5. 形函数的数学含义是什么？形函数有哪些特点？
6. 什么是应变矩阵？请推导出平面三角形单元应变矩阵表达式。
7. 什么是应力矩阵？请推导出平面三角形单元应力矩阵表达式。

8. 如何将平面应力问题的应力矩阵转换成平面应变问题的应力矩阵？

9. 根据虚功方程，试推导平面三角形单元的刚度方程 $[k]$。

10. 试述单元刚度矩阵的性质和矩阵中元素的物理含义。

11. 某平面计算模型共划分有 32 个三角形单元，其中 12 号单元的结点编号为 7、8、13。试问该单元刚度矩阵 $[k]$ 中的元素 k_{13}、k_{45} 组集到总体刚度矩阵时，其相应位置分别为何？

12. 如何建立三角形单元的体力载荷矩阵？

13. 设在三角形单元 j 边上有面力 $\{\overline{P}\}$ 作用（j 边是 Δijk 顶点 j 所对应的边）。如何建立该三角形单元的面力载荷矩阵？

14. 试述连续弹性体有限单元位移法的求解过程和主要公式。

第4章 等参单元

4.1 概述

1. 误差的产生

在弹性体有限单元法计算求解过程中，有可能产生如下误差：

（1）单元计算误差：由单元内假定位移场与实际位移场不符；

（2）总刚度方程求解误差：计算机每个实型数的存储字节数有限，运算过程会引起舍入误差；

（3）形状误差：曲线边界用直线代替。

2. 克服误差的途径

（1）加密网格：结果是使未知量数目增多，总刚矩阵阶数提高，不仅增加存储容量和求解时间，而且还增加舍入误差；

（2）提高单元的计算精度。

3. 高精度的单元模式需满足的要求

（1）单元形状能较好地适应复杂弹性体的边界几何形状（常采用二维的曲边单元或三维的曲面单元）；

（2）单元内假定的位移场采用高阶插值多项式，以便更加逼近真实位移场。

注意：要构造同时满足以上要求的单元模式比较困难，公认的做法是：

（1）先在局部坐标系中对简单几何形状的单元（称为母单元）按高阶插值多项式来构造形状函数，形成局部坐标的单元位移函数；

（2）通过坐标变换，将简单几何形状的母单元在总体坐标系中映射成实际网格剖分的曲边或曲面单元；

（3）变换成的总体坐标单元位移函数比较复杂，可采用数值积分法计算单元刚度矩阵和单元载荷列阵。

4. 定义

如果在位移函数和坐标变换式中采用相同的插值函数，这种单元称为等参数单元。

因为等参单元计算精度比较高，能适应复杂的几何形状的网格剖分，所以得到广泛的应用。

4.2 等参单元形函数

4.2.1 等参单元的基本思想

等参单元的基本思想是首先建立规整形状单元（母单元）的形函数，然后，利用它做以下两件事（图 4.1）：

（1）根据坐标映射用母单元形函数和实际单元的结点坐标确定所划分的单元的几何形状，这个实际划分的单元称为"子单元"；

（2）利用母单元形函数和单元结点位移建立子单元位移场。

之后，利用最小势能原理，经数学推导，建立等参单元刚度方程。

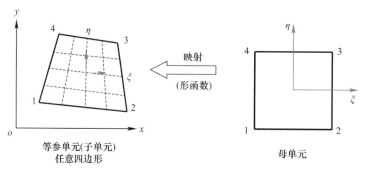

图 4.1　不规则四边形单元映射

4.2.2　二维等参单元形函数

图 4.2（a）为 4 个结点的平面矩形单元，有 8 个结点位移参数，边长分别为 $2a$、$2b$；图 4.2（b）引入一个量纲为 1 的正则坐标（自然坐标），则

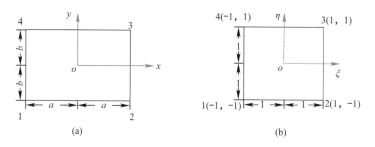

图 4.2　矩形单元折换成正则单元

（a）直角坐标；（b）自然坐标

$$\xi = \frac{x}{a} \qquad \eta = \frac{y}{b}$$

在正则坐标系下，原矩形单元映射为边长为 2 的正方形单元。可假设单元的位移函数为：

$$\begin{cases} u = \alpha_1 + \alpha_2 \xi + \alpha_3 \eta + \alpha_4 \xi \eta \\ v = \alpha_5 + \alpha_6 \xi + \alpha_7 \eta + \alpha_8 \xi \eta \end{cases} \tag{4.1}$$

式中：α_1、α_2、$\cdots$、α_8 是待定系数，可根据结点位移求出，例如：

$$u(\xi_1, \eta_1) = u_1 \quad u(\xi_2, \eta_2) = u_2 \quad u(\xi_3, \eta_3) = u_3 \quad u(\xi_4, \eta_4) = u_4$$

上式可写成如下形式：

$$u(\xi, \eta) = \sum_{i=1}^{4} N_i(\xi, \eta) u_i \tag{4.2a}$$

同理

$$v(\xi, \eta) = \sum_{i=1}^{4} N_i(\xi, \eta) v_i \tag{4.2b}$$

式中：$N_i(\xi,\eta)(i=1,2,3,4)$ 即是形函数。

1. 性质

（1）近似位移函数 $u(\xi,\eta)$、$v(\xi,\eta)$ 是形函数 $N_i(\xi,\eta)(i=1,2,\cdots,n)$ 的线性组合，两者的最高次数相同；

（2）形函数 $N_i(\xi,\eta)$ 在本结点处则 $N_i(\xi_i,\eta_i)$ 值为 1，其他结点处则 $N_i(\xi_j,\eta_j)$ 为 0。

即

$$\begin{cases} N_i(\xi_i,\eta_i)=1 & (i=1,2,3,4,\cdots,m) \\ N_i(\xi_j,\eta_j)=0 & (i=1,2,3,4,\cdots,m \quad j\neq i) \end{cases}$$

由此可知，近似位移函数 $u(\xi,\eta)$、$v(\xi,\eta)$ 在任意结点 i 处的值必等于该结点的位移分量。

2. 要求

（1）收敛性要求：加密网格、缩小单元尺寸，则单元所假定的位移场更逼近真实位移场；

（2）完备性要求：反映刚体位移（常数项）、常应变（一次项）；

（3）协调性要求：位移函数在相邻单元的边界上连续；

（4）几何各向同性要求：单元位移函数的多项式次数不因单元在坐标系中的取向不同而改变。位移函数多项式各项次数可以在巴斯卡三角形中清晰地表现出来，如图 4.3 所示。

（5）插值多项式的项数与单元结点数相等时，可根据单元结点位移值来确定多项式待定系数（要得到高阶插值多项式的单元位移函数，必须采用多结点的单元模式）。

图 4.3　巴斯卡三角形

3. 四结点单元的形函数

在局部坐标 (ξ,η) 中，母单元形心位于局部坐标系的原点，单元边线方程是 $\xi\pm1=0$ 和 $\eta\pm1=0$，如图 4.4 所示。

单元位移函数可采用如下多项式进行近似：

$$u(\xi,\eta)=\alpha_0+\alpha_1\xi+\alpha_2\eta+\alpha_3\xi\eta \tag{4.3}$$

待定系数 α_0、α_1、α_2、α_3 可由 $u(\xi_1,\eta_1)=u_1,u(\xi_2,\eta_2)=u_2,u(\xi_3,\eta_3)=u_3,u(\xi_4,\eta_4)=u_4$ 来确定，从而式（4.3）可写成如下形式：

$$u(\xi,\eta)=\sum_{i=1}^{4}N_i(\xi,\eta)u_i \tag{4.4}$$

式中：$N_i(\xi,\eta)(i=1,2,3,4)$ 是形函数。

根据 $N_i(\xi,\eta)$ 的性质，即 $N_i(\xi_i,\eta_i)=1$，$N_i(\xi_j,\eta_j)=0(i=2,3,4)$

可以有：　　　　$N_1(\xi,\eta)=A_1(1-\xi)(1-\eta)$

式中：A_1 是待定系数。

因为第二因子取自过结点 2、3 的直线方程 $1-\xi=0$；

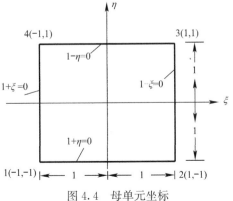

图 4.4　母单元坐标

第三因子取自过结点 3、4 的直线方程 $1-\eta=0$；

所以在结点 2、3、4 处的 $N_1(\xi,\eta)$ 必为零值。

由 $N_1(\xi, \eta)$ 在结点 1 处等于 1，得：

$$N_1(\xi_1,\eta_1) = N_1(-1,-1) = 1 = A_1\{[1-(-1)][(1-(-1)]\} = A_1 \times 4$$

得：

$$A_1 = \frac{1}{4}$$

代回原式得：

$$N_1(\xi,\eta) = \frac{1}{4}(1-\xi)(1-\eta)$$

同理得：

$$N_2(\xi,\eta) = \frac{1}{4}(1+\xi)(1-\eta)$$

$$N_3(\xi,\eta) = \frac{1}{4}(1+\xi)(1+\eta)$$

$$N_4(\xi,\eta) = \frac{1}{4}(1-\xi)(1+\eta)$$

用通式表示为：

$$N_i(\xi,\eta) = \frac{1}{4}(1+\xi_i\xi)(1+\eta_i\eta) \qquad (4.5)$$

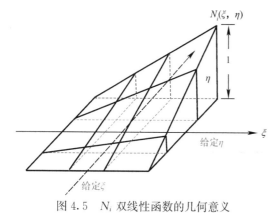

图 4.5 N_i 双线性函数的几何意义

式中：ξ_i 和 η_i 是结点 i 的局部坐标值。

这四个形函数都是双线性函数，在给定 ξ 时，是 η 的线性函数；在给定 η 时，是 ξ 的线性函数，其几何意义如图 4.5 所示。

同理可得：

$$v(\xi,\eta) = \sum_{i=1}^{4} N_i(\xi,\eta)v_i \qquad (4.6)$$

式中：$N_i(\xi,\eta) = \frac{1}{4}(1+\xi_i\xi)(1+\eta_i\eta)(i=1,2,3,4)$。

4.3 坐标变换

为了用局部坐标的形函数来计算总体坐标的单元刚度矩阵和单元载荷列阵，必须了解变量在这两种坐标系之间的变换关系。

4.3.1 建立局部坐标 ξ、η 与总体坐标 x、y 的对应关系

建立局部坐标 ξ、η 与总体坐标 x、y 的对应关系，即建立 $x = x(\xi, \eta)$，$y = y(\xi, \eta)$。它们必须保证母单元结点的局部坐标与等参单元结点的总体坐标一一对应，即：

$$x_i = x(\xi_i,\eta_i) \qquad y_i = y(\xi_i,\eta_i) \qquad (i=1,2,\cdots,m)$$

式中：ξ_i、η_i 为结点 i 的局部坐标值；x_i、y_i 为结点 i 的总体坐标值；m 为单元的结点数 1、2、3、4。

可以利用形函数 $N_i(\xi,\eta)(i=1,2,\cdots,m)$ 来满足这种对应关系，即：

$$x = \sum_{i=1}^{4} N_i(\xi,\eta)x_i \qquad y = \sum_{i=1}^{4} N_i(\xi,\eta)y_i \qquad (4.7)$$

如果母单元位移函数的形函数和坐标变换的形函数相同，即：

$$\begin{cases} u(\xi,\eta) = \sum_{i=1}^{4} N_i(\xi,\eta)u_i \\ v(\xi,\eta) = \sum_{i=1}^{4} N_i(\xi,\eta)v_i \end{cases} \qquad \begin{cases} x = \sum_{i=1}^{4} N_i(\xi,\eta)x_i \\ y = \sum_{i=1}^{4} N_i(\xi,\eta)y_i \end{cases}$$

则这样的单元模式称为等参单元。

注：不一定要求两种形函数一样。例如：

（1）单元形状简单，是任意四边形，可由正方形单元变换成任意四边形单元，只需采用双线性形函数；

（2）为提高计算精度，可采用双二次形函数来近似单元位移函数，其坐标变换的形函数的阶次低于单元位移形函数，称为次参数单元；

（3）单元形状比较复杂，而位移变化不大，可采用高阶的坐标变换形函数和低阶的位移形函数，称为超参单元。

4.3.2　双线性形函数（等参单元）

四结点正方形母单元的形函数是双线性函数。即：

$$N_i(\xi,\eta) = \frac{1}{4}(1+\xi_i\xi)(1+\eta_i\eta)$$

用其来构造坐标变换公式
$$\begin{cases} x = \sum_{i=1}^{4} N_i(\xi,\eta)x_i \\ y = \sum_{i=1}^{4} N_i(\xi,\eta)y_i \end{cases}$$

根据形函数性质 $[N_i(\xi_i,\eta_i)=1\quad i=1, N_i(\xi_j,\eta_j)=0\quad i=2,3,4\quad i\neq j]$，显然，在母单元结点 $1(-1,-1)$、$2(1,-1)$、$3(1,1)$、$4(-1,1)$ 与等参单元结点 $1(x_1,y_1)$、$2(x_2,y_2)$、$3(x_3,y_3)$、$4(x_4,y_4)$ 之间一一对应，如图 4.6 所示。

因为母单元的四条边是直线 $1\pm\xi=0$，$1\pm\eta=0$，所以经过线性变换后，单元对应的四条边也将是直线。

例如：母单元 2—3 边的直线方程是 $1-\xi=0$，相应地，在等参单元 2—3 边上任意点的坐标值 (x,y) 是：

$$x = \frac{1}{2}(1-\eta)x_2 + \frac{1}{2}(1+\eta)x_3 \qquad y = \frac{1}{2}(1-\eta)y_2 + \frac{1}{2}(1+\eta)y_3$$

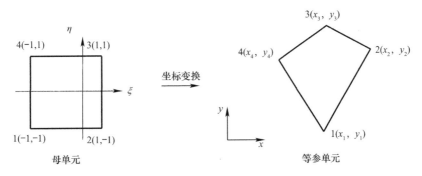

图 4.6　等参单元坐标变换

61

证明如下：

$$x = \sum_{i=1}^{4} N_i(\xi, \eta) x_i$$

$$= N_1(\xi, \eta) x_1 + N_2(\xi, \eta) x_2 + N_3(\xi, \eta) x_3 + N_4(\xi, \eta) x_4$$

$$= \frac{1}{4}(1-\xi)(1-\eta)x_1 + \frac{1}{4}(1+\xi)(1-\eta)x_2 + \frac{1}{4}(1+\xi)(1+\eta)x_3 + \frac{1}{4}(1-\xi)(1+\eta)x_4$$

在 2—3 边上，$1-\xi=0$，即 $\xi=1$，得：

$$x = \frac{1}{4}(1-1)(1-\eta)x_1 + \frac{1}{4}(1+1)(1-\eta)x_2 + \frac{1}{4}(1+1)(1+\eta)x_3 +$$

$$\frac{1}{4}(1-1)(1+\eta)x_4 = \frac{1}{2}(1-\eta)x_2 + \frac{1}{2}(1+\eta)x_3$$

同理证得：
$$y = \frac{1}{2}(1-\eta)y_2 + \frac{1}{2}(1+\eta)y_3$$

证毕。

上式的 x，y 都是 η 的一次函数，在二式中消去参数 η，可以得到 x、y 的一次式，即等参单元 2—3 边是连接 2、3 结点的直线。

4.4 平面四边形等参单元计算

4.4.1 单元位移函数 $u\ (\xi,\ \eta)$、$v\ (\xi,\ \eta)$

对于平面四边形等参单元，显然为四结点，故单元位移函数应为：

$$u(\xi, \eta) = \sum_{i=1}^{4} N_i(\xi, \eta) u_i \qquad v(\xi, \eta) = \sum_{i=1}^{4} N_i(\xi, \eta) v_i \tag{4.8}$$

式中：$N_i(\xi, \eta)(i=1,2,3,4)$ 是形函数；u_i、v_i 为结点 i 的位移分量。

表示成矩阵形式为：

$$\{u\} = \left\{ \begin{matrix} u(\xi, \eta) \\ v(\xi, \eta) \end{matrix} \right\} = [N]\{u^e\} \tag{4.9}$$

式中：$\{u^e\}^T = \{u_1 \quad v_1 \quad u_2 \quad v_2 \quad u_3 \quad v_3 \quad u_4 \quad v_4\}$ 为单元结点位移列阵；

$$[N] = \begin{bmatrix} N_1 & 0 & N_2 & 0 & N_3 & 0 & N_4 & 0 \\ 0 & N_1 & 0 & N_2 & 0 & N_3 & 0 & N_4 \end{bmatrix}$$ 为形函数矩阵。

4.4.2 单元应变列阵 $\{\varepsilon\}$ 及几何矩阵 $[B]$

$$\{\varepsilon\} = \{\varepsilon_x \quad \varepsilon_y \quad \gamma_{xy}\}^T = \left\{ \begin{matrix} \dfrac{\partial}{\partial x} & 0 & \dfrac{\partial}{\partial y} \\ 0 & \dfrac{\partial}{\partial y} & \dfrac{\partial}{\partial x} \end{matrix} \right\}^T \left\{ \begin{matrix} u \\ v \end{matrix} \right\}$$

将 $\{u\} = [N]\{u^e\}$ 代入，得：

$$\{\boldsymbol{\varepsilon}\}=\begin{bmatrix}\dfrac{\partial N_1}{\partial x} & 0 & \dfrac{\partial N_2}{\partial x} & 0 & \dfrac{\partial N_3}{\partial x} & 0 & \dfrac{\partial N_4}{\partial x} & 0 \\[2mm] 0 & \dfrac{\partial N_1}{\partial y} & 0 & \dfrac{\partial N_2}{\partial y} & 0 & \dfrac{\partial N_3}{\partial y} & 0 & \dfrac{\partial N_4}{\partial y} \\[2mm] \dfrac{\partial N_1}{\partial y} & \dfrac{\partial N_1}{\partial x} & \dfrac{\partial N_2}{\partial y} & \dfrac{\partial N_2}{\partial x} & \dfrac{\partial N_3}{\partial y} & \dfrac{\partial N_3}{\partial x} & \dfrac{\partial N_4}{\partial y} & \dfrac{\partial N_4}{\partial x}\end{bmatrix}\{\boldsymbol{u}^e\}_{8\times1} \qquad (4.10)$$

$$=[\boldsymbol{B}]\{\boldsymbol{u}^e\}=[\boldsymbol{B}_1\ \ \boldsymbol{B}_2\ \ \boldsymbol{B}_3\ \ \boldsymbol{B}_4]\{\boldsymbol{u}^e\}$$

式中：$[\boldsymbol{B}]=[\boldsymbol{B}_1\ \ \boldsymbol{B}_2\ \ \boldsymbol{B}_3\ \ \boldsymbol{B}_4]$ 为几何矩阵，

$$[\boldsymbol{B}_i]=\begin{bmatrix}\dfrac{\partial N_i}{\partial x} & 0 & \dfrac{\partial N_i}{\partial y} \\[2mm] 0 & \dfrac{\partial N_i}{\partial y} & \dfrac{\partial N_i}{\partial x}\end{bmatrix}^{\mathrm{T}}$$

注意：形函数 $N_i(\xi,\eta)$ 是局部坐标 ξ、η 的函数，而几何矩阵 $[\boldsymbol{B}]$ 的元素却是形函数对总体坐标 x、y 的偏导数 $\dfrac{\partial N_i}{\partial x}$、$\dfrac{\partial N_i}{\partial y}$（$i=1，2，3，4$）。

从坐标变换关系式（4.11）可知，x、y 是 ξ、η 的函数。

由复合函数求导法则，得：

$$\begin{cases}x=\displaystyle\sum_{i=1}^{4}N_i(\xi,\eta)x_i=x(\xi,\eta)\\[3mm] y=\displaystyle\sum_{i=1}^{4}N_i(\xi,\eta)y_i=y(\xi,\eta)\end{cases} \qquad (4.11)$$

$$\begin{cases}\dfrac{\partial N_i}{\partial\xi}=\dfrac{\partial N_i}{\partial x}\dfrac{\partial x}{\partial\xi}+\dfrac{\partial N_i}{\partial y}\dfrac{\partial y}{\partial\xi}\\[3mm] \dfrac{\partial N_i}{\partial\eta}=\dfrac{\partial N_i}{\partial x}\dfrac{\partial x}{\partial\eta}+\dfrac{\partial N_i}{\partial y}\dfrac{\partial y}{\partial\eta}\end{cases} \qquad (4.12)$$

用矩阵形式表示：

$$\begin{Bmatrix}\dfrac{\partial N_i}{\partial\xi}\\[3mm] \dfrac{\partial N_i}{\partial\eta}\end{Bmatrix}=\begin{bmatrix}\dfrac{\partial x}{\partial\xi} & \dfrac{\partial y}{\partial\xi}\\[3mm] \dfrac{\partial x}{\partial\eta} & \dfrac{\partial y}{\partial\eta}\end{bmatrix}\begin{Bmatrix}\dfrac{\partial N_i}{\partial x}\\[3mm] \dfrac{\partial N_i}{\partial y}\end{Bmatrix} \qquad (4.13)$$

令：

$$[\boldsymbol{J}]=\begin{bmatrix}\dfrac{\partial x}{\partial\xi} & \dfrac{\partial y}{\partial\xi}\\[3mm] \dfrac{\partial x}{\partial\eta} & \dfrac{\partial y}{\partial\eta}\end{bmatrix}$$

该变换矩阵称为雅可比矩阵。由此得：

$$\begin{Bmatrix}\dfrac{\partial N_i}{\partial x} & \dfrac{\partial N_i}{\partial y}\end{Bmatrix}^{\mathrm{T}}=[\boldsymbol{J}]^{-1}\begin{Bmatrix}\dfrac{\partial N_i}{\partial\xi} & \dfrac{\partial N_i}{\partial\eta}\end{Bmatrix}^{\mathrm{T}} \qquad (4.14)$$

式中：

$$[\boldsymbol{J}]^{-1}=\dfrac{1}{\det\boldsymbol{J}}\begin{bmatrix}\dfrac{\partial x}{\partial\eta} & -\dfrac{\partial y}{\partial\xi}\\[3mm] -\dfrac{\partial x}{\partial\eta} & \dfrac{\partial y}{\partial\xi}\end{bmatrix}$$

$$\det \boldsymbol{J} = \begin{vmatrix} \dfrac{\partial x}{\partial \xi} & \dfrac{\partial y}{\partial \xi} \\[3mm] \dfrac{\partial x}{\partial \eta} & \dfrac{\partial y}{\partial \eta} \end{vmatrix} = \dfrac{\partial x}{\partial \xi} \dfrac{\partial y}{\partial \eta} - \dfrac{\partial x}{\partial \eta} \dfrac{\partial y}{\partial \xi}$$

$[\boldsymbol{J}]^{-1}$ 为雅可比逆阵，$\det \boldsymbol{J}$ 为雅可比行列式。

由坐标变换关系：

$$x = \sum_{i=1}^{4} N_i(\xi, \eta) x_i \qquad y = \sum_{i=1}^{4} N_i(\xi, \eta) y_i$$

得：
$$\begin{cases} \dfrac{\partial x}{\partial \xi} = \sum\limits_{i=1}^{4} \dfrac{\partial N_i(\xi, \eta)}{\partial \xi} x_i & \dfrac{\partial y}{\partial \xi} = \sum\limits_{i=1}^{4} \dfrac{\partial N_i(\xi, \eta)}{\partial \xi} y_i \\[4mm] \dfrac{\partial x}{\partial \eta} = \sum\limits_{i=1}^{4} \dfrac{\partial N_i(\xi, \eta)}{\partial \eta} x_i & \dfrac{\partial y}{\partial \eta} = \sum\limits_{i=1}^{4} \dfrac{\partial N_i(\xi, \eta)}{\partial \eta} y_i \end{cases} \tag{4.15}$$

求出 $\dfrac{\partial N_i}{\partial x}$、$\dfrac{\partial N_i}{\partial y}$ $(i=1,2,3,4)$，就可代入 $[\boldsymbol{B}] = [\boldsymbol{B}_1 \quad \boldsymbol{B}_2 \quad \boldsymbol{B}_3 \quad \boldsymbol{B}_4]$ 得到几何矩阵。

4.4.3 单元刚度矩阵

在第 3 章中导出二维单元的单元刚度矩阵 $[\boldsymbol{k}]$ 为：

$$[\boldsymbol{k}] = \iint_{Am} [\boldsymbol{B}]^{\mathrm{T}} [\boldsymbol{D}] [\boldsymbol{B}] t \mathrm{d}A$$

式中：$[\boldsymbol{B}] = [\boldsymbol{B}_1 \quad \boldsymbol{B}_2 \quad \cdots \quad \boldsymbol{B}_m]$ 为应变矩阵；$[\boldsymbol{D}]$ 为弹性矩阵；t 为单元厚度。

$$\mathrm{d}A = |\mathrm{d}\vec{\xi} \times \mathrm{d}\vec{\eta}| = \left| \left(\dfrac{\partial x}{\partial \xi} \vec{i} + \dfrac{\partial y}{\partial \xi} \vec{j} \right) \times \left(\dfrac{\partial x}{\partial \eta} \vec{i} + \dfrac{\partial y}{\partial \eta} \vec{j} \right) \right| \mathrm{d}\xi \mathrm{d}\eta = \det \boldsymbol{J} \mathrm{d}\xi \mathrm{d}\eta$$

单元刚度矩阵用分块矩阵表示：

$$[\boldsymbol{k}] = \begin{bmatrix} k_{11} & k_{12} & \cdots & k_{1n} \\ \vdots & \ddots & & \vdots \\ \vdots & & \ddots & \vdots \\ k_{n1} & k_{n2} & \cdots & k_{nn} \end{bmatrix}$$

式中：$[\boldsymbol{k}_{ij}]_{2\times2} = \iint\limits_{Am} [\boldsymbol{B}_i]^{\mathrm{T}} [\boldsymbol{D}] [\boldsymbol{B}_j] t \mathrm{d}A$

$$[\boldsymbol{B}_i] = \begin{bmatrix} \dfrac{\partial N_i}{\partial x} & 0 & \dfrac{\partial N_i}{\partial y} \\[3mm] 0 & \dfrac{\partial N_i}{\partial y} & \dfrac{\partial N_i}{\partial x} \end{bmatrix}^{\mathrm{T}} \qquad (i, j = 1, 2, \cdots, n)$$

改用局部坐标 ξ、η 表示，并进行数值积分：

$$[\boldsymbol{k}_{ij}]_{2\times2} = \int_{-1}^{1} \int_{-1}^{1} [\boldsymbol{B}_i]^{\mathrm{T}} [\boldsymbol{D}] [\boldsymbol{B}_j] t \det \boldsymbol{J} \mathrm{d}\xi \mathrm{d}\eta$$

$$= \sum_{l=1}^{q} \sum_{p=1}^{q} ([\boldsymbol{B}_i]^{\mathrm{T}} [\boldsymbol{D}] [\boldsymbol{B}_j] \det \boldsymbol{J})_{l \times p} w_l w_p \tag{4.16}$$

因为直角坐标子单元是由规则坐标母单元映射得来，母单元 $\mathrm{d}\xi \mathrm{d}\eta$ 的微面积经映射后变为如图 4.7 所示的 $\mathrm{d}A$：

$$\mathrm{d}A = |\mathrm{d}\vec{\xi} \times \mathrm{d}\vec{\eta}| = \left| \left(\dfrac{\partial x}{\partial \xi} \vec{i} + \dfrac{\partial y}{\partial \xi} \vec{j} \right) \times \left(\dfrac{\partial x}{\partial \eta} \vec{i} + \dfrac{\partial y}{\partial \eta} \vec{j} \right) \right| \mathrm{d}\xi \mathrm{d}\eta = \det \boldsymbol{J} \mathrm{d}\xi \mathrm{d}\eta \tag{4.17}$$

式中：q 为每一局部坐标方向的高斯积分点数；$(\cdots)_{l \times p}$ 为在高斯积分点（ξ_l，η_p）处圆括弧内的计算值；w_p 为相应的加权因子。

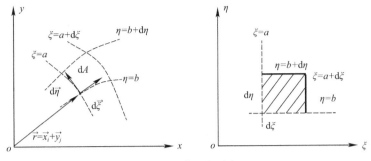

图 4.7　微面积示意

* 高斯积分

一维高斯积分：
$$\int_{-1}^{1} F(\xi) \mathrm{d}\xi = \sum_{i=1}^{n} F(\xi_i) w_i$$

式中：n 为高斯积分点数；ξ_i 为高斯积分点坐标值；w_i 为加权因子（$i = 1, 2, \cdots, n$）。

二维高斯积分：
$$\int_{-1}^{1} \int_{-1}^{1} F(\xi, \eta) \mathrm{d}\xi \mathrm{d}\eta = \int_{-1}^{1} \left[\sum_{i=1}^{n} F(\xi_i, \eta) w_i \right] \mathrm{d}\eta$$
$$= \sum_{i=1}^{n} \sum_{j=1}^{n} F(\xi_i, \eta_j) w_i w_j$$

式中：$(\xi_i, \eta_j)(i, j = 1, 2, \cdots, n)$ 为积分点的局部坐标值；w_i、w_j 为对应 ξ_i 和 η_j 的加权因子；n 为沿局部坐标 ξ、η 方向的积分点数。

对于四边形四结点等参单元，如图 4.8 所示，局部坐标 ξ、η 的积分点数均为 2。

当 $n = 2$ 时，求积结点坐标 $\xi_i = \pm 0.5773502692$，求积加权系数 $w_i = 1$。

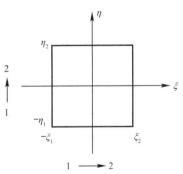

图 4.8　高斯积分点

4.4.4　应力矩阵 $[S]$ 的计算

单元内任意点的应力矩阵
$$\{ \boldsymbol{\sigma} \} = [\boldsymbol{D}] \{ \boldsymbol{\varepsilon} \} = [\boldsymbol{D}][\boldsymbol{B}] \{ \boldsymbol{u}^e \} = [\boldsymbol{S}] \{ \boldsymbol{u}^e \} \tag{4.18}$$

式中：$[\boldsymbol{S}] = [\boldsymbol{D}][\boldsymbol{B}] = [\boldsymbol{D}][\begin{matrix} \boldsymbol{B}_1 & \boldsymbol{B}_2 & \boldsymbol{B}_3 & \boldsymbol{B}_4 \end{matrix}] = [\begin{matrix} \boldsymbol{S}_1 & \boldsymbol{S}_2 & \boldsymbol{S}_3 & \boldsymbol{S}_4 \end{matrix}]$

$[\boldsymbol{S}]$ 称为应力矩阵，其分块矩阵 $[\boldsymbol{S}_i] = [\boldsymbol{D}][\boldsymbol{B}_i](i = 1, 2, 3, 4)$

4.4.5　坐标变换的条件

在计算 $[\boldsymbol{B}_i]$ 时，$\left\{ \begin{matrix} \dfrac{\partial N_i}{\partial x} & \dfrac{\partial N_i}{\partial y} \end{matrix} \right\}^{\mathrm{T}} = [\boldsymbol{J}]^{-1} \left\{ \begin{matrix} \dfrac{\partial N_i}{\partial \xi} & \dfrac{\partial N_i}{\partial \eta} \end{matrix} \right\}^{\mathrm{T}}$ 要求雅可比行列式 $\det \boldsymbol{J}$ 不能等于零，否则雅可比矩阵的逆阵 $[\boldsymbol{J}]^{-1}$ 将不存在，单元的刚度矩阵将无法计算。

出现这种情况通常是由于从母单元（ξ，η）到等参单元（x，y）变换时，单元形状出现严重的畸变（图 4.9），引起坐标变换不唯一。例如，在 ξ、η 坐标内有两个不同的点有相同的 x、y 坐标，或在内插点的 x、y 坐标处于单元确定的边界外面。

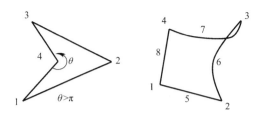

图 4.9　单元畸变

规则的单元形状可以得到较好的计算精度。在网格剖分时，应注意：

(1) 尽可能使大多数单元接近正方形；

(2) 曲边单元的边界曲率变化要缓慢；

(3) 各角点的内角 θ 尽可能接近 $90°$，必须小于 $180°$；

(4) 棱边结点要均匀分布。

4.4.6　单元结点等效载荷列阵

平面问题的单元结点等效载荷列阵的计算公式是：

$$\{\boldsymbol{Q}\} = \iint_{A_n} [\boldsymbol{N}]^{\mathrm{T}} \{\overline{\boldsymbol{F}}\} t \mathrm{d}A + \int_{\Gamma_\sigma} [\boldsymbol{N}]^{\mathrm{T}} \{\overline{\boldsymbol{P}}\} t \mathrm{d}S \tag{4.19}$$

式中：$[\boldsymbol{N}] = \begin{bmatrix} N_1 & 0 & N_2 & 0 & N_3 & 0 & N_4 & 0 \\ 0 & N_1 & 0 & N_2 & 0 & N_3 & 0 & N_4 \end{bmatrix}$

$\{\overline{\boldsymbol{F}}\} = \begin{bmatrix} \overline{F}_x & \overline{F}_y \end{bmatrix}^{\mathrm{T}}$，为给定体力列阵；

$\{\overline{\boldsymbol{P}}\} = \begin{bmatrix} \overline{P}_x & \overline{P}_y \end{bmatrix}^{\mathrm{T}}$，为边界 Γ_σ 上给定的面力列阵。

在局部坐标系中：

$$\{\boldsymbol{Q}\} = \int_{-1}^{1} \int_{-1}^{1} [\boldsymbol{N}]^{\mathrm{T}} \{\overline{\boldsymbol{F}}\} t \det\boldsymbol{J} \mathrm{d}\zeta \mathrm{d}\eta + \int_{-1}^{1} [\boldsymbol{N}]^{\mathrm{T}} \{\overline{\boldsymbol{P}}\} t \left. \frac{\mathrm{d}S}{\mathrm{d}\zeta} \right|_{\dot{\mathcal{U}}} \mathrm{d}\zeta \tag{4.20}$$

式中：$\mathrm{d}\zeta$ 为受面力 $\{\overline{\boldsymbol{P}}\}$ 作用的单元 j 边在局部坐标系中的微段弧长。如果单元 j 边在局部坐标系的方程为 $\zeta = \pm 1$，则 $\mathrm{d}\zeta = \mathrm{d}\eta$，又如 j 边的方程 $\eta = \pm 1$，则 $\mathrm{d}\zeta = \mathrm{d}\zeta$。

$$\left. \frac{\mathrm{d}S}{\mathrm{d}\zeta} \right|_{\dot{\mathcal{U}}} = \sqrt{\left(\frac{\mathrm{d}x}{\mathrm{d}\zeta} \right)^2 + \left(\frac{\mathrm{d}y}{\mathrm{d}\zeta} \right)^2} \bigg|_{\dot{\mathcal{U}}} = \sqrt{\left(\sum \frac{\partial N_i}{\partial \zeta} x_i \right)^2 + \left(\sum \frac{\partial N_i}{\partial \zeta} y_i \right)^2} \bigg|_{j\dot{\mathcal{U}}} \tag{4.21}$$

对单元结点等效载荷列阵采用数值积分，化为：

$$\{\boldsymbol{Q}\} = \sum_{l=1}^{q} \sum_{p=1}^{q} ([\boldsymbol{N}]^{\mathrm{T}} \{\overline{\boldsymbol{F}}\} t \det\boldsymbol{J})_{l\times p} w_l w_p + \sum_{l}^{4} \left([\boldsymbol{N}]^{\mathrm{T}} \{\overline{\boldsymbol{P}}\} t \left. \frac{\mathrm{d}S}{\mathrm{d}\xi} \right|_{j\dot{\mathcal{U}}} \right)_{l} w_l \tag{4.22}$$

式中：q 为每一局部坐标方向的积分点数；$(\cdots)_{l\times p}$ 为在积分点 (ξ_l, η_p) 处圆括弧内函数的计算值；w_l、w_p 分别为对应高斯积分点 (ξ_l, η_p) 的加权因子；$(\cdots|_{j\dot{\mathcal{U}}})_l$ 为在单元 j 边上积分点 l 处，圆括弧内的函数计算值。

4.5　平面三角形等参单元计算

平面三角形等参单元的计算与四边形等参单元的计算一样，不同之处是三角形等参单元采用面积坐标。

4.5.1　面积坐标

1. 定义

三角形 ijk 中任意一点 P 的位置除用 $P(x,y)$ 表示外，还可用三个比值表示，这三个比值即为三角形等参单元的面积坐标。

如图 4.10 所示，记通过 P 点与三个顶点 i、j、k 相连形成的 3 个三角形面积分别为：

$$A_i = A_{pjk} \qquad A_j = A_{pki} \qquad A_k = A_{pij}$$

则有：$A = A_i + A_j + A_k$　　　　　　　(4.23)

若令 $L_l = \dfrac{A_l}{A}$（$l = i, j, k$），P 点位置即可由 L_l 确定。

则 L_i、L_j、L_k 称为三角形内 P 点的面积坐标。

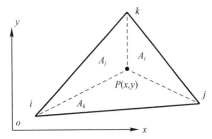

图 4.10　平面三角形等参单元面积坐标

2. 性质

（1）直角坐标系中任意点的位置取决于 x、y 两个独立变量，采用面积坐标后，L_i、L_j、L_k 中也只能有两个是独立变量，即 $L_i + L_j + L_k = 1$；

（2）由于面积都是正值，且 $A_i + A_j + A_k = A$，故 $0 \leqslant L_i$、L_j、$L_k \leqslant 1$；

（3）如图 4.11（a）所示，由于有 $\Delta A_i = \Delta A_{pjk}$，所以有：

当 P 在结点 l 处时（$l = i, j, k$），$L_l = 1$；

当 P 在结点 l 所对的边线上时，$L_l = 0$。

（4）当 P 在与 ij 边平行的直线上时，如图 4.11（b）所示，则

三角形面积 $A_{pij} = $ 常数（$h_p = $ 常数）；

面积坐标 $L_k = $ 常数（$A_{pij} = $ 常数）；

$$L_k = \frac{A_{pij}}{A} = 常数。$$

（5）若以 L_i、L_j 构成面积坐标系，则单元在面积坐标系中的图形是一直角边长为 1 的等腰直角三角形，如图 4.11（c）所示。

① 三个角点的面积坐标分别为：

结点 1：$L_1 = 1$　$L_2 = L_3 = 0$；

结点 2：$L_2 = 1$　$L_3 = L_1 = 0$；

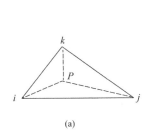

(a)

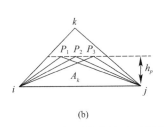

(b)

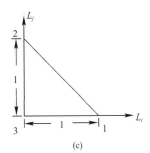

(c)

图 4.11　三角形等参单元面积坐标

结点 3：$L_3=1$ $L_1=L_2=0$；

或归结为：在结点 i 处，$L_i=1$；$L_j=L_k=0$。

② 在单元的三条边上，任意点的面积坐标是：

$$ij \text{ 边}, \quad L_k = 0;$$
$$jk \text{ 边}, \quad L_i = 0;$$
$$ki \text{ 边}, \quad L_j = 0。$$

③ 三角形单元形心的面积坐标是：

$$L_i = L_j = L_k = \frac{1}{3}$$

4.5.2 面积坐标与直角坐标的变换关系

设单元内任意点 P 的直角坐标为 (x, y)，则由数学知识可知三个子块三角形的面积为：

$$A_i = \frac{1}{2}\begin{vmatrix} x & y & 1 \\ x_j & y_j & 1 \\ x_k & y_k & 1 \end{vmatrix} = \Delta_i \quad (i = i \to j \to k \to i，脚标轮换) \tag{4.24}$$

该单元的面积 A_{ijk} 为：

$$A_{ijk} = \frac{1}{2}\begin{vmatrix} x_i & y_i & 1 \\ x_j & y_j & 1 \\ x_k & y_k & 1 \end{vmatrix} = \Delta$$

因此有：$L_i = \dfrac{A_i}{A_{ijk}} = \dfrac{1}{2\Delta}\left(x\begin{vmatrix} y_j & 1 \\ y_k & 1 \end{vmatrix} - y\begin{vmatrix} x_j & 1 \\ x_k & 1 \end{vmatrix} + 1\times\begin{vmatrix} x_j & y_j \\ x_k & x_k \end{vmatrix}\right)$

即
$$L_i = \frac{1}{2\Delta}(a_i + b_i x + c_i y)(i \to j \to k \to i \to \cdots)$$

式中：a_i、b_i、c_i 分别为 $a_i = x_j y_k - x_k y_j$、$b_i = y_j - y_k$、$c_i = x_k - x_j (i \to j \to k \to i)$。

写成矩阵形式为：

$$\begin{Bmatrix} L_i \\ L_j \\ L_k \end{Bmatrix} = \frac{1}{2\Delta}\begin{bmatrix} a_i & b_i & c_i \\ a_j & b_j & c_j \\ a_k & b_k & c_k \end{bmatrix}\begin{Bmatrix} 1 \\ x \\ y \end{Bmatrix} \tag{4.25}$$

求逆可得：

$$\begin{Bmatrix} 1 \\ x \\ y \end{Bmatrix} = \begin{bmatrix} 1 & 1 & 1 \\ x_i & x_j & x_k \\ y_i & y_j & y_k \end{bmatrix}\begin{Bmatrix} L_i \\ L_j \\ L_k \end{Bmatrix} \tag{4.26}$$

以上两式就是两种坐标的变换关系。

或写成：

$$1 = L_i + L_j + L_k$$
$$x = L_i x_i + L_j x_j + L_k x_k$$
$$y = L_i y_i + L_j y_j + L_k y_k \tag{4.27}$$

4.5.3　面积坐标的求导法则和积分法则

1. 用面积坐标表示的函数，对直角坐标求偏导数，由式（4.25）得：

$$\frac{\partial L_i}{\partial x} = \frac{b_i}{2\Delta} \qquad \frac{\partial L_j}{\partial x} = \frac{b_j}{2\Delta} \qquad \frac{\partial L_k}{\partial x} = \frac{b_k}{2\Delta}$$

$$\frac{\partial L_i}{\partial y} = \frac{c_i}{2\Delta} \qquad \frac{\partial L_j}{\partial y} = \frac{c_j}{2\Delta} \qquad \frac{\partial L_k}{\partial y} = \frac{c_k}{2\Delta}$$

再根据复合函数求导法则，得：

$$\frac{\partial}{\partial x} = \frac{\partial L_i}{\partial x}\frac{\partial}{\partial L_i} + \frac{\partial L_j}{\partial x}\frac{\partial}{\partial L_j} + \frac{\partial L_k}{\partial x}\frac{\partial}{\partial L_k} = \frac{1}{2\Delta}\left(b_i\frac{\partial}{\partial L_i} + b_j\frac{\partial}{\partial L_j} + b_k\frac{\partial}{\partial L_k}\right)$$

$$\frac{\partial}{\partial y} = \frac{\partial L_i}{\partial y}\frac{\partial}{\partial L_i} + \frac{\partial L_j}{\partial y}\frac{\partial}{\partial L_j} + \frac{\partial L_k}{\partial y}\frac{\partial}{\partial L_k} = \frac{1}{2\Delta}\left(c_i\frac{\partial}{\partial L_i} + c_j\frac{\partial}{\partial L_j} + c_k\frac{\partial}{\partial L_k}\right)$$

用矩阵表示成：

$$\left\{\frac{\partial}{\partial x} \quad \frac{\partial}{\partial y}\right\}^{\mathrm{T}} = \frac{1}{2\Delta}\begin{bmatrix} b_i & b_j & b_k \\ c_i & c_j & c_k \end{bmatrix}\left\{\frac{\partial}{\partial L_i} \quad \frac{\partial}{\partial L_j} \quad \frac{\partial}{\partial L_k}\right\}^{\mathrm{T}} \tag{4.28}$$

同理，再求一次导，得：

$$\left\{\begin{array}{c}\dfrac{\partial^2}{\partial x^2} \\[6pt] \dfrac{\partial^2}{\partial y^2} \\[6pt] \dfrac{\partial^2}{\partial x\partial y}\end{array}\right\} = \frac{1}{4\Delta^2}\begin{bmatrix} b_i^2 & b_j^2 & b_k^2 & 2b_ib_j & 2b_jb_k & 2b_kb_i \\ c_i^2 & c_j^2 & c_k^2 & 2c_ic_j & 2c_jc_k & 2c_kc_i \\ b_ic_i & b_jc_j & b_kc_k & b_ic_j+b_jc_i & b_jc_k+b_kc_j & b_kc_i+b_ic_k \end{bmatrix}\left\{\frac{\partial^2}{\partial L^2}\right\} \tag{4.29}$$

式中：$\left\{\dfrac{\partial^2}{\partial L^2}\right\}^{\mathrm{T}} = \left\{\dfrac{\partial^2}{\partial L_i^2} \quad \dfrac{\partial^2}{\partial L_j^2} \quad \dfrac{\partial^2}{\partial L_k^2} \quad \dfrac{\partial^2}{\partial L_i\partial L_j} \quad \dfrac{\partial^2}{\partial L_j\partial L_k} \quad \dfrac{\partial^2}{\partial L_k\partial L_i}\right\}$

2. 面积坐标的幂函数在三角形单元上的积分

$$\iint\limits_A L_i^a L_j^b L_k^c \, \mathrm{d}x\mathrm{d}y = 2\Delta\,\frac{a!\,b!\,c!}{(a+b+c+2)!} \tag{4.30}$$

例如：$\iint\limits_A L_i \mathrm{d}x\mathrm{d}y = 2\Delta\dfrac{1}{3!} = \dfrac{\Delta}{3}$；$\quad\iint\limits_A L_i^2 \mathrm{d}x\mathrm{d}y = 2\Delta\dfrac{2!}{4!} = \dfrac{\Delta}{6}$；$\quad\iint\limits_A L_i L_j \mathrm{d}x\mathrm{d}y = 2\Delta\dfrac{1}{4!} = \dfrac{\Delta}{12}$。

4.5.4　三角形单元的形函数

通常用等腰直角三角形作为母单元的形状。如图 4.12 所示，两条直角边的长度都等于 1。

采用这种形状的母单元，局部坐标系 ξ、η 与面积坐标系 L_i、L_j、l_k 可以有最简单的关系。如母单元中任意点 $p(\xi,\eta)$，由于：

Δijk 的面积　$A = \dfrac{1}{2}$

ΔA_i 的面积　$A_i = \dfrac{1}{2}\xi$

ΔA_j 的面积　$A_j = \dfrac{1}{2}\eta$

因此，P 点的面积坐标 L_i、L_j、L_k 分别等于：

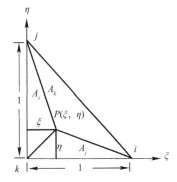

图 4.12　三角形等参单元直角坐标

$$L_i = \frac{A_i}{A} = \xi \qquad L_j = \frac{A_j}{A} = \eta \qquad L_k = 1-(L_i+L_j) = 1-\xi-\eta \qquad (4.31)$$

对于三结点单元（线性插值），将母单元的三个角点取为结点，这个三角形单元的形函数 $N_i(\xi,\eta)$ $(i=1,2,3)$ 为：

$$N_i(\xi,\eta) = \frac{1}{2\Delta}(a_i + b_i\xi + c_i\eta) \qquad (i=i,j,k) \qquad (4.32)$$

位移函数为：

$$\left.\begin{aligned} u(\xi,\eta) &= \sum_{i=1}^{3} N_i(\xi,\eta)u_i \\ v(\xi,\eta) &= \sum_{i=1}^{3} N_i(\xi,\eta)v_i \end{aligned}\right\} (i=i,j,k) \qquad (4.33)$$

根据形函数的性质：本结点为 1，其他结点为 0，在单元内任一点全部形函数之和均为 1。而面积坐标的性质与形函数的性质正好相同，所以，常应变三角形单元形函数可取面积坐标，即

$$N_i(L_i,L_j,L_k) = L_i \qquad (i=i,j,k) \qquad (4.34)$$

由此可得形函数矩阵为：

$$[\boldsymbol{N}] = \begin{bmatrix} N_i & 0 & N_j & 0 & N_k & 0 \\ 0 & N_i & 0 & N_j & 0 & N_k \end{bmatrix} = (N_i\boldsymbol{I}_2 \quad N_j\boldsymbol{I}_2 \quad N_k\boldsymbol{I}_2) \qquad (4.35)$$

式中：$N_i = \frac{1}{2\Delta}(a_i+b_ix+c_iy)(i\to j\to k\to i)$；

$\boldsymbol{I}_2$ 为二阶单位矩阵，$\boldsymbol{I}_2 = \begin{bmatrix} 1 & 0 \\ 0 & 1 \end{bmatrix}$。

单元位移函数采用面积坐标表示为：

$$u(L_i,L_j,L_k) = \sum_i L_i u_i \qquad (i=i,j,k)$$
$$v(L_i,L_j,L_k) = \sum_i L_i v_i \qquad (i=i,j,k) \qquad (4.36)$$

它满足完备条件和协调条件。

有了形函数矩阵和单元内任意点的位移函数，可参照四边形等参单元计算。单元内任意点的位移与结点位移的关系为：

$$\{\boldsymbol{u}\} = \left\{\begin{matrix} \boldsymbol{u}(L_i) \\ \boldsymbol{v}(L_i) \end{matrix}\right\} = [\boldsymbol{N}]\{\boldsymbol{u}^e\} \qquad (4.37)$$

习题与思考题

1. 何谓等参单元？等参单元的主要优点是什么？
2. 建立等参单元的基本思路是什么？
3. 四边形等参单元的形函数有什么性质？选取等参单元的形函数的要求是什么？
4. 四边形等参单元的形函数的形式是什么？试证明之。
5. 四边形等参单元的坐标变换的形函数有什么特点？
6. 什么叫次参单元和超参单元？

7. 如习题 7 图所示，若母单元 1—2 边的直线方程是 $1+\eta=0$，试求等参单元 1—2 边上任意点的坐标值 (x,y)。

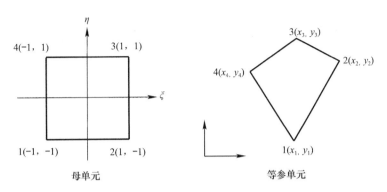

4(-1, 1)　　3(1, 1)

1(-1, -1)　　2(1, -1)

母单元

3(x_3, y_3)

2(x_2, y_2)

4(x_4, y_4)

1(x_1, y_1)

等参单元

习题 7 图

8. 试推导平面四边形四结点等参单元的刚度矩阵。

9. 进行等参单元网格划分时应注意哪些问题？

第5章　非线性问题有限单元分析

5.1　概述

前面各章讨论的均是线性问题，其特点是：

（1）几何方面的应变和位移的关系是线性的；

（2）物理方面的应力和应变的关系是线性的；

（3）建立于变形前状态的平衡方程也是线性的。

但是，在许多重要的实际问题中，上述的线性关系不能保持。例如：

（1）在结构局部应力集中达到一定数值时，该部位首先进入塑性，在该部位的线弹性应力—应变关系不再适用；

（2）某些材料在弹性阶段就表现出明显的非线性应力与应变关系；

（3）某些材料在高温、长期载荷作用下产生蠕变变形，其变形与应力之间的关系也是线性物理方程不能描述的；

（4）板壳大挠度、橡胶材料的大应变、金属加工过程中的大应变等问题，属于几何非线性问题。

本章将重点介绍非线性问题的有限单元方法。

5.2　非线性问题的基本分析方法

非线性问题的求解以线性问题的处理方法为基础，通过一系列的线性运算来逼近非线性解。通常，有以下三种类型：①直接迭代法；②牛顿-拉夫森法；③增量-附加载荷法。在弹塑性分析中常用的初应力法及初应变法是常刚度的增量-附加载荷法。

1. 直接迭代法（割线模量法）

这是一种全量分析法，在每次迭代中系统受全部载荷作用，并取与前一次迭代终了时的应力状态相对应的割线刚度，即每次迭代后以新的应力状态来修正刚度矩阵，然后进行下一次迭代，直至前后两次迭代所得结果充分接近为止。如图 5.1 所示，两次结果的差值须小于任意正数，即趋于无穷小。

对于材料非线性问题，由于是小变形问题，平衡方程与几何关系依然成立：

$$\sum \int [\boldsymbol{B}]^{\mathrm{T}} \{\boldsymbol{\sigma}\} \mathrm{d}V = \{\boldsymbol{R}\} \tag{5.1}$$

$$\{\boldsymbol{\varepsilon}\} = [\boldsymbol{B}] \{\boldsymbol{u}^{\mathrm{e}}\} \tag{5.2}$$

但物理方程（本构方程）是非线性的，可以写成：

$$\{\boldsymbol{\sigma}\} = [\boldsymbol{D}(\varepsilon)] \{\boldsymbol{\varepsilon}\} \tag{5.3}$$

由于应力与应变的非线性，所以应力与位移之间也是非线性的

所以
$$\{\boldsymbol{\sigma}\} = [\boldsymbol{D}(\varepsilon)][\boldsymbol{B}]\{\boldsymbol{u}^e\} \qquad (5.4)$$

代入式（5.1）得：

$$\sum \int [\boldsymbol{B}]^{\mathrm{T}}[\boldsymbol{D}(\varepsilon)][\boldsymbol{B}]\{\boldsymbol{u}^e\}\mathrm{d}V = \{\boldsymbol{R}\}$$

简写成：
$$[\boldsymbol{K}]\{\boldsymbol{U}\} = \{\boldsymbol{R}\} \qquad (5.5)$$

式中：$[\boldsymbol{K}] = \sum \int [\boldsymbol{B}]^{\mathrm{T}}[\boldsymbol{D}(\varepsilon)][\boldsymbol{B}]\mathrm{d}V$

将式（5.5）写成迭代公式：

$$[\boldsymbol{K}]_{n-1}\{\boldsymbol{U}\}_n = \{\boldsymbol{R}\} \qquad (5.6)$$

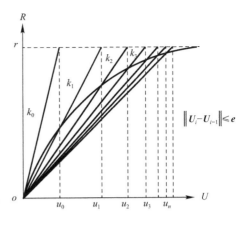

图 5.1　直接迭代法

直接迭代法的求解步骤如下：

（1）首先取 $\{\boldsymbol{U}\}_0 = 0$，算出 $[\boldsymbol{K}(\{\boldsymbol{U}\}_0)] = [\boldsymbol{K}]_0$（初始刚度矩阵），并将其代入式（5.6），解出 $\{\boldsymbol{U}\}_1 = [\boldsymbol{K}]_0^{-1}\{\boldsymbol{R}\}$ 作为第一次近似；

（2）从已知的 $\{\boldsymbol{U}\}_1$，由式（5.2）、式（5.3）及式（5.5）计算出 $[\boldsymbol{K}]_1$，代入式（5.6），解出 $\{\boldsymbol{U}\}_2$；

（3）重复第二步，经过若干次迭代，直至 $\{\boldsymbol{U}\}_n \approx \{\boldsymbol{U}\}_{n-1}$ 为止。$\{\boldsymbol{U}\}_n$ 即是非线性方程组式（5.5）的解。

* 讨论：

（1）直接迭代法简单易行，收敛性也较好；

（2）对于理想弹塑性、应变软化材料不适用（σ-ε 不能一一对应）；

（3）一次施加全部载荷，不能反映加载过程中应力及应变的变化与发展过程；

（4）每次迭代都必须形成新的单元刚度矩阵及总体刚度矩阵，计算耗时长。

2. 牛顿-拉夫森法（N-R 法，全称为 Newton-Raphson 法）

也称为切线刚度法，示意图如图 5.2 所示，它始终以切线刚度代入总体方程进行求解。在初始求解时，系统受全部的载荷作用，得到位移、应变、应力以后，以当前应力状态相对应的切线刚度和系统不平衡力 $\{\Delta\boldsymbol{R}\} = \{\boldsymbol{R}\} - \{\boldsymbol{R}\}_i$ 进行下一次迭代计算，直至 $\{\Delta\boldsymbol{R}\}_n \to 0$ 为止。

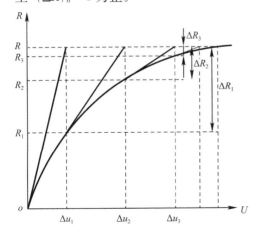

图 5.2　牛顿-拉夫森法

按照上述过程，利用材料的应力-应变关系，增量形式为：

$$\mathrm{d}\{\boldsymbol{\sigma}\} = [\boldsymbol{D}_{\mathrm{T}}(\boldsymbol{\varepsilon})]\mathrm{d}\{\boldsymbol{\varepsilon}\} \qquad (5.7)$$

可以求解非线性问题。式中，$[\boldsymbol{D}_{\mathrm{T}}(\boldsymbol{\varepsilon})]$ 为切线弹性矩阵。

将式（5.1）改写为：

$$\{\psi(\{\boldsymbol{U}\})\} = \sum \int [\boldsymbol{B}]^{\mathrm{T}}\{\boldsymbol{\sigma}\}\mathrm{d}V - \{\boldsymbol{R}\} = 0 \qquad (5.8)$$

因为 $\{\boldsymbol{U}\}$ 的变化不会引起 $\{\boldsymbol{R}\}$ 的改变，所以

$$\mathrm{d}\{\boldsymbol{\psi}\} = \sum \int [\boldsymbol{B}]^{\mathrm{T}}\mathrm{d}\{\boldsymbol{\sigma}\}\mathrm{d}V \qquad (5.9)$$

将式（5.7）代入式（5.9）得：

$$d\{\psi\} = \left(\sum \int [\boldsymbol{B}]^T [\boldsymbol{D}_T(\boldsymbol{\varepsilon})][\boldsymbol{B}]dV\right)d\{U\}$$
$$= [\boldsymbol{K}_T]d\{U\} \tag{5.10}$$

式中：
$$[\boldsymbol{K}_T] = \sum \int [\boldsymbol{B}]^T [\boldsymbol{D}_T(\boldsymbol{\varepsilon})][\boldsymbol{B}]dV \tag{5.11}$$

$[\boldsymbol{K}_T]$ 称为切线刚度矩阵。将式（5.10）写成增量形式：

$$[\boldsymbol{K}_T]_i\{\Delta U\}_{i+1} = \{\Delta \psi\}_i \tag{5.12}$$

由图 5.2 可知，$\{\Delta \psi\}_i = \{\Delta R\}_i$

即
$$\{\Delta \psi\}_i = \{R\} - \{R\}_i = \{R\} - \sum \int [\boldsymbol{B}]^T \{\boldsymbol{\sigma}\}_i dV \tag{5.13}$$

于是：
$$\{U\}_{i+1} = \{U\}_i + \{\Delta U\}_{i+1} \tag{5.14}$$

N-R 法迭代步骤如下：

（1）若已知位移的第 i 次近似值 $\{U\}_i$，由式（5.2）计算出 $\{\boldsymbol{\varepsilon}\}_i$；

（2）通过当前的应力、应变状态 $\{\boldsymbol{\sigma}\}_i$、$\{\boldsymbol{\varepsilon}\}_i$ 得到切线弹性矩阵 $[\boldsymbol{D}_T(\boldsymbol{\varepsilon})]$；

（3）将 $[\boldsymbol{D}_T(\boldsymbol{\varepsilon})]$ 代入式（5.11），计算出 $[\boldsymbol{K}_T]_i$，并由式（5.13）得到 $\{\Delta \psi\}_i$；

（4）将 $[\boldsymbol{K}_T]_i$ 及 $\{\Delta \psi\}_i$ 代入式（5.12），求解线性方程组，获得 $\{\Delta U\}_{i+1}$；

（5）利用式（5.14）得出位移列阵的第 $i+1$ 次近似值 $\{U\}_{i+1}$；

（6）重复(1)～(5)，经过若干次迭代，直至 $\{\Delta R\}_i \to 0$ 为止。

* 讨论：

上述的迭代求解，每一次都需要以新的切线斜率（刚度）进行计算，相当于每一步迭代都必须重新组集刚度矩阵，比较费时，效率低。

一种新的修正方法（图 5.3）是在每一步迭代中都采用不变的初始刚度 $[\boldsymbol{K}_0]$，省去大量的重复计算、组集刚度矩阵的时间，相应地，迭代次数将有所增加，但是总的计算时间会明显减少。

修正的 "N-R" 法，其迭代公式为：

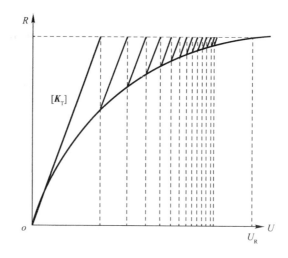

图 5.3　修正的牛顿-拉夫森法

$$[\boldsymbol{K}_0]\{\Delta \boldsymbol{U}\}_{i+1} = \{\Delta \boldsymbol{\psi}\}_i \qquad (5.15)$$

$$\{\boldsymbol{U}\}_{i+1} = \{\boldsymbol{U}\}_i + \{\Delta \boldsymbol{U}\}_{i+1} \qquad (5.16)$$

3. 增量-附加载荷法（混合法）

增量-附加载荷法（图 5.4）是在增量加载的条件下，在每一级增量载荷内使用修正的 N-R 法，通过与非线性形态相对应的"等效附加载荷"来考虑非线性的影响。这种方法在求解非线性问题中是一种有效的方法（初应力法、初应变法即属于这一类型）。

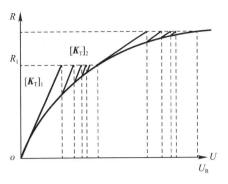

图 5.4　增量-附加载荷法

5.3　弹塑性问题的解法

5.3.1　弹塑性矩阵

当材料进入塑性后，载荷按照微小增量方式逐步加载，应力与应变也在原来水平上增加 $\mathrm{d}\{\boldsymbol{\sigma}\}$ 和 $\mathrm{d}\{\boldsymbol{\varepsilon}\}$。其中，应变增量可以分成两部分：

$$\mathrm{d}\{\boldsymbol{\varepsilon}\} = \mathrm{d}\{\boldsymbol{\varepsilon}\}_e + \mathrm{d}\{\boldsymbol{\varepsilon}\}_p \qquad (5.17)$$

式中，$\mathrm{d}\{\boldsymbol{\varepsilon}\}_e$ 为弹性应变增量；$\mathrm{d}\{\boldsymbol{\varepsilon}\}_p$ 为塑性应变增量；$\mathrm{d}\{\boldsymbol{\varepsilon}\}$ 为全应变增量。

应力增量与弹性应变增量之间是线性关系：

$$\mathrm{d}\{\boldsymbol{\sigma}\} = [\boldsymbol{D}]\mathrm{d}\{\boldsymbol{\varepsilon}\}_e = [\boldsymbol{D}](\mathrm{d}\{\boldsymbol{\varepsilon}\} - \mathrm{d}\{\boldsymbol{\varepsilon}\}_p) \qquad (5.18)$$

式中：$\mathrm{d}\{\boldsymbol{\sigma}\} = [\mathrm{d}\sigma_x \quad \mathrm{d}\sigma_y \quad \mathrm{d}\tau_{xy}]^{\mathrm{T}}$；$\mathrm{d}\{\boldsymbol{\varepsilon}\} = [\mathrm{d}\varepsilon_x \quad \mathrm{d}\varepsilon_y \quad \mathrm{d}\gamma_{xy}]^{\mathrm{T}}$；$[\boldsymbol{D}]$ 为弹性矩阵。

$$\boldsymbol{D} = \frac{E}{1-\mu^2}\begin{bmatrix} 1 & \mu & 0 \\ \mu & 1 & 0 \\ 0 & 0 & \dfrac{1-\mu}{2} \end{bmatrix}$$

其中，等效应力：$\bar{\sigma} = \sqrt{\sigma_x^2 + \sigma_y^2 - \sigma_x\sigma_y + 3\tau_{xy}^2}$

$$\bar{\sigma} = \frac{\sqrt{2}}{2}\sqrt{(\sigma_x - \sigma_y)^2 + (\sigma_y - \sigma_z)^2 + (\sigma_z - \sigma_x)^2 + 6(\tau_{xy}^2 + \tau_{yz}^2 + \tau_{zx}^2)}$$

$$= \left(\frac{3}{2}\{\boldsymbol{\sigma}'\}^{\mathrm{T}}\{\boldsymbol{\sigma}'\}\right)^{1/2} = \sqrt{\frac{3}{2}}\sqrt{\sigma_x'^2 + \sigma_y'^2 + \sigma_z'^2 + 2(\tau_{xy}'^2 + \tau_{yx}'^2 + \tau_{zx}'^2)}$$

应力偏量：$\sigma_x' = \sigma_x - \sigma_{cp}$　$\sigma_y' = \sigma_y - \sigma_{cp}$　$(\sigma_z' = \sigma_z - \sigma_{cp})$

$\tau_{xy}' = \tau_{xy}$　　$(\tau_{yz}' = \tau_{yz}$　$\tau_{zx}' = \tau_{zx})$

式中：σ_{cp} 为平均应力，$\sigma_{cp} = \dfrac{1}{2}(\sigma_x + \sigma_y)$ 或 $\sigma_{cp} = \dfrac{1}{3}(\sigma_x + \sigma_y + \sigma_z)$。

将式（5.18）两边左乘 $\left\{\dfrac{\partial \bar{\sigma}}{\partial \{\boldsymbol{\sigma}\}}\right\}^{\mathrm{T}}$，得：

$$\left\{\frac{\partial \bar{\sigma}}{\partial \{\boldsymbol{\sigma}\}}\right\}^{\mathrm{T}}\mathrm{d}\{\boldsymbol{\sigma}\} = \left\{\frac{\partial \bar{\sigma}}{\partial \{\boldsymbol{\sigma}\}}\right\}^{\mathrm{T}}[\boldsymbol{D}](\mathrm{d}\{\boldsymbol{\varepsilon}\} - \mathrm{d}\{\boldsymbol{\varepsilon}\}_p) \qquad (5.19)$$

力学试验结果表明，在应力超过屈服极限后，进行卸载或部分卸载后再加载，新的屈服应力值仅与卸载前的等效塑性应变总量 ε_p 有关，如图 5.5 所示。

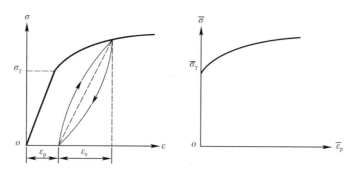

图5.5　岩石应力-应变曲线与岩石等效应力-等效应变曲线

新的屈服只有当等效应力适合：

$$\bar{\sigma} = H\left(\int d\bar{\varepsilon}_p\right) \tag{5.20}$$

才能发生。

式中：H 为反映新的屈服应力对于等效塑性应变总量的函数关系；

$\bar{\varepsilon}_p$ 为等效塑性应变，

$$\bar{\varepsilon}_p = \frac{1}{2(1+\mu)}\sqrt{\varepsilon_x^2 + \varepsilon_y^2 - \varepsilon_x\varepsilon_y + 6\tau_{xy}^2} \text{ 或}$$

$$\bar{\varepsilon}_p = \frac{\sqrt{2}}{2(1+\mu)}\sqrt{(\varepsilon_x-\varepsilon_y)^2 + (\varepsilon_y-\varepsilon_z)^2 + (\varepsilon_z-\varepsilon_x)^2 + \frac{3}{2}(\gamma_{xy}^2 + \gamma_{yz}^2 + \gamma_{zx}^2)}$$

以增量的形式表现可以写成：

$$d\bar{\sigma} = H' d\bar{\varepsilon}_p \tag{5.21}$$

式中：H' 是强化阶段 $\bar{\sigma}$-$\bar{\varepsilon}_p$ 曲线的斜率。

由式(5.19)和式(5.21)可得：

$$d\bar{\sigma} = \left\{\frac{\partial \bar{\sigma}}{\partial \{\boldsymbol{\sigma}\}}\right\}^T d\{\boldsymbol{\sigma}\} = H' d\bar{\varepsilon}_p \tag{5.22}$$

根据普朗特-路斯特塑性流动法则：

$$d\{\boldsymbol{\varepsilon}\}_p = \lambda \frac{\partial F}{\partial \{\boldsymbol{\sigma}\}} = d\bar{\varepsilon}_p \frac{\partial \bar{\sigma}}{\partial \{\boldsymbol{\sigma}\}} \tag{5.23}$$

式中：$\lambda = d\bar{\varepsilon}_p$，为待定参数。

根据式（5.18），可以写成：

$$H' d\bar{\varepsilon}_p = \left\{\frac{\partial \bar{\sigma}}{\partial \{\sigma\}}\right\}^T [\boldsymbol{D}] d\{\boldsymbol{\varepsilon}\} - \left\{\frac{\partial \bar{\sigma}}{\partial \{\sigma\}}\right\}^T [D] \frac{\partial \bar{\sigma}}{\partial \{\sigma\}} d\bar{\varepsilon}_p \tag{5.24}$$

由式（5.24）可以得到等效塑性应变增量 $d\bar{\varepsilon}_p$ 和全应变增量 $d\{\boldsymbol{\varepsilon}\}$ 的关系：

$$d\bar{\varepsilon}_p = \frac{\left\{\dfrac{\partial \bar{\sigma}}{\partial \{\boldsymbol{\sigma}\}}\right\}^T [\boldsymbol{D}]}{H' + \left\{\dfrac{\partial \bar{\sigma}}{\partial \{\boldsymbol{\sigma}\}}\right\}^T [\boldsymbol{D}] \dfrac{\partial \bar{\sigma}}{\partial \{\boldsymbol{\sigma}\}}} d\{\boldsymbol{\varepsilon}\} \tag{5.25}$$

将式（5.23）代入式（5.18），并结合式（5.25），得到：

$$d\{\boldsymbol{\sigma}\} = \left[[\boldsymbol{D}] - \frac{[\boldsymbol{D}] \dfrac{\partial \bar{\sigma}}{\partial \{\boldsymbol{\sigma}\}} \left\{\dfrac{\partial \bar{\sigma}}{\partial \{\boldsymbol{\sigma}\}}\right\}^T [\boldsymbol{D}]}{H' + \left\{\dfrac{\partial \bar{\sigma}}{\partial \{\boldsymbol{\sigma}\}}\right\} [\boldsymbol{D}] \dfrac{\partial \bar{\sigma}}{\partial \{\boldsymbol{\sigma}\}}}\right] d\{\boldsymbol{\varepsilon}\} \tag{5.26}$$

记：

$$[\boldsymbol{D}]_{ep} = [\boldsymbol{D}] - [\boldsymbol{D}]_P$$

得到增量形式的弹塑性应力-应变关系：

$$d\{\boldsymbol{\sigma}\} = [\boldsymbol{D}]_{ep}d\{\boldsymbol{\varepsilon}\} \tag{5.27}$$

式中：$[\boldsymbol{D}]_{ep}$ 称为弹塑性矩阵。

对于理想的弹塑性材料，取 $H' = 0$。

对于平面应力问题：

$$[\boldsymbol{D}]_{ep} = \frac{E}{Q}\begin{bmatrix} \sigma_y'^2 + 2P & & \text{对称} \\ -\sigma_x'\sigma_y' + 2\mu P & \sigma_x'^2 + 2P & \\ -\dfrac{\sigma_x' + \mu\sigma_y'}{1+\mu}\tau_{xy} & -\dfrac{\sigma_y' + \mu\sigma_x'}{1+\mu}\tau_{xy} & \dfrac{R}{2(1+\mu)} + \dfrac{2H'}{9E}(1-\mu)\bar{\sigma}^2 \end{bmatrix} \tag{5.28}$$

式中：$P = \dfrac{2H'}{9E}\bar{\sigma}^2 + \dfrac{\tau_{xy}'^2}{1+\mu}$　$R = \sigma_x'^2 + 2\mu\sigma_x'\sigma_y' + \sigma_y'^2$

$Q = \sigma_x'^2 + \sigma_y'^2 + 2\mu\sigma_x\sigma_y + 2(1-\mu)\tau_{xy}'^2 + \dfrac{2H'(1-\mu)}{9G}\bar{\sigma}^2$

其中，G 为剪切模量，$G = \dfrac{E}{2(1+\mu)}$。

$$[\boldsymbol{D}]_p = \frac{E}{Q(1-\mu^2)}\begin{bmatrix} (\sigma_x' + \mu\sigma_y')^2 & & \text{对称} \\ (\sigma_x' + \mu\sigma_y')(\sigma_y' + \mu\sigma_x')^2 & (\sigma_y' + \mu\sigma_x')^2 & \\ (1-\mu)(\sigma_x' + \mu\sigma_y')\tau_{xy} & (1-\mu)(\sigma_y' + \mu\sigma_x')\tau_{xy} & (1-\mu)^2\tau_{xy}^2 \end{bmatrix}$$
$$\tag{5.29}$$

对于平面应变问题，将 $[\boldsymbol{D}]_{ep}$ 中的 E 换成 $\dfrac{E}{(1-\mu^2)}$，μ 换成 $\dfrac{\mu}{(1-\mu)}$，即可得到平面应变问题的 $[\boldsymbol{D}]_{ep}$。

5.3.2　求解方法

1. 增量切线刚度法（改进的 N-R 法）

运用增量切线刚度法的步骤如下：

（1）在起始受载时，物体内部产生的应力、应变是弹性的。这时，单元的刚度矩阵为：

$$[\boldsymbol{k}] = \int [\boldsymbol{B}]^T[\boldsymbol{D}][\boldsymbol{B}]dV \tag{5.30}$$

（2）随着载荷的增加，部分单元进入塑性状态。这时，单元的刚度矩阵为：

$$[\boldsymbol{k}] = \int [\boldsymbol{B}]^T[\boldsymbol{D}]_{ep}[\boldsymbol{B}]dV \tag{5.31}$$

式中：$[\boldsymbol{D}]_{ep}$ 中的应力应取当时的应力水平 $\{\boldsymbol{\sigma}\}_0$；此时的位移、应力、应变列阵分别记为 $\{\boldsymbol{U}\}_0$、$\{\boldsymbol{\sigma}\}_0$、$\{\boldsymbol{\varepsilon}\}_0$。

（3）把所有的单元刚度矩阵按照通常方法重新进行组集，得到整体刚度矩阵 $[\boldsymbol{K}]_0$，它与当前的应力水平有关。

（4）求解平衡方程：

$$[\boldsymbol{K}]_0\{\Delta\boldsymbol{U}\}_1 = \{\Delta\boldsymbol{R}\}_1 \tag{5.32}$$

得到 $\{\Delta\boldsymbol{U}\}_1$、$\{\Delta\boldsymbol{\varepsilon}\}_1$、$\{\Delta\boldsymbol{\sigma}\}_1$，由此得到的经过第一次载荷增量 $\{\Delta\boldsymbol{R}\}_1$ 后的位移、应变及

应力的新水平为：

$$\left.\begin{aligned}\{\pmb{U}\}_1 &= \{\pmb{U}\}_0 + \{\Delta\pmb{U}\}_1 \\ \{\pmb{\varepsilon}\}_1 &= \{\pmb{\varepsilon}\}_0 + \{\Delta\pmb{\varepsilon}\}_1 \\ \{\pmb{\sigma}\}_1 &= \{\pmb{\sigma}\}_0 + \{\Delta\pmb{\sigma}\}_1 \end{aligned}\right\} \tag{5.33}$$

（5）继续增加载荷，并重复上述计算，直到全部载荷加完为止。平衡方程的通式写成：

$$[\pmb{K}]_{n-1}\{\Delta\pmb{U}\}_n = \{\Delta\pmb{R}\}_n \tag{5.34}$$

则

$$\left.\begin{aligned}\{\pmb{U}\}_n &= \{\pmb{U}\}_{n-1} + \{\Delta\pmb{U}\}_n \\ \{\pmb{\varepsilon}\}_n &= \{\pmb{\varepsilon}\}_{n-1} + \{\Delta\pmb{\varepsilon}\}_n \\ \{\pmb{\sigma}\}_n &= \{\pmb{\sigma}\}_{n-1} + \{\Delta\pmb{\sigma}\}_n \end{aligned}\right\} \tag{5.35}$$

2. 增量初应力法

对于弹塑性问题，增量形式的应力-应变关系定义为：

$$\mathrm{d}\{\pmb{\sigma}\} = [\pmb{D}]\mathrm{d}\{\pmb{\varepsilon}\} + \mathrm{d}\{\pmb{\sigma}_0\} \tag{5.36}$$

式中，$\mathrm{d}\{\pmb{\sigma}_0\} = -[\pmb{D}]_{\mathrm{p}}\mathrm{d}\{\pmb{\varepsilon}\}$

在式（5.36）中，$\mathrm{d}\{\pmb{\sigma}_0\}$ 相当于线弹性问题的初应力。于是，由线性化得：

$$\{\Delta\pmb{\sigma}\} = [\pmb{D}]\{\pmb{\varepsilon}\} + \{\Delta\pmb{\sigma}_0\} \tag{5.37}$$

式中：$\{\Delta\pmb{\sigma}_0\} = -[\pmb{D}]_{\mathrm{p}}\{\Delta\pmb{\varepsilon}\}$。

位移增量 $\{\Delta\pmb{U}\}$ 所应满足的平衡方程是：

$$[\pmb{K}_0]\{\Delta\pmb{U}\} = \{\Delta\pmb{R}\} + \{\overline{\pmb{R}}(\{\Delta\pmb{\varepsilon}\})\} \tag{5.38}$$

式中：$[\pmb{K}_0] = \sum\displaystyle\int[\pmb{B}]^{\mathrm{T}}[\pmb{D}][\pmb{B}]\mathrm{d}V$。

$$\{\overline{\pmb{R}}(\{\Delta\pmb{\varepsilon}\})\} = \sum\int[\pmb{B}]^{\mathrm{T}}[\pmb{D}]_{\mathrm{P}}\{\Delta\pmb{\varepsilon}\}\mathrm{d}V \tag{5.39}$$

$\{\overline{\pmb{R}}(\{\Delta\pmb{\varepsilon}\})\}$ 是由初应力 $\{\Delta\pmb{\sigma}_0\}$ 转化而得到的等效结点力，又称矫正载荷或附加载荷。

增量初应力法（增量法与迭代法相结合的混合法）的求解要点如下：

（1）逐级加载。第 n 级载荷的迭代公式是：

$$[\pmb{K}_0]\{\Delta\pmb{U}\}_n^j = \{\Delta\pmb{R}\}_n + \{\overline{\pmb{R}}\}_n^{j-1} \qquad (j = 1,2,3,\cdots,n) \tag{5.40}$$

（2）当求得应变增量的第 $j-1$ 次近似值 $\{\Delta\pmb{\varepsilon}\}_n^{j-1}$，可以根据当前的应力水平，由式（5.37）求出初应力的第 $j-1$ 次近似值 $\{\Delta\pmb{\sigma}\}_n^{j-1}$；

（3）由式（5.39）算出相应的矫正载荷 $\{\overline{\pmb{R}}\}_n^{j-1}$；

（4）再次求解方程式（5.40）进行迭代，迭代过程一直进行到相邻两次迭代所确定的应变增量相差甚小为止；

（5）将此时的位移增量、应变增量和应力增量作为该次载荷增量的结果叠加到当前水平上；

（6）在此基础上再进行下一级加载，直到全部载荷加完为止。

3. 增量初应变法

对于弹塑性问题，增量形式的应力-应变关系可以定义为：

$$\mathrm{d}\{\pmb{\sigma}\} = [\pmb{D}](\mathrm{d}\{\pmb{\varepsilon}\} - \mathrm{d}\{\pmb{\varepsilon}_0\}) \tag{5.41}$$

式中：$\mathrm{d}\{\pmb{\varepsilon}_0\} = \mathrm{d}\{\pmb{\varepsilon}\}_{\mathrm{p}}$，$\mathrm{d}\{\pmb{\varepsilon}_0\}$ 相当于线弹性问题的初应变。

由式（5.21）和式（5.23），有：

$$d\{\boldsymbol{\varepsilon}\}_p = d\overline{\varepsilon}_p \frac{\partial \overline{\sigma}}{\partial \{\boldsymbol{\sigma}\}} = \frac{1}{H'} \frac{\partial \overline{\sigma}}{\partial \{\boldsymbol{\sigma}\}} \left\{\frac{\partial \overline{\sigma}}{\partial \{\boldsymbol{\sigma}\}}\right\}^{\mathrm{T}} d\{\boldsymbol{\sigma}\} \quad (5.42)$$

由线性化把式（5.41）和式（5.42）中的无限小量用有限增量来代替，得到：

$$\{\Delta\boldsymbol{\sigma}\} = [\boldsymbol{D}](\{\Delta\boldsymbol{\varepsilon}\} - \{\Delta\boldsymbol{\varepsilon}_0\}) \quad (5.43)$$

式中：$\{\Delta\boldsymbol{\varepsilon}_0\} = \{\Delta\boldsymbol{\varepsilon}\}_p = \dfrac{1}{H'}\dfrac{\partial \overline{\sigma}}{\partial \{\boldsymbol{\sigma}\}} \left\{\dfrac{\partial \overline{\sigma}}{\partial \{\boldsymbol{\sigma}\}}\right\}^{\mathrm{T}} \{\Delta\boldsymbol{\sigma}\}$

此时，位移增量$\{\Delta U\}$应满足的平衡方程是：

$$[\boldsymbol{K}_0]\{\Delta U\} = \{\Delta \boldsymbol{R}\} + \{\overline{\boldsymbol{R}}(\{\Delta\boldsymbol{\sigma}\})\} \quad (5.44)$$

式中：$[\boldsymbol{K}_0]$仍然是弹性计算中的刚度矩阵。

而 $\{\overline{\boldsymbol{R}}\{\Delta\boldsymbol{\sigma}\}\} = \sum \int [\boldsymbol{B}]^{\mathrm{T}}[\boldsymbol{D}]\{\Delta\boldsymbol{\varepsilon}\}_p \mathrm{d}V = \sum \int \dfrac{1}{H'}[\boldsymbol{B}]^{\mathrm{T}}[\boldsymbol{D}] \dfrac{\partial \overline{\sigma}}{\partial \{\boldsymbol{\sigma}\}} \left\{\dfrac{\partial \overline{\sigma}}{\partial \{\boldsymbol{\sigma}\}}\right\}^{\mathrm{T}} \{\Delta\boldsymbol{\sigma}\}\mathrm{d}V$ (5.45)

是由初应变$\{\Delta\boldsymbol{\varepsilon}\}_0$转化而得到的等效结点力，又称矫正载荷或附加载荷。

增量初应变法（混合法，如图5-6所示）的求解步骤要点如下：

（1）逐级加载。第n级载荷的迭代公式是：

$$[\boldsymbol{K}_0]\{\Delta U\}_n^j = \{\Delta \boldsymbol{R}\}_n + \{\overline{\boldsymbol{R}}\}_n^{j-1} \qquad (j = 1,2,3,\cdots,n) \quad (5.46)$$

（2）求得位移增量的第$j-1$次近似值$\{\Delta U\}_n^{j-1}$，计算出$\{\Delta\boldsymbol{\varepsilon}\}_n^{j-1}$、$\{\Delta\boldsymbol{\sigma}\}_n^{j-1}$；

（3）通过式（5.45）算出相应的矫正载荷$\{\overline{\boldsymbol{R}}\}_n^{j-1}$作为下一次迭代时的矫正载荷；

（4）再次求解方程式（5.44）进行迭代，迭代过程一直进行到相邻两次迭代所确定的应力增量相差甚少为止；

（5）将此时的位移增量、应变增量和应力增量作为该级载荷的结果，叠加到当前载荷水平上；

（6）在此基础上进行下一级载荷计算，直到全部载荷加完为止。

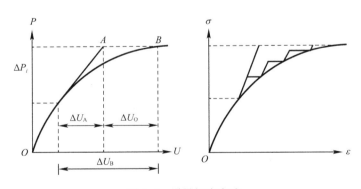

图5.6 增量初应变法

 讨论：三种方法的比较

（1）增量切线刚度法在每级加载时都必须重新形成刚度矩阵，计算工作量大，但是无须迭代；

（2）增量初应力法和增量初应变法，每级加载的刚度矩阵均相同，只要改变平衡方程的右端就可以，这样大大减少了计算量；

（3）初应力法和初应变法在每级加载时都需要对初应力或初应变进行迭代，出现了是否收敛的问题（初应力法一定收敛，初应变法收敛的条件是 $3G/H'<1$），当塑性区大时，收敛过程很慢；

（4）联合使用方案。在低级载荷时，先用初应力或初应变法，高级载荷采用切线刚度法加速收敛过程。

5.4 几何非线性问题求解

5.4.1 概述

几何非线性问题是指结构在载荷作用下产生大位移和有限变形问题，其中包括大位移-小应变问题和大位移-大应变问题。

几何非线性问题比线性问题复杂得多，理论和计算难度很大。与线性问题相比，几何非线性问题有如下几个特点：

（1）对于大位移-小应变问题，应力-应变关系是线性的，但是计算应变-位移关系时，应考虑位移高阶导数的影响，导致应变与位移之间的非线性关系。例如：

$$\varepsilon_x = \frac{\partial u}{\partial x} + \frac{1}{2}\left[\left(\frac{\partial u}{\partial x}\right)^2 + \left(\frac{\partial v}{\partial x}\right)^2\right]$$

（2）对于大位移-大应变问题（也称有限变形问题），应力-应变关系、应变-位移关系均是非线性的，这样就产生了混合非线性的问题；

（3）几何非线性问题的平衡方程式应根据结构变形后的位形写出，而这个位形在求解过程中是变动的。因此，几何非线性问题常用增量法逐步地逼近结构变形过程中的位形；

（4）有限变形的材料本构方程也是依位形而变的。因此，采用不同的参考位形将得出不同的本构方程。

5.4.2 几何非线性问题求解的理论基础

根据虚功原理，结构物中的内力虚功和外力虚功之和为零。即：

$$\mathrm{d}\{U\}^{\mathrm{T}}\{\psi\} = \int \mathrm{d}\{\varepsilon\}^{\mathrm{T}}\{\sigma\}\mathrm{d}V - \mathrm{d}\{U\}^{\mathrm{T}}\{R\} = 0 \tag{5.47}$$

式中：$\{\psi\}$ 表示内力和外力矢量的总和；$\{R\}$ 为所有载荷列阵；$\mathrm{d}\{U\}$ 为虚位移列阵；$\mathrm{d}\{\varepsilon\}$ 为虚应变列阵。

用增量的形式表述位移和应变的关系：

$$\mathrm{d}\{\varepsilon\} = [\overline{B}] \cdot \mathrm{d}\{U\} \tag{5.48}$$

代入式（5.47），并消去 $\mathrm{d}\{U\}^{\mathrm{T}}$，得到非线性问题的一般平衡方程式：

$$\{\psi(\{U\})\} = \int [\overline{B}] \cdot \{\sigma\} \cdot \mathrm{d}V - \{R\} = 0 \tag{5.49}$$

在大位移情况下，应变和位移的关系是非线性的。因此，矩阵$[\overline{B}]$不是一个常数阵，而是与结点位移$\{U\}$相关的函数。可以写成：

$$[\overline{B}] = [B_0] + [B_{\mathrm{L}}(\{U\})] \tag{5.50}$$

式中：$[B_0]$ 是线性应变分析的矩阵项；$[B_{\mathrm{L}}]$ 取决于 $\{U\}$，是由非线性变形引起的矩阵项。一般地，$[B_{\mathrm{L}}]$ 是位移列阵 $\{U\}$ 的线性函数。

假设应力-应变关系是一般的线弹性关系。于是有：

$$\{\boldsymbol{\sigma}\} = [\boldsymbol{D}](\{\boldsymbol{\varepsilon}\} - \{\boldsymbol{\varepsilon}_0\}) + \{\boldsymbol{\sigma}_0\} \tag{5.51}$$

式中：$\{\boldsymbol{D}\}$ 是材料的弹性矩阵；$\{\boldsymbol{\varepsilon}_0\}$ 是初应变列阵；$\{\boldsymbol{\sigma}_0\}$ 是初应力列阵。

用牛顿-拉夫森法迭代求解方程式（5.49）。取 $\{\boldsymbol{\psi}\}$ 的微分，有：

$$d\{\boldsymbol{\psi}\} = \int d[\overline{\boldsymbol{B}}]^T \cdot \{\boldsymbol{\sigma}\} dV + \int [\overline{\boldsymbol{B}}]^T d\{\boldsymbol{\sigma}\} dV \tag{5.52}$$

利用式（5.51）和式（5.48），不考虑初应变与初应力的影响，得：

$$d\{\boldsymbol{\sigma}\} = [\boldsymbol{D}]d\{\boldsymbol{\varepsilon}\} = [\boldsymbol{D}][\overline{\boldsymbol{B}}]d\{\boldsymbol{U}\} \tag{5.53}$$

从式（5.50），有：

$$d[\overline{\boldsymbol{B}}] = d[\boldsymbol{B}_L] \tag{5.54}$$

所以：

$$d\{\boldsymbol{\psi}\} = \int d[\boldsymbol{B}_L]^T\{\boldsymbol{\sigma}\} dV + [\overline{\boldsymbol{K}}]d\{\boldsymbol{U}\} \tag{5.55}$$

式中：$[\overline{\boldsymbol{K}}] = \int [\overline{\boldsymbol{B}}]^T [\boldsymbol{D}] \cdot [\overline{\boldsymbol{B}}] dV = [\boldsymbol{K}_0] + [\boldsymbol{K}_L]$；$[\boldsymbol{K}_0]$ 为小位移线性刚度矩阵，$[\boldsymbol{K}_L]$ 为由大位移引起的刚度矩阵。计算公式可以写成： $\tag{5.56}$

$$[\boldsymbol{K}_0] = \int [\boldsymbol{B}_0]^T [\boldsymbol{D}][\boldsymbol{B}_0] dV \tag{5.57}$$

$$[\boldsymbol{K}_L] = \int ([\boldsymbol{B}_0]^T [\boldsymbol{D}][\boldsymbol{B}_L] + [\boldsymbol{B}_L]^T [\boldsymbol{D}][\boldsymbol{B}_L] + [\boldsymbol{B}_L]^T [\boldsymbol{D}][\boldsymbol{B}_0]) dV \tag{5.58}$$

上式称为初始位移矩阵或大位移矩阵。

式（5.55）第一项可以写成：

$$\int d[\boldsymbol{B}_L]^T\{\boldsymbol{\sigma}\} dV = [\boldsymbol{K}_\sigma]d\{\boldsymbol{U}\} \tag{5.59}$$

式中：$[\boldsymbol{K}_\sigma]$ 为关于应力水平的对称矩阵，称为初应力矩阵或几何刚度矩阵。

于是，式（5.55）可以写成：

$$d\{\boldsymbol{\psi}\} = ([\boldsymbol{K}_0] + [\boldsymbol{K}_\sigma] + [\boldsymbol{K}_L])d\{\boldsymbol{U}\} = [\boldsymbol{K}_T]d\{\boldsymbol{U}\} \tag{5.60}$$

牛顿-拉夫森法迭代方法的实施步骤如下：

（1）用线弹性解 $\{\boldsymbol{U}\}$ 作为的第一次近似值 $\{\boldsymbol{U}\}_1$；

（2）通过定义 $[\overline{\boldsymbol{B}}] = [\boldsymbol{B}_0] + [\boldsymbol{B}_L]$ 和公式（5.51）计算出应力的 $\{\boldsymbol{\sigma}\}$，利用式（5.49）计算 $\{\boldsymbol{\psi}\}_1$；

（3）确定切线刚度矩阵 $[\boldsymbol{K}_T] = [\boldsymbol{K}_0] + [\boldsymbol{K}_\sigma] + [\boldsymbol{K}_L]$；

（4）通过公式 $\{\Delta\boldsymbol{U}\}_2 = -[\boldsymbol{K}_T]^{-1}\{\boldsymbol{\psi}\}_1$，算出位移的修正值，得到第二次的近似值 $\{\boldsymbol{U}\}_2 = \{\boldsymbol{U}\}_1 + \{\Delta\boldsymbol{U}\}_2$；

（5）重复（2）、（3）、（4）迭代步骤，直到 $\{\boldsymbol{\psi}\}_n$ 足够小为止。

注意：在推导式（5.52）中，假设载荷 $\{\boldsymbol{R}\}$ 不因变形而改变其方向和大小，但有些情况并非如此，例如结构震动、冲浪坝等。如果载荷 $\{\boldsymbol{R}\}$ 随位移而变化，则必须考虑相对于 $d\{\boldsymbol{U}\}$ 的载荷微分项，以研究非保守力作用下的大变形问题。

5.5　双重非线性问题

当材料非线性和几何非线性两类问题同时存在时，称之为双重非线性问题。

对于双重非线性问题，增量形式的平衡方程仍然成立，即：

$$[\boldsymbol{K}_T]\{\Delta \boldsymbol{U}\} = \{\Delta \boldsymbol{R}\} \tag{5.61}$$

式中：$[\boldsymbol{K}_T] = [\boldsymbol{K}_0] + [\boldsymbol{K}_\sigma] + [\boldsymbol{K}_L]$。

将 $[\boldsymbol{K}_0]$ 和 $[\boldsymbol{K}_L]$ 矩阵中的弹性矩阵 $[\boldsymbol{D}]$ 用弹塑性矩阵 $[\boldsymbol{D}]_{ep}$ 代替，得：

$$[\boldsymbol{K}_0]^P = \int [\boldsymbol{B}_0]^T ([\boldsymbol{D}] - [\boldsymbol{D}]_P)[\boldsymbol{B}_0]\mathrm{d}V = [\boldsymbol{K}_0] - \int [\boldsymbol{B}_0]^T [\boldsymbol{D}]_P [\boldsymbol{B}_0]\mathrm{d}V$$

$$[\boldsymbol{K}_L]^P = [\boldsymbol{K}_L] - \int ([\boldsymbol{B}_0]^T [\boldsymbol{D}]_P [\boldsymbol{B}_L] + [\boldsymbol{B}_L]^T [\boldsymbol{D}]_P [\boldsymbol{B}_L] + [\boldsymbol{B}_L]^T [\boldsymbol{D}]_P [\boldsymbol{B}_0])\mathrm{d}V$$

于是，双重非线性问题中，结构的切线刚度矩阵可以写成：

$$[\boldsymbol{K}_T] = [\boldsymbol{K}_0] + [\boldsymbol{K}_L] + [\boldsymbol{K}_\sigma] - [\boldsymbol{K}_R] \tag{5.62}$$

式中：$[\boldsymbol{K}_R]$ 称为载荷矫正矩阵。

$$[\boldsymbol{K}_R] = \int ([\boldsymbol{B}_0]^T [\boldsymbol{D}]_P [\boldsymbol{B}_0] + [\boldsymbol{B}_0]^T [\boldsymbol{D}]_P [\boldsymbol{B}_L] + [\boldsymbol{B}_L]^T [\boldsymbol{D}]_P [\boldsymbol{B}_L] + [\boldsymbol{B}_L]^T [\boldsymbol{D}]_P [\boldsymbol{B}_0])\mathrm{d}V \tag{5.63}$$

因此，结构的平衡方程式可以写为：

$$([\boldsymbol{K}_0] + [\boldsymbol{K}_L] + [\boldsymbol{K}_\sigma] - [\boldsymbol{K}_R])\{\Delta \boldsymbol{U}\} = \{\Delta \boldsymbol{R}\} \tag{5.64}$$

求解式（5.64）可以采用本章介绍的三种基本方法。

增量切线刚度法的求解步骤如下：

（1）逐级加载。第 n 级载荷增量的平衡方程写成：

$$[\boldsymbol{K}_T]_{n-1}\{\Delta \boldsymbol{U}\}_n = \{\Delta \boldsymbol{R}\}_n \tag{5.65}$$

因为是双重非线性问题，矩阵 $[\boldsymbol{D}]_P = [\boldsymbol{D}\{\sigma\}]_P$ 是当时应力的函数，而切线刚度矩阵 $[\boldsymbol{K}_T]_{n-1} = [\boldsymbol{K}_T(\{u,\sigma\})]_{n-1}$ 除了是当时位移的函数外，还是当时应力的函数；

（2）对于第 $n-1$ 次载荷增量，已经求得 $\{\boldsymbol{U}\}_{n-1}$、$\{\boldsymbol{\varepsilon}\}_{n-1}$ 和 $\{\boldsymbol{\sigma}\}_{n-1}$，则根据本章公式求出 $[\boldsymbol{B}_0]$、$[\boldsymbol{B}_L]$，再利用式（5.29）算出 $[\boldsymbol{D}]_P$；

（3）利用式（5.62）得到切线刚度矩阵 $[\boldsymbol{K}_T]_{n-1}$；

（4）求解式（5.65），得到第 n 级载荷增量后的位移 $\{\boldsymbol{U}\}_n$、应变 $\{\boldsymbol{\varepsilon}\}_n$ 和应力 $\{\boldsymbol{\sigma}\}_n$；

（5）重复上面计算，直至全部加载完毕。

习题与思考题

1. 非线性问题包括哪些内容？

2. 求解非线性问题有哪几种基本方法？

3. 直接迭代法有哪些优缺点？

4. 牛顿-拉夫森法（切线刚度法）在解算非线性问题时有哪些缺点？如何克服？

5. 解算材料非线性问题的有限单元方法通常有哪几种？

6. 解算几何非线性问题的有限单元方法是什么？

7. 何谓双重非线性问题？如何在有限单元方法中求解双重非线性问题？

第6章 有限差分法

6.1 概述

有限差分法可能是解算给定初值和（或）边值微分方程组的最古老的数值方法。随着计算机技术的飞速发展，有限差分法以其独特的计算格式和计算流程在数值方法家族中以崭新的面貌出现。在有限差分法中，基本方程组和边界条件（一般均为微分方程）近似地改用差分方程（代数方程）来表示，即由空间离散点处的场变量（应力、位移）的代数表达式代替。这些变量在单元内是非确定的，从而把求解微分方程的问题改换成求解代数方程的问题。相反，有限单元法则需要场变量（应力、位移）在每个单元内部按照某些参数控制的特殊方程产生变化。公式中包括这些参数，以减小误差项和能量项。

有限差分法和有限单元法都产生一组待解方程组。尽管这些方程是通过不同方式推导出来的，但两者产生的方程是一致的。另外，有限单元程序通常要将单元矩阵组合成大型整体刚度矩阵，而有限差分法则无须如此，因为它相对高效地在每个计算步重新生成有限差分方程。在有限单元法中，常采用隐式、矩阵解算方法，而有限差分法则通常采用"显式"、时间递步法解算代数方程。

对于众多的数值计算方法，美国明尼苏达的 P. Cundall 博士认为："岩石变形模拟中采用显式的有限差分法可能较在其他领域中广泛应用的有限单元法更好"；Fairhurst 教授认为："有限差分法，至少对岩土工程设计而言，有着较其他数值模拟方法更大的优点"。正因为如此，有限差分法在工程地质界得到了广泛的应用，主要包括：模拟边坡的稳定状况，给出边坡滑移迹线，动态地描述边坡的运动规律，给出预警信息；模拟洞室的开挖过程，对支护参数进行优化设计；研究锚固支护中锚杆的横向作用，锚杆角度，锚杆轴力以及锚杆长度变化对围岩位移场、应力场及塑性区发展的影响和规律；模拟采矿过程中，引起地表塌陷的形成过程，推进速度对塌陷区的影响等工程地质界相关问题。有限差分法还能模拟动载（如地震、行车荷载、冲击载荷等）、水（地表水、地下水）以及热（地热）对工程地质的作用和影响，为实际工程提供了可以借鉴的理论基础。

6.2 有限差分法理论基础

弹性力学中的差分法是建立有限差分方程的理论基础。如图 6.1 所示，在弹性体上用相隔等间距 h 而平行于坐标轴的两组平行线划分成网格。设 $f=f(x, y)$ 为弹性体内某一个连续函数，它可能是某一个应力分量或位移分量，也可能是应力函数、温度、渗流等。这个函数，在平行于 x 轴的一根格线上，例如在 3-0-1 上（图 6.1），它只随 x 坐标的变化而改变。在邻近结点 0 处，函数 f 可以展开为泰勒级数：

$$f = f_0 + \left(\frac{\partial f}{\partial x}\right)_0 (x - x_0) + \frac{1}{2!}\left(\frac{\partial^2 f}{\partial x^2}\right)_0 (x - x_0)^2 + \frac{1}{3!}\left(\frac{\partial^3 f}{\partial x^3}\right)_0 (x - x_0)^3 +$$

$$\frac{1}{4!}\left(\frac{\partial^4 f}{\partial x^4}\right)_0 (x - x_0)^4 + \cdots + \frac{1}{n!}\left(\frac{\partial^n f}{\partial x^n}\right)_0 (x - x_0)^n \tag{6.1}$$

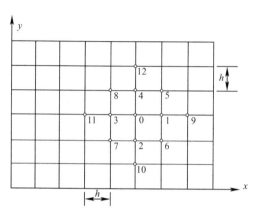

图 6.1 有限差分网格

在结点 3 及结点 1，x 分别等于 $x_0 - h$ 及 $x_0 + h$，即 $x - x_0$ 分别等于 $-h$ 和 h。将其代入式（6.1），得：

$$f_3 = f_0 - h\left(\frac{\partial f}{\partial x}\right) + \frac{h^2}{2}\left(\frac{\partial^2 f}{\partial x^2}\right)_0 - \frac{h^3}{6}\left(\frac{\partial^3 f}{\partial x^3}\right)_0 +$$

$$\frac{h^4}{24}\left(\frac{\partial^4 f}{\partial x^4}\right)_0 - \cdots + \frac{1}{n!}\left(\frac{\partial^n f}{\partial x^n}\right)(-h)^n \tag{6.2}$$

$$f_1 = f_0 + h\left(\frac{\partial f}{\partial x}\right)_0 + \frac{h^2}{2}\left(\frac{\partial^2 f}{\partial x^2}\right)_0 + \frac{h^3}{6}\left(\frac{\partial^3 f}{\partial x^3}\right)_0 +$$

$$\frac{h^4}{24}\left(\frac{\partial^4 f}{\partial x^4}\right)_0 + \cdots + \frac{1}{n!}\left(\frac{\partial^n f}{\partial x^n}\right)_0 h^n \tag{6.3}$$

假定 h 是充分小的，因而可以不计它的三次幂及更高次幂的各项，则式（6.2）及式（6.3）简化为：

$$f_3 = f_0 - h\left(\frac{\partial f}{\partial x}\right)_0 + \frac{h^2}{2}\left(\frac{\partial^2 f}{\partial x^2}\right)_0 \tag{6.4}$$

$$f_1 = f_0 + h\left(\frac{\partial f}{\partial x}\right)_0 + \frac{h^2}{2}\left(\frac{\partial^2 f}{\partial x^2}\right)_0 \tag{6.5}$$

联立求解式（6.4）及式（6.5），得到差分公式：

$$\left(\frac{\partial f}{\partial x}\right)_0 = \frac{f_1 - f_3}{2h} \tag{6.6}$$

$$\left(\frac{\partial^2 f}{\partial x^2}\right)_0 = \frac{f_1 + f_3 - 2f_0}{h^2} \tag{6.7}$$

同样，可以得到：

$$\left(\frac{\partial f}{\partial y}\right)_0 = \frac{f_2 - f_4}{2h} \tag{6.8}$$

$$\left(\frac{\partial^2 f}{\partial^2 y}\right)_0 = \frac{f_2 + f_4 - 2f_0}{h^2} \tag{6.9}$$

式（6.6）~式（6.9）是基本差分公式，通过这些公式可以推导出其他的差分公式。例如，利用式（6.6）和式（6.8），可以导出混合二阶导数的差分公式：

$$\left(\frac{\partial^2 f}{\partial x \partial y}\right)_0 = \left[\frac{\partial}{\partial x}\left(\frac{\partial f}{\partial y}\right)\right]_0 = \frac{1}{4h^2}\left[(f_6 + f_8) - (f_5 + f_7)\right]_0 \tag{6.10}$$

用同样的方法，由式（6.7）及式（6.9）可以导出四阶导数的差分公式。

应该指出，有限差分法不仅仅局限于矩形网格，Wilkins（1964）提出了推导任何形状单元的有限差分方程的方法。与有限单元法类似，有限差分方法单元边界可以是任何形状、任何单元，可以具有不同的性质和值的大小。

6.3　平面问题有限差分计算原理

6.3.1　平面问题有限差分基本原理

对于平面问题，将具体的计算对象用四边形单元划分成有限差分网格，每个单元可以再划分成两个常应变三角形单元（图 6.2）。三角形单元的有限差分公式用高斯发散量定理的广义形式推导得出（Malvern，1969）：

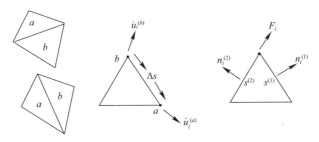

图 6.2　四边形单元划分成两个常应变三角形单元

$$\int_s n_i f \, \mathrm{d}s = \int_A \frac{\partial f}{\partial x_i} \mathrm{d}A \tag{6.11}$$

式中：$\int_s$ 为绕闭合面积边界积分；n_i 为对应表面 s 的单位法向量；f 为标量、矢量或张量；x_i 为位置矢量；$\mathrm{d}s$ 为微量弧长；$\int_A$ 为对整个面积 A 积分。

在面积 A 上，定义 f 的梯度平均值为：

$$< \frac{\partial f}{\partial x_i} > = \frac{1}{A} \int_A \frac{\partial f}{\partial x_i} \mathrm{d}A \tag{6.12}$$

将式（6.11）代入式（6.12），得：

$$< \frac{\partial f}{\partial x_i} > = \frac{1}{A} \int_s n_i f \, \mathrm{d}s \tag{6.13}$$

对一个三角形子单元，式（6.13）的有限差分形式为：

$$< \frac{\partial f}{\partial x_i} > = \frac{1}{A} \sum_s < f > n_i \Delta s \tag{6.14}$$

式中：Δs 是三角形的边长，求和是对该三角形的三条边边长进行相加；$<f>$ 的值是指取该边的平均值。

平面问题有限差分法基于物体运动与平衡的基本规律。最简单的例子是物体质量 m、加速度 $\mathrm{d}\dot{u}/\mathrm{d}t$ 与施加力 F 的关系，这种关系随时间而变化。牛顿定律描述的运动方程为：

$$m \frac{\mathrm{d}\dot{u}}{\mathrm{d}t} = F \tag{6.15}$$

当几个力同时作用于该物体时，如果加速度趋于零，则 $\sum F = 0$（对所有作用力求和），式（6.15）也表示该系统处于静力平衡状态。对于连续固体，式（6.15）可写成如下广义形式：

$$\rho \frac{\partial \dot{u}}{\partial t} = \frac{\partial \sigma_{ij}}{\partial x_j} + \rho g_i \tag{6.16}$$

式中：ρ 为物体的质量密度；t 为时间；x_i 为坐标矢量分量；g_i 为重力加速度分量；σ_{ij} 为应力张量分量。

该式中，下标 i 表示笛卡尔坐标系中的分量，复标喻为求和。

利用式（6.14）将 f 替换成单元每边平均速度矢量，这样，单元的应变速率 $\dot{e}_{ij}$ 可以用结点速度的形式表述：

$$\frac{\partial \dot{u}_i}{\partial x_j} \cong \frac{1}{2A} \sum_s (\dot{u}_i^{(a)} + \dot{u}_i^{(b)}) n_j \Delta s \tag{6.17}$$

$$e_{ij} = \frac{1}{2} \left[\frac{\partial \dot{u}_i}{\partial x_j} + \frac{\partial \dot{u}_j}{\partial x_i} \right] \tag{6.18}$$

式中：(a) 和 (b) 是三角形边界上两个连续的结点。注意：如果结点间的速度按线性变化，式（6.17）平均值与精确积分是一致的。通过式（6.17）式（6.18），可以求出应变张量的所有分量。

根据力学本构定律，可以由应变速率张量获得新的应力张量：

$$\sigma_{ij} := M(\sigma_{ij}, \dot{e}_{ij}, k) \tag{6.19}$$

式中：$M(\cdots)$ 为表示本构定律的函数形式；k 为历史参数，取决于特殊本构关系；$:=$ 为"由…替换"。

通常，非线性本构定律以增量形式出现，因为在应力和应变之间没有单一的对应关系。当已知单元旧的应力张量和应变速率（应变增量）时，可以通过式（6.19）确定新的应力张量。例如，各向同性线弹性材料的本构定律为：

$$\sigma_{ij} := \sigma_{ij} + \left\{ \delta_{ij} \left(K - \frac{2}{3} G \right) \dot{e}_{kk} + 2G \dot{e}_{ij} \right\} \Delta t \tag{6.20}$$

式中：δ_{ij} 为 Kronecker 记号；Δt 为时间步长；G、K 分别是剪切模量和体积模量。

在一个时步长内，单元的有限转动对单元应力张量有一定的影响。对于固定参照系，此转动使应力分量有如下变化：

$$\sigma_{ij} := \sigma_{ij} + (\omega_{ik}\sigma_{kj} - \sigma_{ik}\omega_{kj}) \Delta t \tag{6.21}$$

式中：

$$\omega_{ij} = \frac{1}{2} \left\{ \frac{\partial \dot{u}_i}{\partial x_j} - \frac{\partial \dot{u}_j}{\partial x_i} \right\} \tag{6.22}$$

在大变形计算过程中，先通过式（6.21）进行应力校正，然后利用式（6.20）或本构定律式（6.19）计算当前时步的应力。

计算出单元应力后，可以确定作用到每个结点上的等价力。在每个三角形子单元中的应力如同在三角形边上的作用力，每个作用力等价于作用在相应边端点上的两个相等的力。每个角点受到两个力的作用，分别来自各相邻的边（图6.2）。因此

$$F_i = \frac{1}{2} \sigma_{ij} \left[n_j^{(1)} s^{(1)} + n_j^{(2)} s^{(2)} \right] \tag{6.23}$$

由于每个四边形单元有两组两个三角形，在每组中对每个角点处相遇的三角形结点力求和，然后将来自这两组的力进行平均，得到作用在该四边形结点上的力。

在每个结点处，对所有围绕该结点四边形的力求和 $\sum F_i$，得到作用于该结点的纯粹结点力矢量。该矢量包括所有施加的载荷作用以及重力引起的体力 $F_i^{(g)}$，即

第 6 章　有限差分法

$$F_i^{(g)} = g_i m_g \tag{6.24}$$

式中：m_g 是聚在结点处的重力质量，定义为联结该结点的所有三角形质量和的三分之一。如果四边形区域不存在（如空单元），则忽略对 $\sum F_i$ 的作用；如果物体处于平衡状态或处于稳定的流动（如塑性流动）状态，在该结点处的 $\sum F_i$ 将视为零。否则，根据牛顿第二定律的有限差分形式，该结点将被加速：

$$u_i^{(t+\Delta t)} = \dot{u}_i^{(t-\Delta t/2)} + \sum F_i^{(t)} \frac{\Delta t}{m} \tag{6.25}$$

式中：上标表示确定相应变量的时刻。对大变形问题，将式（6.25）再次积分，可确定出新的结点坐标：

$$\dot{x}_i^{(t+\Delta t)} = \dot{x}_i^{(t)} + \dot{u}_i^{(t+\Delta t/2)} \Delta t \tag{6.26}$$

注意：式（6.25）和式（6.26）都是在时段中间，所以对中间差分公式的一阶误差项消失。速度产生的时刻与结点位移和结点力在时间上错开半个时步。

6.3.2　显式有限差分算法——时间递步法

我们期望对问题能找出一个静态解，然而在有限差分公式中包含运动的动力方程。这样，可以保证在被模拟的物理系统本身非稳定的情况下，有限差分数值计算仍有稳定解。对于非线性材料，物理不稳定的可能性总是存在的，例如：顶板岩层的断裂、煤柱的突然垮塌等。在现实中，系统的某些应变能转变为动能，并从力源向周围扩散。有限差分方法可以直接模拟这个过程，因为惯性项包括在其中——动能产生与耗散。相反，不含有惯性项的算法必须采取某些数值手段来处理物理不稳定。尽管这种做法可有效防止数值解的不稳定，但所取的"路径"可能并不真实。

图 6.3 是显式有限差分计算流程图。计算过程首先调用运动方程，由初始应力和边界力计算出新的速度和位移。然后，由速度计算出应变率，进而获得新的应力或力。每个循环为一个时步，图 6.3 中的每个图框通过那些固定的已知值，对所有单元和结点变量进行计算更新。

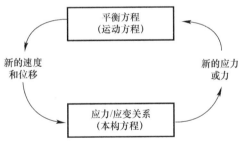

图 6.3　有限差分计算流程图

例如，从已计算出的一组速度计算出每个单元的新的应力。该组速度被假设为"冻结"在框图中，即新计算出的应力不影响这些速度。这样做似乎不尽合理，因为如果应力发生某些变化，将对相邻单元产生影响，并使它们的速度发生改变。然而，如果我们选取的时步非常小，乃至在此时步间隔内实际信息就不能从一个单元传递到另一个单元（事实上，所有材料都有传播信息的某种最大速度）。因为每个循环只占一个时步，所以对"冻结"速度的假设得到验证——相邻单元在计算过程中的确互不影响。当然，经过几个循环后，扰动可能传播到若干单元，正如现实中产生的传播一样。

显式算法的核心概念是计算"波速"总是超前于实际波速。所以，在计算过程中的方程总是处在已知值为固定的状态。这样，尽管本构关系具有高度非线性，显式有限差分数值法从单元应变计算应力过程中无需迭代过程，这比通常用于有限单元程序中的隐式算法

87

有着明显的优越性，因为隐式有限单元在一个解算步中，单元的变量信息彼此沟通，在获得相对平衡状态前，需要若干迭代循环。显式算法的缺点是时步很小，这就意味着要有大量的时步。因此，对于病态系统——高度非线性问题、大变形、物理不稳定等，显式算法是最好的。而在模拟线性、小变形问题时，效率不高。

由于显式有限差分法无需形成总体刚度矩阵，可在每个时步通过更新结点坐标的方式，将位移增量加到结点坐标上，以材料网格的移动和变形模拟大变形。这种处理方式称之"拉格朗日算法"，即：在每步计算过程中，本构方程仍是小变形理论模式，但在经过许多步计算后，网格移动和变形结果等价于大变形模式。

用运动方程求解静力问题，还必须采取机械衰减方法来获得非惯性静态或准静态解，通常采用动力松弛法，在概念上等价于在每个结点上联结一个固定的"黏性活塞"，施加的衰减力大小与结点速度成正比。

前已述及，显式算法的稳定是有条件的："计算波速"必须大于变量信息传播的最大速度。因此，时步的选取必须小于某个临界时步。若用单元尺寸为 Δx 的网格划分弹性体，满足稳定解算条件的时步 Δt 为：

$$\Delta t < \frac{\Delta x}{C} \tag{6.27}$$

式中：C 是波传播的最大速度，典型的是 P-波 C_p，其计算式如下：

$$C_p = \sqrt{\frac{K+4G/3}{\rho}} \tag{6.28}$$

对于单个质量—弹簧单元，稳定解的条件是：

$$\Delta t < 2\sqrt{\frac{m}{k}} \tag{6.29}$$

式中：m 是质量；k 是弹簧刚度。在一般系统中，包含有各种材料和质量—弹簧连接成的任意网络，临界时步与系统的最小自然周期 $T_{\min}$ 有关：

$$\Delta t < \frac{T_{\min}}{\pi} \tag{6.30}$$

下面通过一个简单例子，说明显式有限差分法在解题过程的一些特点。如图6.4所示，一个一维杆件用数个等尺寸的有限差分网格划分，杆件的密度为 ρ，杨氏模量为 E。对于固体材料，微分形式的本构方程为：

$$\sigma_{xx} = E\frac{\partial u_x}{\partial x} \tag{6.31}$$

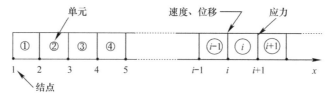

图6.4 一维杆件等尺寸的有限差分网格划分

运动方程（或平衡方程）为：

$$\rho\frac{\partial^2 u_x}{\partial t^2} = \frac{\partial \sigma_{xx}}{\partial x} \tag{6.32}$$

假设杆件无侧向约束。对于单元 i，与式（6.31）对应的中间有限差分公式为：

$$\sigma_{xx}^i(t) = E\frac{u_x^{i+1}(t) - u_x^i(t)}{\Delta x} \tag{6.33}$$

式中：(t) 表示其变量是在时刻 t 确定的；上标 i 表示单元或结点编号。

同样，对结点 i 的有限差分形式运动方程为：

$$\frac{\rho}{\Delta t}\left\{\dot{u}_x^i\left(t+\frac{\Delta t}{2}\right) - \dot{u}_x^i\left(t-\frac{\Delta t}{2}\right)\right\} = \frac{1}{\Delta x}\{\sigma_{xx}^i(t) - \sigma_{xx}^{i-1}(t)\} \tag{6.34}$$

或写成

$$\dot{u}_x^i\left(t+\frac{\Delta t}{2}\right) = \dot{u}_x^i\left(t-\frac{\Delta t}{2}\right) + \frac{\Delta t}{\rho\Delta x}\{\sigma_{xx}^i(t) - \sigma_{xx}^{i-1}(t)\} \tag{6.35}$$

积分后得出位移：

$$u_x^i\left(t+\frac{\Delta t}{2}\right) = u_x^i(t) + \dot{u}_x^i\left(t+\frac{\Delta t}{2}\right)\Delta t \tag{6.36}$$

在显式算法中，所有有限差分方程右端的值均是已知的。因此，必须先用式（6.33）算出所有单元的应力，然后再由式（6.35）和式（6.36）计算所有结点的速度和位移。在概念上，这个过程等价于对变量值"同时"更新，而不是像其他方法那样，方程右端混存有"新""旧"值，对变量值"依次"更新。

6.4 三维问题有限差分计算原理

对于三维问题，先将具体的计算对象用六面体单元划分成有限差分网格，每个离散化后的立方体单元可进一步划分出若干个常应变三角棱锥体单元（图6.5）。

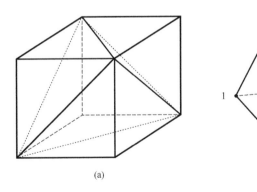

(a)   （b)

图6.5 立方体单元划分成5个常应变三角棱锥体单元

应用高斯发散量定理于三角棱锥体单元，可以推导出：

$$\int_V v_{i,j}\mathrm{d}V = \int_S v_i n_j \mathrm{d}S \tag{6.37}$$

式中的积分分别是对棱锥体的体积和面积进行积分；n_j 是锥体表面的外法线矢量。

对于恒应变速率棱锥体，速度场是线性的，并且 n_j 在同一表面上是常数。因此，通过对式（6.37）积分，得到：

$$V_{v(i,j)} = \sum_{f=1}^{4}\bar{v}_i^f n_j^f S^f \tag{6.38}$$

式中的上标 f 表示与表面 f 上的附变量相对应，$\bar{v}_i$ 是速度分量 v_i 的平均值。对于线性速率变分，有：

$$\bar{v}_i^f = \frac{1}{3}\sum_{l=1, l\neq f}^{4} v_i^l \tag{6.39}$$

式中的上标 l 表示关于结点 l 的值。

将式（6.39）代入式（6.38），得到结点和整个单元体的关系：

$$V_{v(i,j)} = \frac{1}{3}\sum_{l=1}^{4} v_i^l \sum_{f=1, f\neq l}^{4} n_j^f S^f \tag{6.40}$$

如果将式（6.37）中的 v_i 用 l 替换，应用发散定律，可得出：

$$\sum_{f=1}^{4} n_j^f S^f = 0 \tag{6.41}$$

利用上式，并用 V 除以式（6.40），得到：

$$v_{i,j} = -\frac{1}{3V}\sum_{l=1}^{4} v_i^l n_j^l S^l \tag{6.42}$$

同样，应变速率张量的分量可以表述成：

$$\varepsilon_{ij} = -\frac{1}{6V}\sum_{l=1}^{4} (v_i^l n_j^l + v_j^l n_i^l) S^l \tag{6.43}$$

三维问题有限差分法同样基于物体运动与平衡的基本规律，具体推导过程同式（6.15）～式（6.26）。

习题与思考题

1. 有限差分法的特点是什么？
2. 有限差分法和有限单元法在数值计算方面有何异同？
3. 显式有限差分法的计算流程是什么？

第7章 离散元法

7.1 概述

离散元法又称为散体单元法，最早是 1971 年由 Cundall P. A. 教授提出的一种用来解决不连续介质问题的数值模拟方法，该方法最早应用于岩石力学的问题分析上。离散元法的基本思想是将整个岩体分为有限个具有一定质量与形状的块体，赋予每个块体一定的材料属性，再以分离出的块体为研究对象，根据牛顿第二定律和力-位移定理，结合不同的本构关系，用动态松弛法进行迭代求解，从而了解其运动状态。由于它允许块体有较大位移、旋转和滑动，甚至可脱离母体自由下落，故可直观地反映颗粒破坏过程及其破坏形态。

由于此方法离散的特点，在分析较为复杂的系统时，不论是颗粒还是边界，均不需要进行较大的简化，只需调整接触颗粒间不同的接触模型，就可分析颗粒结块、颗粒群聚合体的破损过程，甚至还可以分析化学反应以及传热问题。基于此特点，离散元法在岩土工程、采矿工程、农业工程、食品工程、化工过程、制药工程和环境工程等领域有广泛的应用。

7.2 离散元法理论基础

离散元法是通过研究单个颗粒的力学性质与颗粒间的接触方式，得出单个颗粒对整体的贡献，最终得到整体的力学性质。

离散元接触模型的基本概念是利用牛顿力学与胡克定律反映颗粒之间的胶结作用。为了更好地理解颗粒间的胶结作用，假定离散元中的颗粒之间靠弹簧力进行相互接触与作用。如图 7.1 所示。

图 7.1 颗粒间作用力示意图

（a）颗粒间张拉变形示意图；（b）颗粒间剪切变形示意图

颗粒间的张拉变形与张拉破坏通过颗粒间的法向弹簧来模拟，当弹簧拉伸或者压缩时，颗粒之间就会产生力的作用。张拉变形过程中的弹簧属于弹性变形，颗粒间的法向相互作用力为：

$$F_n = K_n u_n \tag{7.1}$$

式中：K_n 为劲度系数；u_n 为颗粒间的法向位移量。

当岩石所受拉力超过岩石的抗拉强度后，岩石发生张拉破坏，此时运用弹簧断裂模拟这一过程。为弹簧赋予一个断裂位移，当弹簧的张拉量超过断裂位移时，弹簧断裂，此时颗粒间的法向相互作用力为：

$$F_{n,max} = K_n u_b \tag{7.2}$$

式中：u_b 为颗粒间的法向断裂位移。

对于颗粒间的剪切变形与剪切破坏，可通过颗粒间的切向弹簧来模拟。当颗粒移动时，弹簧就会产生一个切向变形量。利用胡克定律，可以得到弹性范围内颗粒间的剪切力：

$$F_s = K_n u_s \tag{7.3}$$

式中：K_n 为劲度系数；u_s 为颗粒间的切向位移量。

当颗粒间的剪切力达到一定数值时，颗粒之间发生剪切破坏。结合摩尔库伦准则，得到剪切破坏时，颗粒间的切向相互作用力为：

$$F_{s,max} = F_{s0} + \mu F_n \tag{7.4}$$

式中：F_{s0} 为初始抗剪力；μ 为摩擦系数。

7.3 离散元法计算理论

7.3.1 基本假设

离散元为了简化分析，将颗粒作出以下基本假设：

（1）刚性单元假设，即单元体在运动过程中保持形状与尺寸不变，单元之间由抽象的节理联系着；

（2）单元为接触作用模型，各个颗粒间为点接触，颗粒的整体变形为各个颗粒点接触的总和；

（3）颗粒接触模型为软接触，即颗粒之间有一定的叠合量，并且叠合量相对于颗粒本身的尺寸小得多，颗粒本身的变形较颗粒的转动与平动小得多；

（4）在每一时步中，颗粒受到的扰动不能传递到相邻颗粒。

7.3.2 接触模型

在实践中接触面即为岩石的节理，在二维离散元中，块体以平面状态表现出来，因此只有两种组成元素：边与角。当两个离散块体相互接触，从几何角度出发，就有边-边接触、边-角接触、角-角接触三种模式。

1. 边-边接触模型

如图7.2所示，块体1与块体2以各自的边相接触的接触方式为边-边接触。虚线部分表示块体2初始的位置，在受到外力的作用下，块体2产生位

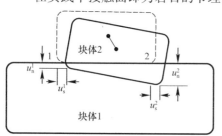

图7.2 边-边接触模型示意图

移。图中 u_n^1、u_s^1 分别为 1 点处法应力方向上的位移与切应力方向上的位移；u_n^2、u_s^2 分别为 2 点处法应力方向上的位移与切应力方向上的位移。

2. 边-角接触模型

在研究边-角接触模型之前，先了解一下块体角。

通常情况下，提到角，我们会想到尖角，但由于在数学中，尖角与尖角或面相接触时，会有奇异性，计算时接触处有应力集中现象，可能导致块体角折断而钝化。因此，在实际操作中，角点处要进行圆弧化处理。虽然角点圆弧化使得计算时间变长，但其构造的物理图像更符合实际情况，提高了计算精度。

处理过后的块体角有两个参数：一是圆角半径 r；二是圆角圆心沿着角边方向到角尖的距离 d。具体如图 7.3、图 7.4 所示。

（1）圆角半径 r 恒定。如图 7.3 所示，当 r 恒定时，角度越小，d 越大。

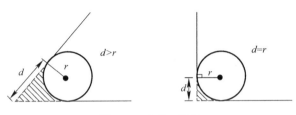

图 7.3　半径 r 恒定

（2）圆角圆心沿着角边方向到角尖的距离 d 恒定。如图 7.4 所示，当 d 恒定时，角度越小，r 越小。

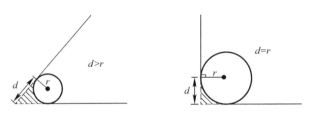

图 7.4　距离 d 恒定

了解了块体角后，我们来看看边-角接触的定义。如图 7.5 所示，块体 1 的边与块体 2 的角相接触的接触方式为边-角接触，其中虚线部分为块体 2 的初始位置。块体 2 在受到外力作用后，产生位移，图中 u_n、u_s 分别为法应力与切应力方向上的位移。在边-角接触模型中，接触点为圆角圆心到边的垂足，即为图 7.5 中的 a 点，接触点法线方向为垂线方向，切线方向沿块体 1 边界。

3. 角-角接触模型

如图 7.6 所示，块体 1 与块体 2 以各自的角相接触的接触方式为角-角接触。在角-角接触模型中，接触点为两圆角圆心连线与两圆角交线的交点，即图 7.6 中的 a 点。接触点的法线方向为两圆角圆心连线的方向，切向方向为两圆角交线的方向，其中，两角圆心的连线与两角交线垂直。

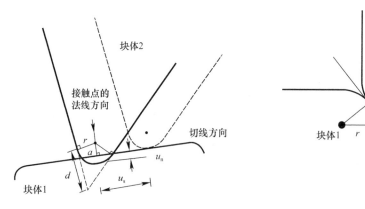

图 7.5 边-角接触模型示意图   图 7.6 角-角接触模型示意图

7.3.3 力学原理

1. 物理方程

在研究块体与块体间的受力情况时，我们运用了胡克定律。具体公式用下例进行讲解。

如图 7.7 所示，假设与块体 1 接触的块体有块体 2、3，块体 2、3 对块体 1 都有作用力，虚线部分为块体 1 受力前的状态。

块体 1、2 为边-角接触模型，在块体 1、2 处建立局部坐标系，如图 7.8 所示。

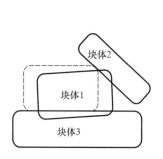

图 7.7 接触模型示意图

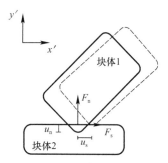

图 7.8 边-角模型局部坐标示意图

运用胡克定律可知，块体 1、2 间的法向接触作用力 F_n 为：

$$F_n = K_n u_n \tag{7.5}$$

式中：K_n 为接触的法向刚度系数；u_n 为接触的法向位移，也称作法向叠合值。

由于离散块体所受的切向接触作用力与块体运动和加载的历史或路径有关，所以对于切向接触作用力要用增量 ΔF_s 来表示，计算公式为：

$$\Delta F_s = K_s u_s \tag{7.6}$$

式中：K_s 为接触的切向刚度系数；u_s 为接触的切向位移，也称作切向叠合值。

设时间步长为 Δt，则 t 时刻的切向接触作用力 F_s 为：

$$F_s^{(t)} = F_s^{(t-\Delta t)} + \Delta F_s \tag{7.7}$$

式中：$F_s^{(t-\Delta t)}$ 为上一时间步长的切向接触作用力。

块体 2、3 为边-边接触模型，在块体 2、3 处建立局部坐标系。由于应力在接触边分布的不确定性，因此，常将该应力近似地表示成两个均匀分布的应力，如图 7.9 所示。

$$\begin{cases} \sigma_{\mathrm{n}}^1 = K_{\mathrm{n}} u_{\mathrm{n}}^1 \\ \Delta \sigma_{\mathrm{s}}^1 = K_{\mathrm{s}} u_{\mathrm{s}}^1 \end{cases} \tag{7.8}$$

式中：σ_{n}^1 为法向应力；$\Delta \sigma_{\mathrm{s}}^1$ 为切向应力增量；K_{n}、K_{s} 分别为接触的法向、切向刚度系数。

由式（7.8）可知，1 点处的法向接触力 F_{n}^1 与切向接触力增量 ΔF_{s}^1 为：

$$\begin{cases} F_{\mathrm{n}}^1 = \sigma_{\mathrm{n}}^1 L_1 \\ \Delta F_{\mathrm{s}}^1 = \Delta \sigma_{\mathrm{s}}^1 L_1 \end{cases} \tag{7.9}$$

式中：L_1 由式（7.10）计算得来：

$$L_1 = \frac{u_{\mathrm{n}}^1}{u_{\mathrm{n}}^1 + u_{\mathrm{n}}^2} L \tag{7.10}$$

式中：L 为接触总长度。

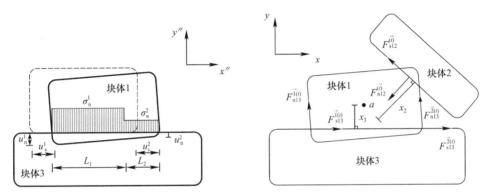

图 7.9　边-边局部坐标示意图　　　　图 7.10　全局坐标示意图

同理，可得 L_2 部分的 F_{n}^2、ΔF_{s}^2，再利用式（7.7）求得 t 时刻 1、2 点处的切向接触作用力 $F_{\mathrm{s}}^{1(t)}$、$F_{\mathrm{s}}^{2(t)}$。

之后将三个物体放在全局坐标下研究，如图 7.10 所示，得到块体 1 形心 a 处的合力 $\vec{F}_1^{(t)}$ 与合力矩 $M_1^{(t)}$：

$$\left.\begin{array}{l} \vec{F}_1^{(t)} = \vec{F}_{12}^{(t)} + \vec{F}_{13}^{(t)} = \vec{F}_{\mathrm{n}12}^{(t)} + \vec{F}_{\mathrm{n}13}^{1(t)} + \vec{F}_{\mathrm{n}13}^{2(t)} + \vec{F}_{\mathrm{s}12}^{(t)} + \vec{F}_{\mathrm{s}13}^{1(t)} + \vec{F}_{\mathrm{s}13}^{2(t)} \\ M_1^{(t)} = M_{12}^{(t)} + M_{13}^{(t)} = F_{\mathrm{s}12}^{(t)} \cdot x_2 + F_{\mathrm{s}13}^{1(t)} \cdot x_3 + F_{\mathrm{s}13}^{2(t)} \cdot x_3 \end{array}\right\} \tag{7.11}$$

式中：$\vec{F}_{12}^{(t)}$、$\vec{F}_{13}^{1(t)}$ 分别为块体 2、3 对块体 1 的接触力分量；$\vec{F}_{\mathrm{n}12}^{(t)}$、$\vec{F}_{\mathrm{n}13}^{1(t)}$、$\vec{F}_{\mathrm{n}13}^{2(t)}$ 分别为块体 2 对块体 1 的法向接触力与块体 3 在 1、2 点处对块体 1 的法向接触力，$\vec{F}_{\mathrm{s}12}^{(t)}$、$\vec{F}_{\mathrm{s}13}^{1(t)}$、$\vec{F}_{\mathrm{s}13}^{2(t)}$ 分别为块体 2 对块体 1 的切向接触力与块体 3 在 1、2 点处对块体 1 的切向接触力，$M_{12}^{(t)}$、$M_{13}^{(t)}$ 分别为块体 2、3 对块体 1 的合力矩分量，x_2、x_3 分别为块体 1 的形心到块体 1、2 接触面与块体 2、3 接触面的距离。

将结果一般化可得，块体 i 形心处的合力与合力矩为：

$$\vec{F}_i^{(t)} = \sum_{\substack{j=1 \\ j \neq i}}^N \vec{F}_{ij}^{(t)} = \sum_{\substack{j=1 \\ j \neq i}}^N \vec{F}_{\mathrm{n}ij}^{(t)} + \sum_{\substack{j=1 \\ j \neq i}}^N \vec{F}_{\mathrm{s}ij}^{(t)}$$

$$M_i^{(t)} = \sum_{\substack{j=1 \\ j \neq i}}^N M_{ij}^{(t)} = \sum_{\substack{j=1 \\ j \neq i}}^N \vec{F}_{\mathrm{s}ij}^{(t)} x_j \tag{7.12}$$

式中：N 为与块体 i 接触的块体个数；$\vec{F_{ij}^{(t)}}$ 为块体 j 对块体 i 的接触力分量；$\vec{F_{nij}^{(t)}}$ 为块体 j 对块体 i 的法向接触力；$\vec{F_{sij}^{(t)}}$ 为块体 j 对块体 i 的切向接触力；$M_{ij}^{(t)}$ 为块体 j 对块体 i 的合力矩分量；x_j 为块体 i 的形心到块体 i、j 接触面的距离。

2. 运动方程

对于离散块体运用牛顿第二定律与动态松弛法研究它的运动。

设块体质量为 m，则沿 x 方向和 y 方向的加速度分别为：

$$\frac{\mathrm{d}\dot{x}}{\mathrm{d}t} = \frac{F_x}{m}$$
$$\frac{\mathrm{d}\dot{y}}{\mathrm{d}t} = \frac{F_y}{m} \tag{7.13}$$

式中：x、y 分别为 x、y 方向上的位移；$\dot{x}$、$\dot{y}$ 分别表示 x、y 对时间的一阶导数。

设 θ 为块体运动时绕其形心的旋转角度，于是有：

$$\frac{\mathrm{d}\dot{\theta}}{\mathrm{d}t} = \frac{M}{I} \tag{7.14}$$

式中：$\dot{\theta}$ 表示 θ 对时间的一阶导数；I 为块体绕其形心的转动惯量。

考虑中心差分公式：

$$\frac{\mathrm{d}\dot{x}}{\mathrm{d}t} = \frac{\dot{x}\left(t+\frac{\Delta t}{2}\right) - \dot{x}\left(t-\frac{\Delta t}{2}\right)}{\Delta t} \tag{7.15}$$

式中：$\dot{x}\left(t+\frac{\Delta t}{2}\right)$ 表示 $\dot{x} = t+\frac{\Delta t}{2}$ 时的函数值，而非 $\dot{x}$ 与 $\left(t+\frac{\Delta t}{2}\right)$ 相乘。

由式（7.13）、式（7.15）可得：

$$\dot{x}\left(t+\frac{\Delta t}{2}\right) = \dot{x}\left(t-\frac{\Delta t}{2}\right) + \frac{F_x}{m} \cdot \Delta t \tag{7.16}$$

同理有：

$$\dot{y}\left(t+\frac{\Delta t}{2}\right) = \dot{y}\left(t-\frac{\Delta t}{2}\right) + \frac{F_y}{m} \cdot \Delta t \tag{7.17}$$

$$\dot{\theta}\left(t+\frac{\Delta t}{2}\right) = \dot{\theta}\left(t-\frac{\Delta t}{2}\right) + \frac{M}{I} \cdot \Delta t \tag{7.18}$$

在 $t+\Delta t$ 时刻块体的平动和转动可表示为：

$$x(t+\Delta t) = x(t) + \dot{x}\left(t+\frac{\Delta t}{2}\right)\Delta t$$

$$y(t+\Delta t) = y(t) + \dot{y}\left(t+\frac{\Delta t}{2}\right)\Delta t$$

$$\theta(t+\Delta t) = \theta(t) + \dot{\theta}\left(t+\frac{\Delta t}{2}\right)\Delta t \tag{7.19}$$

在每一个时步 Δt 进行一次迭代，根据前一次迭代所得块体的位置求出接触力，作为下次迭代的出发点，以求出块体的新位置。如此反复迭代，直到块体平衡，如果不平衡，则表示块体还在运动。

3. 破坏形态

由于块体不受拉力，所以当块体分离时，块体间的法向、切向接触力均为 0。

UDEC 中岩体的破坏基本准则为摩尔库伦准则，研究塑性范围内的破坏时，运用塑性剪切破坏准则。

$$\sigma_s \leqslant c + \sigma_n \tan\varphi \tag{7.20}$$

式中：σ_s、σ_n 分别为切向应力与法向应力；c 为黏聚力；φ 为内摩擦角。当式（7.20）成立时，不发生破坏，反之，则破坏。

UDEC 在岩体力学计算方面，由于离散单元更接近实际岩体的内部情况，能更好地处理非线性变形和破坏问题，因此被广泛用于模拟边坡和解决节理岩体地下水渗流问题。

7.3.4　计算简图

将非线性静力学问题转化为动力学问题求解，常采用动态松弛法。所谓动态松弛法，实质是对临界阻尼的振动方程进行逐步积分，即对带有阻尼项的动态平衡方程，利用有限差分法，按时步在计算机上迭代求解。由于被求解的方程是时间的线性函数，整个计算过程只需要直接代换，即利用前一迭代的函数值计算新的函数值，因此，对于非线性问题也能加以考虑，这是动态松弛法的最大优点。

用动态松弛法求解时，计算循环是以时步 Δt 向前差分进行的。由于时步选取得非常小，每个单元在一个时步内只能以很小的位移与其相邻的单元作用，而与较远的单元无关系，所以在一个时步内只能传递一个单元。采用动态松弛法进行力和位移的计算循环过程，如图 7.11 所示。

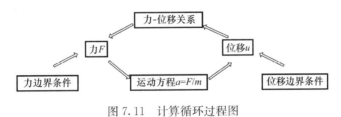

图 7.11　计算循环过程图

习题与思考题

1. 离散元法的特点是什么？
2. 离散元法和有限单元法在数值计算方面有何异同？

第8章 ABAQUS 建模方法与应用实例

8.1 概述

ABAQUS 是一套功能强大的工程模拟的有限元软件，其解决问题的范围从相对简单的线性分析到许多复杂的非线性问题。ABAQUS 包括一个丰富的、可模拟任意几何形状的单元库，并拥有各种类型的材料模型库，可以模拟典型工程材料的性能，其中包括金属、橡胶、高分子材料、复合材料、钢筋混凝土、可压缩超弹性泡沫材料以及土壤和岩石等地质材料。作为通用的模拟工具，ABAQUS 除了能解决大量结构（应力/位移）问题，还可以模拟其他工程领域的许多问题，例如热传导、质量扩散、热电耦合分析、声学分析、岩土力学分析（流体渗透/应力耦合分析）及压电介质分析。

8.1.1 ABAQUS 运行环境配置

ABAQUS/CAE 是完整的 ABAQUS 运行环境，它为生成 ABAQUS 模型、交互式的提交作业、监控和评估 ABAQUS 运行结果提供了一个风格简单的界面。

ABAQUS 分成若干个功能模块，每个模块定义了模拟过程中的一个逻辑步骤，例如生成部件、定义材料属性、网格划分等。完成一个功能模块的操作以后，可以进入下一个功能模块，逐步建立分析模型。

ABAQUS/Standard 或者 ABAQUS/Explicit 读入由 ABAQUS/CAE 生成的输入文件进行分析，将信息反馈给 ABAQUS/CAE 来让用户对作业进程进行监控，并生成输出数据库。最后，用户可通过 ABAQUS/CAE 的可视化模块读入输出的数据库，进一步观察输出的结果。

在操作过程中，会生成一个包含 ABAQUS/CAE 操作命令的执行文件（rpy 文件），它是 ABAQUS 文件系统的组成部分。

8.1.2 ABAQUS 用户界面

1. 启动 ABAQUS/CAE

（1）在操作系统中的开始→所有程序→ABAQUS 6.14 启动。

操作步骤菜单如图 8.1 所示。启动时会首先弹出命令提示符窗口，如图 8.2 所示。接着，开启 ABAQUS/CAE 主视窗口和 Start Session 对话框。

（2）在操作系统的命令提示符中输入以下命令 abaqus cae。

这里 abaqus 是运行 ABAQUS 的命令。不同的系统可能会出现不同。当 ABAQUS/CAE 启动以后，会出现 Start Session 对话框，如图 8.3 所示。下面介绍对话框中的选项：

1）Create Model Database：开始一个新的分析过程。用户可以根据自己的问题建立

Standard/Explicit Model、CFD Model Electromagnetic Model。

2）Open Database：打开一个以前储存的模型或者输入/输出数据库文件。

3）Run Script：运行一个包含 ABAQUS/CAE 命令的文件。

4）Start Tutorial：单击后将打开 ABAQUS 的辅导教程在线文档。

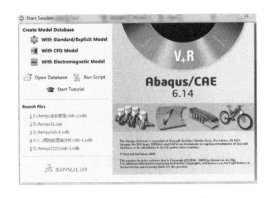

图 8.1　开始菜单　　　　　　　　　　图 8.2　命令提示符窗口

2. ABAQUS 的主窗口

用户可以通过主窗口与 ABAQUS/CAE 进行交互，图 8.4 显示了主窗口中的各个组成部分。

图 8.3　Start Session 对话框　　　图 8.4　主窗口的各个组成部分

（1）标题栏。标题栏显示了当前运行的 ABAQUS/CAE 的版本和模型数据库的名字。

（2）菜单栏。菜单栏显示了所有可用的菜单，用户可以通过对菜单的操作调用 ABAQUS/CAE 的各种功能。在环境栏中选择不同的模块时，菜单栏中显示的菜单也不尽相同。

（3）工具栏。工具栏给用户提供了菜单功能的快捷模式，这些功能也可以通过菜单进行访问。

（4）环境栏。ABAQUS/CAE 由一组功能模块组成，每一模块针对模型的某一方面。用户可以在环境栏中的 Module 列表中的各个模块之间进行切换。

1）画布和作图区。可以把画布和作图区比作一个无限大的屏幕，用户在其上摆放视图区域。作图区则是当前显示的部分。

2）视图区。ABAQUS/CAE 通过在画布上的视图区显示用户的模型。

3）工具箱区。当用户进入某一功能模块时，工具箱会显示该功能模块相应的工具箱，工具箱的存在使得用户可以方便地调用该模块的许多功能。

4）命令行接口。使用 ABAQUS/CAE 时，利用内置的 Python 编译器，可以在命令行接口处输入 Python 命令和数学表达式。

5）信息区。ABAQUS/CAE 在信息区显示状态信息和警告。通过拖动其顶边可以改变信息区的大小，利用滚动条可以查阅已经滚出信息区的信息。信息区在默认状态下是显示的，这里同时也是命令行接口的位置。

3. ABAQUS/CAE 模型树

ABAQUS/CAE 主视窗左侧为模型树，包含了诸多信息，如图 8.5 所示。模型树对模型以及模型所包含的对象有一个图形上的直观概述。结果树用于显示输出 odb 数据以及 XY 数据的分析结果。两种树使得模型间操作和管理对象更加直接和集中。

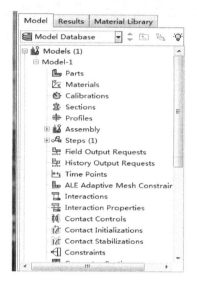

图 8.5　模型树

图 8.6　选择一个模块

4. ABAQUS/CAE 功能模块

如前面所述，ABAQUS/CAE 划分为一系列的功能单元，称为功能模块。每一个功能模块都只包含与模拟作业的某一指令部分相关的一些工具。例如，Part（部件）模块只包含生成几何模型的部件，而 Mesh（网格）模块只包含生成有限元网格的工具。

用户可以从环境栏中的 Module 列表中选择进入各个模块，如图 8.6 所示。

列表中的模块次序与创建一个分析模型应遵循的逻辑次序应该是一致的。例如，用户在生成 Assembly（装配件）前必须先生成 Part（部件）。

当然，ABAQUS/CAE 也允许用户在任何时刻选择任意一个模块进行工作，而无需关注模型的当前状态。然而，这种操作会受到明显的限制。例如，像悬臂梁横截面尺寸一类的截面性质就不能指定到一个未生成的几何体上。

切换至不同的模块，界面中的菜单栏和工具栏都会有变化，下面列出了 ABAQUS/CAE 的各个模块，并简单介绍了建立一个模型所需要在各个模块可能进行的模拟任务，所列次序与图 8-6 中列出的顺序一致。

（1）生成 Part（部件）。Part 模块用于创建各个单独的部件，用户可以在 ABAQUS/CAE 环境中用图形工具直接生成，也可以从第三方图形软件导入部件的几何形状。

（2）定义 property（特性）。整个部件中的任何一部分的特征，如与该部分有关的材料性质定义和截面几何形状，包含在截面（Section）定义中。在该模块下，用户可以定义截面和材料，并将它们赋予部件的某一部分。

（3）创建 Assembly（装配）。创建一个部件时，部件存在于自己的局部坐标系中，独立于模型的其他部分。用户可以应用该模块建立部件的实例，并且将这些实例相对于其他部件定位于总体坐标系中，从而构成一个装配件。一个 ABAQUS/CAE 模型只能包含一个装配件。

（4）创建 Step（分析步）。用户可以应用 Step 模块生成和构建分析步，并要求与输出联系起来。分析步序列给模拟过程的变化提供了方便的途径（如变荷载和变边界问题），可以根据需要在分析步之间更改输出变量。

（5）创建 Interaction（相互作用）。在该模块中，用户可指定模型各区域之间或者模型的一个区域与周围环境之间的热力学或者力学方面的相互作用，如两个传热的接触表面。其他可以定义的相互作用包括约束，如方程与刚体约束。

ABAQUS/CAE 不会自动识别部件实体之间或者一个装配件的各个区域之间的力学或者热力学的相互作用，用户要实现该要求，必须在相互作用模块指定接触关系。相互作用与分析步有关，这意味着用户必须规定相互作用哪个分析步起作用。

（6）定义 Load（载荷）。在载荷模块中指定载荷、边界条件和场变量。边界条件和载荷与分析步有关，这就是说明用户必须指定载荷和边界条件在哪些分析步骤中起作用。某些场变量仅作用于分析的初始阶段，而其他的场变量与分析步有关。

（7）划分 Mesh（网格）。Mesh 模块包含了 ABAQUS/CAE 为在装配件生成网格所需要的划分网格工具。利用所提供的各个层次上的自动划分和控制工具，用户可以生成满足自己需要的网格。

（8）提交 Job（作业）。一旦完成了所有定义模型的任务，用户就可以用 Job 模块分析计算模型。该模块允许用户交互地提交分析作业并监控，可以同时提交多个模型和运算并对其进行监控。

（9）Optimization（优化）。优化模块提供了对有限元模型的优化功能。用户根据具体的优化目标与限制条件，从而得出优化后的模型，有助于改进结构或性能。

（10）Visulization（可视化）。可视化模块提供了有限元模型和分析结果的图像显示。它从数据库中获得模型和结果信息，通过 Step 修改输出要求，从而用户可以控制写入数据库中的信息。

（11）Sketch（草图）。Sketch 是二维轮廓图形，用来帮助形成几何形状，定义 ABAQUS/

CAE 可以识别的部件。应用 Sketch 模块创建草图，定义二维平面部件、梁、剖面，或者创建一个草图，然后通过拉伸、扫掠或者旋转的方式将其形成三维部件。

8.1.3　ABAQUS 文件格式

ABAQUS 最重要的文件是数据库文件，除此之外，还包括日志文件、信息文件、用于重启动的文件、用于结果转换的文件、输入/输出文件、状态文件等。

有些临时文件在运行中产生，但在运行结束后自动删除。下面介绍几种 ABAQUS 文件系统，在此约定 job-name 表示分析作业的名称，model-data-name 表示数据库文件。

1. 数据库文件

数据库文件包含两种：cae 文件（model-data-name. cae），又称模型数据库文件和 odb 文件（job-name. odb），即结果文件。

（1）cae 文件在 ABAQUS/CAE 中可以直接打开，其中包含模型的几何信息、网格信息、载荷信息等各种信息和分析任务。

（2）odb 文件可以在 ABAQUS/CAE 中可以直接打开，也可以输入到 cae 文件中作为 Part 或者 Model。它包含 Step 功能模块中定义的场变量和历史变量输出结果。

2. 日志文件

日志文件又称为 log 文件（job-name. log），属于文本文件，用于记录 ABAQUS 运行的起始时间。

3. 数据文件

数据文件又称为 dat 文件（job-name. dat），属于文本文件，用于记录数据和参数检查、内存和磁盘估计等信息，并且预处理 inp 文件时产生的错误和警告信息也包含在内。

4. 信息文件

信息文件有四类：msg 文件（job-name. msg）、ipm 文件（job-name. ipm）、prt 文件（job-name. prt）及 pac 文件（job-name. pac）。

（1）msg 文件属于文本文件，它详细记录计算过程中的平衡迭代次数、计算时间、错误、警告、参数设置等信息。

（2）ipm 文件又称为内部过程信息文件。顾名思义，它在 ABAQUS/CAE 分析时开始启动，记录从 ABAQUS/Standard 或者 ABAQUS/Explicit 到 ABAQUS/CAE 的过程日志。

（3）prt 文件包含模型的部件和装配信息，在重启动分析时需要。

（4）pac 文件包含模型信息，它仅用于 ABAQUS/Explicit，在重启动分析时需要。

5. 状态文件

状态文件包括三类：sta 文件（job-name. sta）、abq 文件（job-name. abq）和 stt 文件（job-name. stt）。

（1）sta 属于文本文件，其包含分析过程信息。

（2）abq 文件仅适用于 ABAQUS/Explicit，记录分析、继续和恢复命令，在重启动分析时需要。

（3）stt 文件称为状态外文件，是允许数据检查时产生的文件，在重启动分析时需要。

6. 输入文件

inp 文件（job-name. inp）属于文本文件，在 Job 功能模块中提交任务时或者单击分析作业管理器中的 Write Input 按钮时生成。此外，它也可以通过其他有限元前处理软件生成。

inp 文件可以输入到 ABAQUS/CAE 中作为 Model，也可以由 ABAQUS Command 直接运行。inp 文件包含模型的节点、单元、截面、材料属性、集合、边界条件、载荷、分析步及输出设置等信息，没有模型的几何信息。

7. 结果文件

结果文件分为三类：fil 文件（job-name. fil）、psr 文件（job-name. psr）和 sel 文件（job-name. sel）。

（1）fil 文件是可以被其他软件读入的结果数据格式。记录 ABAQUS/Standard 的分析结果，如果 ABAQUS/Explicit 的分析结果要写入 fil 文件，则需要转换。

（2）psr 文件是文本文件，是参数化分析时要求的输出结果。

（3）sel 文件又称为结果选择文件，用于结果选择，仅适用于 ABAQUS/Explicit，在重启动分析时需要。

8. 模型文件

mdl 文件（job-name. mdl）是在 ABAQUS/Standard 和 ABAQUS/Explicit 中运行数据后检查后产生的文件，在重启动时需要。

9. 保存命令文件

保存命令文件分为三类：jnl 文件（model-data-name. jnl）、rpy 文件（abaqus. rpy）和 rec 文件（model-data-name. rec）。

（1）jnl 文件是文本文件，包含用于复制已存储的模型数据库的 ABAQUS/CAE 命令。

（2）rpy 文件用于记录一次 ABAQUS/CAE 所运行的所有命令。

（3）rec 文件包含用于恢复内存中模型数据库的 ABAQUS/CAE 命令。

10. 脚本文件

psf 文件（job-name. psf）是用户参数研究时需要创建的文件。

11. 重启动文件

res 文件（job-name. res）用 Step 功能模块进行定义。

12. 临时文件

ABAQUS 还会产生一些临时文件，可以分为两类：ods 文件（job-name. ods）和 lck 文件（job-name. lck）。

（1）ods 文件用于记录场输出变量的临时运算结果，运行后自动删除。

（2）lck 文件用于阻止并写入输出数据库，关闭输出数据库后自动删除。

8.2　功能特色

ABAQUS 不仅能进行有效的静态和准静态分析、瞬时分析、模态分析、弹塑性分析、接触分析、碰撞和冲击分析、爆炸分析、屈服分析、断裂分析、疲劳和耐久性分析等结构和热分析，而且可以进行流-固耦合分析、声场和声-固耦合分析、压电和热-电耦合分析、热-固耦合分析、质量扩散分析等。

ABAQUS 使用非常简便，很容易建立复杂问题的模型。对于大多数的数值模拟，用户只需要提供结构的几何形状、边界条件、材料性质、载荷情况等工程数据。对于非线性问题的分析，ABAQUS 能自动选择合适的载荷增量和收敛准则，在分析过程对这些参数进行调整，保证结果的精确性。

此外，ABAQUS 基于丰富的单元库，可以用于模拟各种复杂的几何形状，并且其拥有丰富的材料模型库，可用于模拟绝大多数的常见工程材料，如金属、聚合物、复合材料、橡胶、可压缩的弹性泡沫、钢筋混凝土及各种地质材料等。

8.3 建模方法

8.3.1 Part（部件）模块

1. 主要功能

部件是 ABAQUS/CAE 创建几何模型的"积木"，用户在 Part 模块中创建部件后，可在 Assembl 模块中把它们组装起来生成实体。ABAQUS/CAE 中的有限元模型由一个或多个部件组成。如一辆汽车，可简单视为一个车身和 4 个轮子，用户只需创建车身和轮子的单独部件，然后在 Assembly 模块中将轮子部件插入 4 次即可；再如考虑桩土接触的群桩基础，建模时也只需要创建一个桩的部件。

Part 模块的主要功能是创建、编辑和管理部件。ABAQUS/CAE 中的部件有几何部件（native part）和网格部件（orphan mesh part）两种。几何部件是基于"特征（feature-based）"生成的，CAE 通过几何信息（维数、长度等）和生成规则（拉伸、扫掠、切割等）等特征信息储存和生成部件。网格部件不包括几何实体特征，只包含关于节点、单元、面、集合的信息，如外部第三方软件生成的网格数据导入 CAE 后的即为网格部件。几何部件和网格部件各有其优点，使用几何部件可以很方便地修改模型的几何形状，而且修改网格时不必重新定义材料、载荷和边界条件；用网格部件则能更灵活地修改各个节点和单元的位置，优化网格。

岩土工程分析中，若不考虑接触问题，只需创建一个部件。如多层地基，不需要将不同的土层作为不同的部件，只需利用 Partion 分隔工具，将土层分为不同区域，并在 Property 模块中赋予不同的材料即可。

2. 主要菜单

除了各模块中的通用菜单（如【File】、【View】等）之外，Part 模块中还包含了用以创建、编辑和管理模型中的各个部件的菜单，这里介绍常用的几个。

（1）【Part】菜单。【Part】菜单下有【Manager】（管理）、【Create】（创建）、【Copy】（拷贝）、【Rename】（重命名）和【Delete】（删除）5 个选项。其中【Create】对应工具箱区中█按钮，其余 4 个选项都集成于工具箱区█按钮之中。执行【Part】/【Create】命令或单击█之后，弹出如图 8-7 所示的创建部件对话框。对话框中包含部件定义的几个基本属性。

1）模型空间：部件可在三维、二维平面或者轴对称空间中创建。二维问题中，CAE 默认模型定义在 x-y 平面之内；轴对称问题中，CAE 同样默认模型在 x-y 平面内定义，并且认为 y 轴为对称轴。

2）部件类型：CAE 中的部件类型分为可变形部件（Deformable part）、离散刚体部件（Discrete rigid part）或解析刚体部件（Analytical rigid part）、欧拉（Eulerian）部件、电磁（Electromagnetic）部件和流体（Fluid）部件。可变形部件是在荷载作用下可以变形，是岩土数值分析中最常使用的部件类型。离散刚体部件可以是任意形状的，解析刚体部件则只可以是用直线、圆弧和抛物线创建的形状。刚体在载荷作用下不发生变形，常用于锻压等接触分析。欧拉部件用于指定欧拉分析中的区域，物质可在区域中流动。电磁部件只能用于电磁分析。流体部件只能在 ABAQUS/CFD 中使用。

3）基本特征：部件的几何形状可以是实体、面、线或点，其由图 8.7 所示的对话框 Base Feature 组中 Shape 下的选项确定，右侧的 Type 选项是对应的部件生成方法，几何形状不同对应的生成方法也有所区别，如对三维实体，可选用的类型是拉伸（Extrusion）、旋转（Revolution）和扫掠（Sweep）。

4）部件尺寸：部件的近似尺寸是为了方便 CAE 计算图纸及网格的大小。该尺寸数值应与部件的最大尺寸接近。部件的近似尺寸一经指定无法修改。为了准确反映部件尺寸，CAE 建议部件尺寸在 0.001 到 10000 个长度单位之间。这是因为 CAE 中支持的最小尺寸为 10^{-6} 个长度单位，若部件几何尺寸小于 10^{-3} 个长度单位，节点和单元大小可能小于正常范围，带来的误差较大。

部件的基本属性设定完成之后，单击【Continue】按钮将进入到二维草图绘制界面。该界面的功能与 Sketch 功能一致。用户可通过其提供的工具箱快捷图标（图 8.8），方便地绘制模型的几何形状。

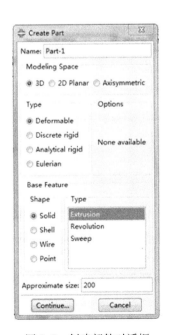

图 8.7　创建部件对话框

图 8.8　画图工具箱

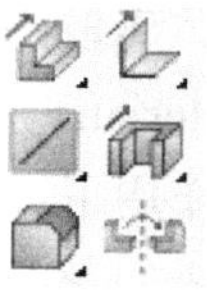

图 8.9 【Shape】
菜单对应的工
具箱区按钮

（2）【Shape】菜单。该菜单针对实体、面、线、切割和过渡等几何特征，提供了相应的创建方法。利用本菜单，用户可建立几何形状复杂的部件。该菜单对应的工具箱区按钮如图 8.9 所示。

【Shape】菜单的功能是添加相应特征到现有的部件之中，用户必须先创建一个部件，再在其基础上利用【Shape】菜单的功能构建复杂的几何模型。

实体特征创建方法中的拉伸、旋转和扫掠方法简单易懂，本节不做介绍，只重点介绍放样（Loft）功能。放样功能适用于建立截面形状变化的复杂实体，大坝的三维有限元模型常采用这种方法建模。

执行【Shape】/【Solid】/【Loft】命令，或单击工具箱区中 按钮，弹出如图 8.10 所示的编辑放样对话框。该对话框由下面两个选项卡组成。

1）截面（Cross Sections）定义选项卡。用户在该选项卡中指定实体的起、止截面及中间过渡截面（如有）。放样功能最少需要两个界面，在创建实体时，截面形状必须是闭合的。需要注意，若选中【Keep internal boundaries】复选框，CAE 将保留放样实体与部件其他部分的内部边界，其可方便后续材料分区的设置。

2）过渡（Transition）定义选项卡。用户在该选项卡中定义不同形状截面之间的过渡方法。过渡方法有两大类：一是指定切线方向；二是指定转换路径。CAE 中默认的是采用指定切向方向的方法。该方法中有 None（无限制）、Normal（放样实体边的初始段与界面垂直）、Radial（放样实体边的初始段与截面水平）和 Specify（用户指定）4 种选项，用户可改变相关设定，观察放样实体形状的改变，熟悉相关功能。

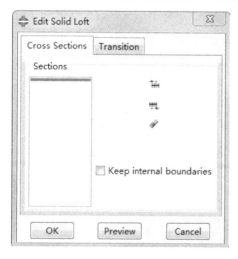

图 8.10　编辑放样对话框-截面定义

图 8.11　编辑放样对话框

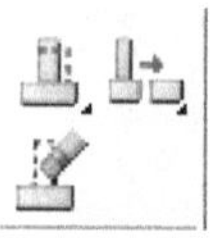

图 8.12 【Feature】
菜单对应的工具
箱区按钮

（3）【Feature】菜单。该菜单主要提供对特征的操作功能，包括编辑（Edit）、重新生成（Regenerate）、抑制（Suppress）、恢复（Resume）和删除（Delete）几何部件的特征。该菜单对应的工具箱区按钮如图 8.12 所示。

特征的编辑和管理也可通过模型树进行，如图 8.13 所示。单击 Part 前面的"＋"，展开部件的所有特征。本例中共有两个特征：一是通过拉伸建立的三维实体；二是侧面上面的分隔（Partition 功能会在后面介绍）。在模型树上的相应位置双击或通过右键菜单，可进行相应的编辑操作。

部件的特征只能在 Part 模块中编辑，并且确认编辑部件特征后，其余功能模块中的特征将自动更新。因此，一般建议，待模型的所有几何特征均创建完成之后再进行荷载、边界条件的设置，以免自动更新特征后造成荷载、边界条件等设定无效。

编辑部件的特征之后，除非在编辑特征对话框中指定，否则 CAE 将自动重新计算部件的几何关系。如有必要，可通过执行【Feature】/【Regenerate】命令，手动重新生成。

在创建复杂的几何模型时，为了加快显示和重新生成的速度，用户可通过抑制选项临时将某些特征从模型中移除，CAE 将不会显示相关部件。抑制的特征可以通过【Resume】菜单恢复。

（4）【Tools】菜单。Tools（工具）菜单下的功能众多，这里只介绍最常用的几种，相应的工具箱区按钮如图 8.14 所示。

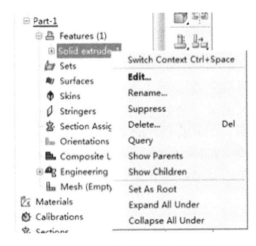

图 8.13　通过模型树进行特征操作　　　图 8.14　【Tools】菜单对应的工具箱区按钮

1）Query（查询）：执行【Tools】/【Query】命令或单击工具栏上的 ❶ 按钮，可弹出图 8-15 所示的查询对话框。可查询的信息分为通用信息和部件信息，查询过程中用户通过提示区给出的提示步骤进行操作。如图 8.15 所示拟查询节点的信息，提示区显示提醒，要求用户指定是哪一个节点。

2）Set（集合）：【Tools】/【Set】子菜单中包含了管理、创建、编辑集合的命令。将几何实体、单元或节点建成集合之后，可方便后续的材料分区设置、网格剖分设置等。集合的创建过程中通常需要在屏幕上选择实体，操作时应按照提示区的提示进行，并利用 Selection（选择）工具栏中的各项功能（图 8.16）。

3）Partition（分割）：Partition 在建模过程中经常用到，如需要在某个面的局部范围施加压力荷载、设置不同的材料分区或者为了便于网格划分将复杂形状的实体分成若干简单实体的情况中都要用到 Partition 功能，本章在后面的例子中将进一步介绍。ABAQUS/CAE 支持对边、面和体的切割，相应的工具箱区的快捷图标如图 8.14 所示。

4）Datum（基准）：ABAQUS/CAE 中提供的基准点、线、面和坐标系，本质上是一种建模辅助手段，其对网格划分或计算不起任何作用。执行【Tools】/【Datum】命令或单

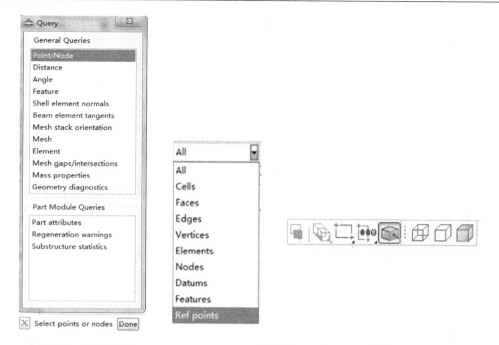

图 8.15　查询对话框　　　　　　图 8.16　Selection 工具栏

击图 8.14 所示工具箱区的相关按钮，可弹出图 8.17 所示的创建基准对话框，用户可按照提示采用多种方法定义基准点、线、面或坐标系。CAE 将创建的基准以黄色虚线显示，用户可执行【View】/【Part Display Options】命令，在弹出的对话框中切换到 Datum 选项卡，可控制是否显示创建的基准信息（图 8.18），在该对话框中也可实现对边的渲染、网格显示等的控制。

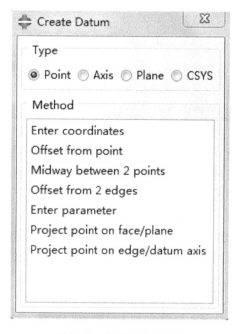

图 8.17　创建基准对话框

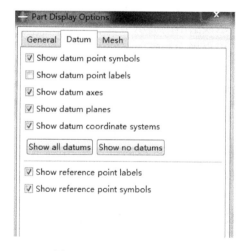

图 8.18　基准显示选项控制

5）Display group（显示组）：在建立复杂的几何模型时，常需要单独显示部件的某一部分。此时可通过【Tools】/【Display group】下的选项或图 8.19 所示 Display group 工具栏中的按钮实现。单按钮后，在弹出的图 8.20 所示的对话框中可控制显示哪些实体，用户也可直接在屏幕上选择，然后利用 Display group 工具栏进行快速操作。

图 8.19　Display group 工具栏　　　　　图 8.20　创建显示组对话框

8.3.2　Property（属性）模块

1. 主要功能

该模块的主要功能包括选择材料模型并设置相关的参数，定义截面（Section）属性，将截面属性分配给相应区域实现材料分区。这里的"截面属性"包含了材料定义和横截面几何形状等部件综合信息。

2. 主要菜单

菜单的相关功能也可通过单击工具箱区中的按钮实现，图 8.21 给出了 Property 模块主要菜单对应的工具箱区按钮。

（1）【Material】菜单。该菜单主要包含材料的创建及管理功能。执行【Material】/【Create】命令，或单击工具箱区 按钮，弹出图 8.22 所示的编辑材料对话框。该对话框中有【General】（通用性质）、【Mechanical】（力学性质）、【Thermal】（温度性质）、【Electrical/Magnetic】（电磁性质）和【Other】（其他性质）5 个菜单。各菜单下内置了 ABAQUS 自带的材料模型，常用的模型如图 8.23 所示。用户选择相关模型后，对话框中部会出现相应的材料属性选项，对话框的下部会出现数据区，用户可通过键盘直接输入或单击鼠标右键调出快捷菜单利用相关功能进行参数设置。不同的材料属性可联合使用，比如图 8.23 中的 Material-1 材料同时具有 Density（密度）、Elastic（弹性）Plasticity（塑性），已定义的材料属性会显示在对话框的 Material Behaviors 区。

图 8.21　Property 模块主要工具箱区按钮

图 8.22　编辑材料对话框

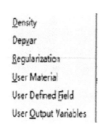

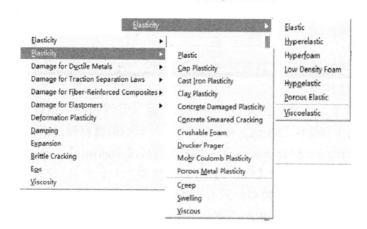

图 8.23　常用的材料模型

定义与空间位置相关的材料参数，例如随位置改变的密度、热膨胀系数等。如定义密度时，在图 8.24 所示 Distribution 右侧的下拉列表中可以选择预先定义好的分布。分布的

创建可通过 Property、Interaction、Load 模块中的
【Tools】/【Discrete Field】/【Create】或【Tools】/【Ana-
lytical Field】/【Create】命令进行，Discrete Field 是直
接指定某些单元或节点所采用的值，Analytical Field 是
给出一个与空间坐标相关的连续函数。分布也可用于随
空间位置改变压力大小、板的厚度等。

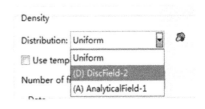

图 8.24　定义与空间位置相关的密度

（2）【Section】菜单。该菜单的主要功能是创建及
管理截面属性。创建材料之后，需要定义相应的截面属性（Section），将材料与截面属性
建立联系之后，再把此截面属性赋予相应的部分。这样做的目的是区别有限元模拟中的计
算方式，如一根矩形截面的梁，可采用三维八节点实体单元划分，也可采用二节点梁单元
划分。当采用梁单元进行模拟时，必须指定梁截面的剖面形状，只指定材料性质无法满足
计算要求。

执行【Material】/【Create】命令，或单击工具箱区中 ![]按钮，弹出图 8.25 所示的创
建截面对话框。在该对话框中，用户可选择截面的类别，如 Solid 代表实体，Beam 为梁。
选择类别后，对话框右侧的 Type 区为相应的截面种类，对实体截面可用的种类为均匀
（Homogeneous）、广义平面应变（Generalized plane strain）、欧拉体（Eulerian）和复合
层（Composite）等几种。单击【Continue】按钮后弹出编辑截面对话框，在 Material 右
侧的下拉列表中选择已定义的材料，确认后完成截面属性的定义。

 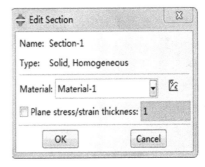

图 8.25　创建/编辑截面对话框

（3）【Assign】菜单。该菜单主要用于将定义的截面属性、梁截面方向等分配给相应
的区域。执行【Assign】/【Section】命令，或单击工具箱区中 ![]按钮，出现图 8.26 所示的
提示。

用户可直接在屏幕上选择要分配截面属性的区域，若选中 Create 前的复选框，
ABAQUS/CAE 将所选择区域定义为集合，方便后续操作。用户也可单击提示区右端的
【Sets】按钮，将截面属性分配给已定义的集合。单击【Done】按钮或按鼠标中键后，弹
出图 8.27 所示的对话框，在 Section 下拉列表中选择已定义的截面属性，确认后完成
设置。

截面属性设置完毕之后，用户可通过图 8.28 所示的 Color Code 工具栏将具有不同截
面属性或材料属性的区域用不同的颜色显示，达到检查模型的目的。

图 8.26　关于截面分配的提示

图 8.27　编辑截面分配对话框

8.3.3　Assembly（装配）模块

图 8.28　Color Code 工具栏

1. 主要功能

用户需应用装配模块创建部件的实体（Instance），并且将一个或多个实体按照一定的规则装配在总体坐标系中，从而构成装配件。简单来说，部件模块创建的是产品的零件，而装配模块负责将这些零件组装成产品。一个 ABAQUS 模型中只能包含一个装配件。

2. 主要菜单

Assembly 模块主要菜单对应的工具箱区按钮有很多，这里介绍常用的几种。

（1）【Instance】（实体）菜单。执行【Instance】/【Create】命令，或单击工具箱区中 按钮，弹出图 8.29 所示的创建实体对话框。注意到实体的类型有 Dependent（非独立）和 Independent（独立）两种。如果选择 Dependent，后续网格划分需对部件进行。就算部件在创建实体中插入了多次，也只需划分一次网格，所有基于同一部件的实体将具有同样的网格。如果选择 Independent，需直接对装配体进行网格划分。

单击创建实体对话框中的【Apply】按钮即生成实体，但对话框不退出。单击【OK】按钮则生成实体并退出。若不小心先后单击了【Apply】和【OK】按钮，则部件被插入了两次，并且相互重叠。

ABAQUS/CAE 根据部件的名称对实体命名，其可在模型树 Assembly 下的 Instance 节点查阅（图 8.30），如 Part-1-1 代表的是名称为"Part-1"的部件生成的第一个实体，依次类推。在相应名称上单击鼠标右键，可调出快捷菜单，对实体进行相应操作。

除了创建实体之外，用户也可对 Instance 中的 Part 进行平移、旋转、阵列等操作，还可对 Instance 中的 Part 进行布尔运算，例如可以通过执行【Instance】/【Merge/Cut】命令，把多个实体合并（Merge）为一个新的部件，或者把一个实体切割（Cut）为多个新的部件。在合并操作中对相交边界有删除（Remove）和保留（Retain）两个选项，若选择后一选项，生成的新 Part 中仍然保留材料分区，这在建立复杂模型时尤为有效。

（2）【Constraint（约束）】菜单。通过建立各个实体间的位置关系来为实体定位，包括面与面平行（Parallel Face）、面与面相对（Face to Face）、边与边平行（Parallel

Edge)、边与边相对（Edge to Edge）、轴重合（Coaxial）、点重合（Coincident Point）、坐标系平行（Parallel CSYS）等。

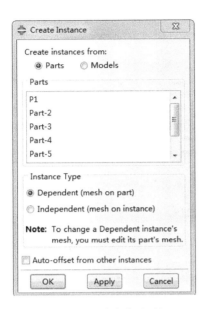

图 8.29　创建实体对话框

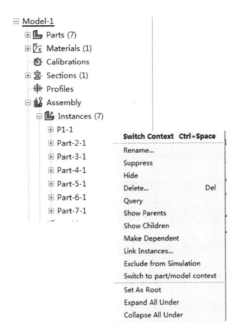

图 8.30　模型树中实体的命名及操作

8.3.4　Step（分析步）模块

1. 主要功能

在 Step（分析步）模块中可创建分析步、选择输出数据、设置自适应网格求解控制和设置求解过程控制参数（如收敛标准等）。

2. 主要菜单

图 8.31 给出了本模块的主要菜单对应的工具箱区按钮。

（1）【Step】菜单。本菜单主要进行分析步的建立、管理等操作执行【Step】/【Create】命令或单击工具箱中 ●━▪ 按钮，弹出图 8.32 所示的创建分析步对话框，由图 8.32 可见，ABAQUS/CAE 自动创造了一个初始分析步（Initial），用于其中定义初始状态下的边界条件和相互作用（Interaction），位移约束条件在此分析步中只能为 0，初始分析步只有一个，它不能被编辑、重命名、替换、复制或删除。在初始分析

图 8.31　Step 模块主要工具箱按钮

步之后，需要创建一个或多个后续分析步，每个后续分析步描述一个特定的分析过程。ABAQUS 的分析步分为两个大类，可在对话框 Procedure type 右侧的下拉列表中选择。

1）General analysis step（通用分析步），可以用于线性或非线性分析。通用的分析步包括以下类型：静力分析（Static，General）、隐式动力分析（Dynamics，Implicit）、显示动态分析（Dynamics，Explicit）、地应力场生成（Geostatic）、土体固结分析（Soils）等。

2）线性摄动分析步（Linear perturbation step），只能用来分析线性问题。在 ABAQUS/Explicit 中不能使用线性摄动分析步。线性摄动分析步主要包括线性特征值屈

曲分析（Buckle）、频率提取分析（Frequency）、静力线性摄动分析（Static，Linear perturbation）、稳态动态分析（Steady-state dynamics）、子结构生成（Substructure generation）等。

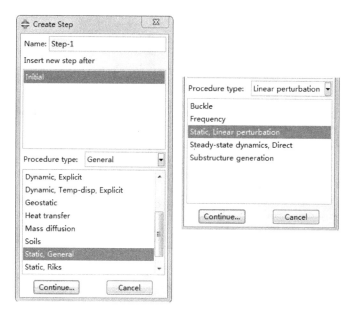

图 8.32　创建分析步对话框

选择分析步类型之后，单击【Continue】按钮弹出图 8.33 所示的编辑分析步对话框。该对话框中有 Basic（基本定义）选项卡、Incrementation（增量步）选项卡和 Other（其他）选项卡。选项卡中的选项随分析步类型的不同略有不同。对应 Static，General 分析步，Basic 选项卡主要定义分析步时长和是否打开大变形选项。需选择采用自动时间增量步长还是固定时间步长，如果用自动时间增量步长，需要给出初始步长、允许的最小及最大时间增量步长。Other 选项卡中大部分设置无需变动，但是有时可能需要指定ABAQUS 采用非对称算法求解方程（如采用摩尔库伦模型时，屈服面和塑性势面非相关联系，弹塑性矩阵非对称），此时常在该选项卡中进行相应设置。分析步定义完成之后，可通过分析步管理器进行相应的编辑、重命名、打开大变形选项等操作。

（2）【Output】菜单。ABAQUS 的输出控制包含 3 个内容：输出结果的区域、输出结果的种类和输出结果的频率。当用户创建一个分析步以后，ABAQUS 将自动创建一个输出请求，包含了以上 3 个方面的默认设置。用户可以对其进行编辑，编辑之后的设置将传递到下一个分析步，直至作出新的修改。

ABAQUS 的输出数据分为以下两大类。

1）Field Output（场变量输出结果）。Field Output 是不同时刻的计算结果在空间上的分布，可用来生成等直线云图、网格变形位移图、矢量图和 XY 图。执行【Output】/【Field Output Requests】/【F-Output-1】（F-Output-1 是场变量输出方案的名称）命令，打开图 8.34 所示的编辑场变量输出方案管理器。

2）History Output（历史变量输出结果）历史变量输出结果是指特定点上的位移、整体模型的能量等计算结果随时间的变化过程，主要用来生成随时间变化的 XY 曲线图。执行【Output】/【History Output Requests】/【H-Output-1】命令可进行相应设置，对话框中各变量的含义与编辑场变量输出方案对话框中的一致，此处不再给出。

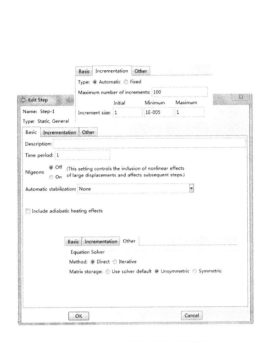

图 8.33　编辑分析步对话框

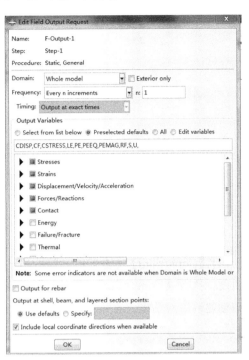

图 8.34　编辑场变量输出方案管理器

8.3.5　Interaction（相互作用）模块

1. 主要功能

在相互作用模块中，用户可以指定不同区域之间的力学、热学相互作用。本模块的相互作用不仅仅指接触，还包括各种约束，如绑定（tie）约束、方程（equation）约束和刚体（rigid body）约束等。单元的生死（移除和激活）功能也可以在本模块中实现。

2. 主要菜单

Interaction 模块主要工具箱按钮如图 8.35 所示。

（1）【Interaction】（相互作用）菜单。相互作用的定义包括几个方面，定义相互作用的属性（如接触面切向、法向力学特性）、相互作用的种类和指定可能发生接触的区域，均通过本菜单完成。

执行【Interaction】/【Property】/【Create】命令，或单击工具箱区的 按钮，弹出图 8.36 所示的创建相互作用属性对话框。该对话框的 Type 区给出了可供定义相互作用属性类型，包括了力学、热学和声学等多种相互作用。

定义相互作用属性之后可以指定相互作用的类型和区域。执行【Interaction】/【Create】命令，或单击工具箱区的 按钮，弹出图 8.37 所示的创建相互作用对话框。通过对话框 Step 右侧的下拉列表，可以选择相互作用生效的分析步，Types for Selected Step 区域给出了可供定义的相互作用类型。

图 8.35　Interaction 模块主要工具箱按钮　　　　图 8.36　创建相互作用属性对话框

（2）【Constraint】（约束）菜单。相互作用里的约束指的是在分析中限制某些区域的自由度。执行【Constraint】/【Create】命令，或单击工具箱区的 ◁ 按钮，弹出图 8.38 所示的创建约束对话框。常用的约束如下：

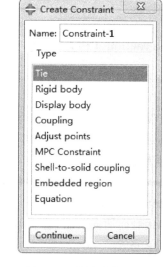

图 8.37　创建相互作用对话框　　　　　　　图 8.38　创建约束对话框

1）Tie（绑定）：设置绑定约束的部分具有相同的自由度，适用于区域间网格划分不一致但变形连续的情况。

2）Rigid body（刚体）：约束区域的位移与某参考点保持一致。

3）Display body（显示休约束）：允许将一个部件实体仅用于显示，该实体不需要进行网格划分，也不参与分析，但可在后处理模块中显示。常用于多体动力学的分析，此时刚体的运动特征可通过极其简单的部件（如点）反映，Display body 仅用于显示刚体的形状。

4）Coupling（耦合）：约束面的自由度与单个参考点保持一致。

5）Adjust points（调整点）：将点限定在某个面上。

6）MPC Constraint（MPC 约束）：建立一系列点与单个参考点自由度之间的关系，如 Beam 型 MPC 相当于点之间由刚性梁连接，点具有相同的平动和转动自由度；Pinked 型 MPC 相当于铰接，点之间的长度保持不变。

7）Shell-to-solid coupling（壳-实体耦合）：将壳体边缘的位移与相邻实体面的位移保持一致。

8）Embedded region（嵌入）：常用来模拟加筋对基体的增强功能。

9）Equation（方程）：通过线性方程的形式建立节点自由度之间的关系。

8.3.6　Load（荷载）模块

1. 主要功能

该模块用于定义载荷、边界条件、预定义场和荷载工况。

2. 主要菜单

Load 模块主要工具箱按钮如图 8.39 所示，主要菜单介绍如下。

图 8.39　Load 模块
主要工具箱按钮

（1）【Load】（载荷）菜单。执行【Load】/【Create】命令，或单击工具箱区的 按钮，弹出图 8.40 所示的创建荷载对话框，其中可用荷载的类型与分析步的种类有关。用户可通过 Step 下拉列表指定荷载生效的分析步，几种力学类常用荷载标注在图 8.40 中。选择荷载类型后，单击【Continue】按钮，按照提示区提醒选择荷载作用的范围。以施加面力为例，提示区提示在屏幕上选择荷载作用面，选择并确认后将弹出编辑荷载对话框。编辑荷载对话框中的 Distribution（分布）指的是荷载大小随空间位置的分布，可以是均匀分布的，也可以模拟静水压力（Hydrostatic），甚至可以通过用户子程序自定义（User-defined）。编辑荷载对话框中的 Amplitude（幅值曲线）指的是荷载在分析步中随时间的分布。Distribution 和 Amplitude 均可通过【Tool】菜单下的命令设置，也可以在编辑荷载对话框中通过快捷图标进行定义（图 8.40）。

（2）【BC】（边界条件）菜单。执行【BC】/【Create】命令，或单击工具箱区的 按钮，弹出图 8.41 所示的创建边界条件对话框，与荷载定义是类似的，用户也需要指定边界条件生效的分析步。

（3）【Predefined Field】（预定义场）菜单。执行【Predefined Field】/【Create】命令，弹出图 8.42 所示的创建预定义场对话框。图 8.42 可用的预定义场有力学和其他两类。力学中常用的有 Stress（应力场）和 Geostatic（地应力场）。Stress 预定义场是直接指定单元的 6 个应力分量，Geostatic 场是定义随高度线性分布的自重产生的应力。在其他类中，常用的是 Temperature（温度场）、Initial state（可将其他分析的结果作为初始状态，常用于分步耦合分析，如何 Abaqus Explicit 分析步的结果作为一个 Standard 分析步的起始值）；Saturation（饱和度，用于非饱和渗流分析）、Void ratio（孔隙比，固结分析或采用剑桥模型的分析）、Pore pressure（孔压）。

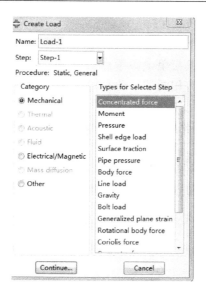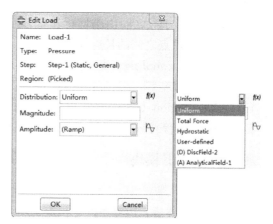

图 8.40　创建/编辑荷载对话框

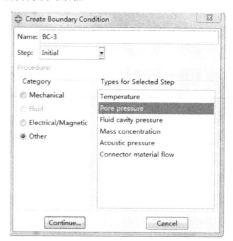

图 8.41　创建边界条件对话框

图 8.42　创建预定义场对话框

大部分预定义场（除温度场外）的定义在 Initial 分析步中进行。预定义场分布支持均匀分布、外部数据库文件读入或者用户子程序指定等多种方式。

8.3.7　Mesh（荷载）模块

1. 主要功能

网格划分是有限元分析中极为重要的一环。划分网格的数目和质量直接影响到计算结果的精度和计算规模的大小。在 Mesh 模块中，用户可以布置网格种子（控制网格大小）、设置网格划分技术及算法、选择单元类型、划分网格、检验网格质量。

2. 主要菜单

Mesh 模块中主要工具箱按钮如图 8.43 所示，主要菜单介绍如下。

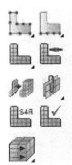

在 Assembly 模块中创建实体时，如果选择的是非独立实体，网格的划分需基于部件进行；如果选择的是独立实体，网格的划分需基于装配件进行网格划分。若欲对部件进行网格划分，常通过环境栏中的 Object 选项进行调整，如图 8.44 所示。

（1）【Seed】菜单。该菜单主要用于创建、删除部件或边上的种子，用于确定网格的尺寸。

执行【Seed】/【Part】命令，或单击工具箱区的 按钮，弹出图 8.45 所示的全局种子对话框。该对话框中选项的含义如下。

图 8.43　Mesh 模块中主要工具箱按钮

图 8.44　选择网格划分对象

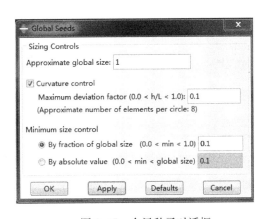

图 8.45　全局种子对话框

1）Approximate global size：近似全局单元尺寸，ABAQUS 按该数值确定单元的边长。如果边的长度不是所填数据的整数倍，ABAQUS 会自动进行微调，使网格尽量均匀分布。

2）Curvature Control 中的 Maximum deviation factor：放大偏差系数，用于曲率控制。该值越小，曲边上的单元越多，对曲边的模拟状况越好。比如当该值取 0.1 时，一个圆周上有 8 个单元。

3）Minimum size control：单元最小尺寸控制，可通过 By fraction of global size（全局单元尺寸大小的分数）和 By absolute value（网格绝对大小）控制，一般情况下保持默认值即可。

执行【Seed】/【Edges】命令，或单击工具箱区的 按钮，按提示区提示选择预设置种子的一条或多条边以后，弹出图 8.46 所示的局部种子对话框。该对话框有 Basic（基本）和 Constraints（约束）两个选项卡。

Basic 选项卡中有两个选项。

1）Method：选择设置种子的方法，有按 By size（尺寸）和按 By number（数量）两种。随着所选方法的不同，Sizing Controls 区的选项也有所不同。如按尺寸控制，选项与全局种子定义时类似，需给出近似的单元边长大小；如按数量控制，直接填入边上单元个数。

2）Bias：选择种子是否偏置，用于定义尺寸大小不一的网格，比如在单桩竖向承载力分析时，近桩的土体单元尺寸要小一些，远场的网格尺寸可以大一些。其有 None（无偏置）、Single（单向）、Double（双向）3 个选项。网格尺寸之间的关系可通过指定最小尺寸和最大尺寸来控制，可以指定单元个数及 Bias ratio（偏置率）来控制。

Constraints 选项卡中有 3 个选项，主要用于控制划分网格时是否按照所指定的种子进行，如无必要，可不做调整。

1）Allow the number of elements to increase or decrease：允许单元数量增加或减少。

2）Allow the number of elements to increase only：允许单元数量增加。

3）Do not allow the number of elements to change：不允许单元数量改变。

（2）【Mesh】/【Controls】菜单。执行【Mesh】/【Controls】命令，或单击工具箱区的按钮，弹出图 8.47 所示的网格控制对话框。

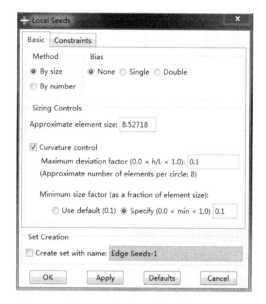

图 8.46　局部种子对话框

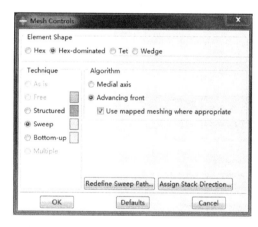

图 8.47　网格控制对话框

该对话框中的 Element Shape 控制单元的形状。对三维模型，可选项为 Hex（六面体）、Hex-dominated（六面体为主，过渡区域可为楔形）、Tet（四面体）和 Wedge（楔形）；对二维模型，其为 Quad（四边形）、Quad-dominated（四边形为主，过渡区域可为三角形）和 Tri（三角形）。对话框中的 Technique 控制网格划分的技术，ABAQUS/CAE 用不同的颜色区分可以应用的网格划分技术。可用的网格划分技术包括以下几种。

1）Structured（结构化）网格划分技术。采用结构化网格划分技术的区域会显示为绿色。结构化网格划分技术是将一些标准的单元模式（如四边形、正方体）拓扑生成网格（图 8.48），可应用于一些形状简单的几何区域。这里的形状简单指的是网格划分区域没有独立的点、线、面和洞。对于复杂的区域，可以通过 Partition 功能，将其分隔为简单区域后再进行网格划分。同时需要注意的是，在利用结构化技术划分包含凹面的区域时，如果数目种子偏少，可能存在极度扭曲的网格，此时也需要通过 Partition 功能将其分隔（图 8.49）。

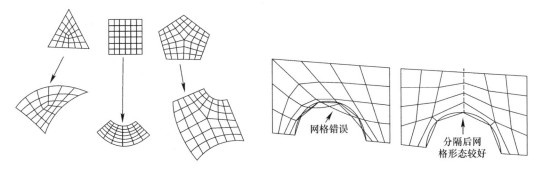

图 8.48　二维结构化网格模式　　　　图 8.49　包含凹面的结构化网格划分

2）Sweep（扫掠）网格划分技术：采用扫掠网格划分技术的区域显示为黄色。该技术是首先在源边或面（Source side）上生成网格，然后沿着扫掠路径（Sweep path）复制节点，直到目标边或面（Target side）得到网格。要判断一个区域是否可以应用扫掠网格划分技术，关键要看从源边或面沿着扫掠路径是否可以还原区域的几何形状。ABAQUS/CAE 会自动选择最复杂的边作为源边。当然，用户也可以指定扫掠路径，但必须注意的是，扫掠路径不同，划分的网格形状也是不同的（图 8.50）。扫掠技术有两种算法，即 Medial Axis（中性轴算法）和 Advancing Front（进阶算法）。中性轴算法首先把区域分为一些简单的区域，然后使用结构化网格划分技术来划分这些简单的区域。这种算法得到的网格单元形状较规则，但网

图 8.50　扫掠路径对网格形状的影响

格与种子位置吻合。使用四边形和六面体单元进行划分时，在 Mesh controls 对话框中勾选【Minimize the mesh transition】复选框（最小化网格过渡指大尺寸单元向小尺寸单元的过渡）可以提高网格的质量。与中性轴算法不同，进阶算法首先在模型的几何边界上生成四边形单元，然后再向区域内部扩展。进阶算法得到的网格严格按照种子的位置确定，但某些情况下可能会使网格发生歪斜，导致网格的质量下降。选用进阶算法时，ABAQUS 默认选中 Usemapped meshing where appropriate（映射网格）选项。映射网格特指四边形二维区域的结构化网格，采用这技术能提高网格的质量，但偶尔会造成划分失败，采用 Free（自由）划分技术时，也可采用该技术。

3）Free（自由）网格划分技术：采用自由网格划分技术的区域显示为粉红色。自由网格划分技术是最为灵活的网格划分技术，几乎可以用于任何几何形状。自由网格划分二维采用三角形单元或四边形单元，三维需采用四面体单元，一般应选择带内部节点的二次单元来保证精度。

4）Bottom-up（自底向上）网格划分技术：采用自底向上划分技术的区域显示为浅茶色（棕褐色）。一般情况下，在 Partition 的辅助之下，前面 3 种网格划分技术都能满足要求。当然，如果不能满足要求，ABAQUS 提供了自底向上网格划分技术。该技术仅适用于三维体的划分，从本质上来讲其是一种人工的网格划分技术，用户基于某一个面网格，

指定特定的方法（拉伸、扫掠或旋转）沿着某一路径生成网格，在这个过程中不能保证所有的几何细节都得到精确的模拟。

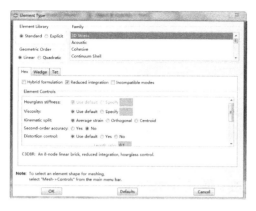

图 8.51　单元类型对话框

如果某个区域显示为橙色，则表明无法使用目前赋予他的网格划分技术来生成网格。这种情况多出现在模型结构非常复杂的时候，这时候需要利用 Partition 把复杂区域分割成几个形状简单的区域，然后再进行网格划分。

（3）【Mesh】/【Element type】菜单。执行【Mesh】/【Element type】命令，或单击工具箱区的 按钮，选择欲设置的单元类型的区域后，弹出图 8.51 所示的单元类型对话框。

该对话框中共有 Hex（六面体）、Wedge（楔体）和 Tet（四面体）3 个选项卡，选项卡中的选项控制了单元类别、积分公式等关键因素。ABAQUS 中每一种单元都有自己特有的名字，例如 C3D8、CPE4 等。这些名字反映了单元的如下 5 个特征，ABAQUS 正是以此来进行单元分类的。

1）单元族：单元族之间最明显的区别在于各单元族假定的几何类型不同，如实体单元、壳单元、梁单元等。在图 8.51 所示的单元类型对话框右侧的 Family 列表框中会有不同的单元类型。当用户选中某一个之后，在对话框下方就会显示出单元名称，如图 8.51 所示的 C3D8R。单元名字里开始的字母标志着这种单元属于哪一个单元族。例如，C3D8R 中的 C 表示它是实体单元。一般情况下，用户无需记住各单元族的准确名字，在选取单元类型时，ABAQUS 会针对不同类型进行提示。

2）自由度：不同节点单元具备的自由度有所不同，如应用于应力/位移分析的单元只有位移自由度（1-3），梁单元或壳单元还具有转动自由度（4-6）；用于流体渗透/应力耦合分析的单元还拥有孔压自由度（8）。

3）节点数：ABAQUS 仅在单元的节点处计算自由度，单元内部的自由度大小则根据节点自由度的大小插值而得。很明显，插值的阶数和单元的节点数目有关。通常情况下，节点数目越多，插值阶数越高。按照节点位移插值的阶数，可以把 ABAQUS 单元分为线性单元（linear）和二次单元（quadratic）。

4）数学公式：数学公式是指用来定义单元行为的数学理论。某些情况下，为了模拟不同的行为，某一单元族会包含不同的数学描述。主要有非协调单元模式和杂交单元模式。

5）积分：有限元计算中需要对某个物理量在单元中进行面积分或体积分，通常这些积分是没有精确理论解答的，必须通过数值积分完成。对于实体单元，有两种积分方式，即完全积分和缩减积分。所谓"完全积分"，是指当单元具有规则形状时，所用的高斯积分点的数目足以对单元刚度矩阵中的多项式进行精确积分。"缩减积分"是指比普通的完全积分单元在每个方向上少用一个积分点，其不易发生剪切自锁现象，但需要划分较细的网格来准确模拟单元的变形模式，对应力集中部分的模拟也不太好。ABAQUS 在单元名字末尾用字母"R"来识别缩减积分单元。

（4）【Mesh】/【Part】和【Mesh】/【Region】菜单。执行【Mesh】/【Part】命令可一次

性划分部件整体，执行【Mesh】/【Region】命令可依次划分所选中的区域。划分网格后，可通过工具栏中的■按钮，控制是否显示网格。通过执行【View】/【Part Display Options】命令，在部件显示对话框的 Mesh 选项卡中控制是是否显示节点、单元编号。

（5）【Mesh】/【Verify】菜单。网格划分完成之后，执行【Mesh】/【Verify】命令，或单击工具箱区中的■按钮，可通过弹出的验证网格对话框检验网格质量（图 8.52）。该对话框中有 3 个选项卡，选项卡中的选项随单元类型不同而略有变化，三维六面体单元的选项如下。

图 8.52　验证网格对话框

1）Shape Metrics：该选项卡通过 Quad-Face Corner Angle（单元某个面上的角度）、Aspect Ratio（单元长宽比）来判断网格的形状是否合理。

2）Size Metrics：该选项卡通过 Geometric deviation factor greater（几何偏差系数，控制网格是否过分扭曲）、是否有过短（shorter）或过长（longer）的边，Stable time increment（Explicit 分析中的稳定时间增量步长，与单元最小尺寸相关）来评价网格形状。

3）Analysis Checks：单击该选项卡中的【Highlight】按钮可将错误单元（无法计算）和警告单元（单元形态不好）分布用洋红色和黄色高亮显示，并在提示区中给出相应的单元个数。

8.3.8　Job（任务）模块

1. 主要功能

在 Job 模块中可以创建和编辑分析作业、生成 inp 计算文件、提交计算、监控任务的运行状态等。

2. 主要菜单

Job 模块主要工具箱按钮如图 8.53 所示，其中自适应过程主要用于应力集中区域的网格自动重划分，协同分析用于多物理场分析（流固耦合），优化过程用于物体拓扑及形状优化。

图 8.53　Job 模块主要工具箱按钮

（1）【Job】/【Create】菜单。执行【Job】/【Create】命令，或单击工具箱区的■按钮，弹出图 8.54 所示的创建任务对话框。此时可以选择分析作业是基于 ABAQUS/CAE 的模型（Model）还是基于某个 inp 文件。若选择 Model，单击【Continue】按钮，弹出编辑任务对话框，其有以下 5 个选项卡。

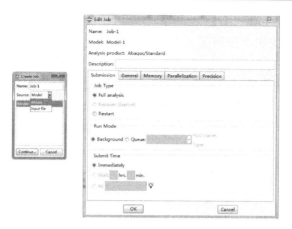

图 8.54　创建/编辑任务对话框

1）Submission（提交分析）：可以设置分析作业的类型、运行模式和提交时间。

2）General（通用参数）：可以设置前处理器的输出数据、存放临时文件的文件夹和需要用到的用户子程序（User subroutine）。

3）Memory（内存）：可以用来设置分析过程中允许使用的内存。要合理设置内存。

4）Parallelization（并行分析）：可以设置多个 CPU 的并行计算。

5）Precision（分析精度）：设置分析精度为单精度或双精度。

（2）【Job】/【Manger】菜单。执行【Job】/【Manger】命令，或单击工具箱区的 按钮，弹出图 8.55 所示的任务管理对话框。可进行任务文件重命名、拷贝、删除等操作。

图 8.55　任务管理对话框

1）Write input：在工作目录下生成 inp 文件。

2）Data Check：检查模型定义是否正确，可以不检查直接提交运算。

3）Submit：提交计算。

4）Continue：对检查过的任务继续提交运算。

5）Monitor：监控运行情况。

6）Results：进入 Visualization 后处理模块，并打开对应数据库文件。

7）Kill：中止计算。

8.3.9　Visualization（可视化）模块

1. 主要功能

后处理模块从计算输出数据库（odb 文件）中获得模型和结果信息，可进行等值线云图、矢量图、网格变形图、XY 曲线图等多种形式的结果后处理，并可将结果导出到外部数据文件中，供用户采用其他软件处理。

2. 主要菜单

Visualization 模块主要工具区按钮如图 8.56 所示。

（1）【Result】菜单。本菜单提供了输出结果的控制选项，包括指定结果的分析步、增量步，选择要显示的场变量或历史变量等。

1）Step/Frame：选择当前显示结果的分析步及所属帧。其功能与环境栏右侧的帧选择工具一致，类似于播放器中的控制按钮，通过这些按钮用户可以在图 8.57 所示的分析步、增量步结果之间切换。

2）Field Output：选择以等值线云图显示的结果，也可以通过图 8.58 所示的工具栏中的 Field Output 下拉表进行选择。

3）History Output：执行【Result】/【History Output】命令，弹出图 8.59 所示的 History Output 对话框，用户可在 Variables 选项卡中选择数据，在 Step/Frame 选项卡中选择帧，单击【Plot】按钮可在屏幕上绘制历史输出变量曲线。

（2）【Plot】菜单。提供了绘制各种图形的功能。包括未变形网格、变形网格、等值线云图和矢量图等。

1）Undeformed Shape：绘制未变形网格，对应工具箱区中的 按钮。

图 8.56　Visualization
模块主要工具区按钮

图 8.57　帧选择工具

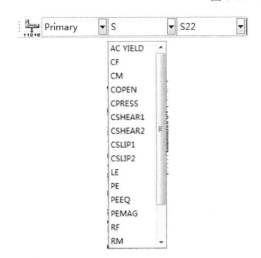

图 8.58　Field Output 工具栏

图 8.59　History Output 选择及绘制

125

2）Deformed Shape：绘制变形网格，对应工具箱区中的 按钮。变形的放大系数可通过执行〔Options〕/〔Common〕命令或单击工具箱中的 按钮，在图 8.60 所示的通用对话框中设置。

3）Contours：绘制等值线云图，对应工具箱中的 按钮。可在未变形网格（变形前）、变形网格（变形后）上绘制，也可同时绘制在变形前后的网格上。

4）Symbols：绘制矢量图，对应工具箱中的 按钮。包含基于变形前、变形后、变形前后 3 种选择。

（3）【Report】菜单。根据用户需要，可将 XY 数据列表（【XY】子菜单）或场变量输出结果（【Field Output】子菜单）输出到外部文件。ABAQUS 默认的输出文件后缀名是 .rpt，该格式文件可以用文本编辑器打开，这些数据可用于 Excel 软件画图表等。

（4）【Options】菜单。本菜单用于设置各种图形的相应参数，如前面用到的【Common】子菜单，用于设置绘图通用选项，【Contour】用于设置等值线的间距、颜色等。

（5）【Options】菜单

1）Query：查询节点或单元的相关信息和分析结果，或 $X\text{-}Y$ 曲线上某点的 XY 值，可以把这些结果写入一个文件里。

2）Display Group：定义显示组，显示或隐藏模型的某些部分。

3）Path：定义节点组成的路径，常用于绘制变量沿该路径的分布曲线。

4）XY Data：创建 XY 数据。所谓的 XY 数据，是指反映某一变量 X 与变量 Y 之间的关系；执行【Tools】/【Create】命令，弹出图 8.61 所示的创建 XY 数据对话框，ABAQUS 有基于历史变量、场变量、对已有的 XY 数据进行操作和绘制某一变量沿路径的分布等多种选项。

图 8.60　通用对话框中设置

图 8.61　创建 XY 数据对话框

3. 几个小贴士

（1）屏幕输出。如前所述，ABAQUS 允许通过【Report】菜单将计算结果数据输出。有时，我们希望能将屏幕显示的图形直接输出。此时，可利用 按钮，在弹出的图 8.62 所示的打印对话框中，将 Destination（目标）选择为 File（文件），在 Format（格式）右侧下拉列表中选择欲输出的图片文件格式，确认即可。

（2）设置屏幕背景颜色。ABAQUS 屏幕颜色默认为灰度过渡，为了方便其他截图软件，有时需要更改屏幕背景颜色。执行【View】/【Graphic Options】命令，在弹出的【Graphic Options】对话框中，将 Viewport Background 选为 Solid，并选择相应的颜色。如图 8.63 所示。

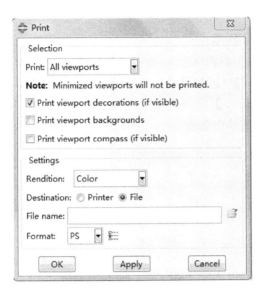

图 8.62　打印设置对话框

图 8.63　图形显示选项对话框中

（3）自定义视图注释。当绘制等值线云图时，屏幕上会有一些注释信息，如图例、状态、结果隶属分析步等。为了自定义相应的字体大小等，用户可执行【Viewport】/【Viewport Annotation Options】命令调出图 8.64 所示的对话框。执行【View】/【Toolbars】/【Viewport】命令，可在工具栏上显示 Viewport 工具栏，如图 8.65 所示。利用该工具栏中的按钮，不仅可以进行同样的操作，还可以在屏幕上添加标注等信息。

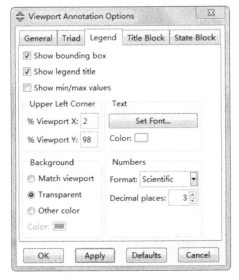

图 8.64　图形注释对话框

图 8.65　Viewport 工具栏

127

8.3.10 Sketch（草图）模块

1. 主要功能

通过该模块可以生成轮廓线或向外部文件导入生成的二维轮廓线。草图可以直接用来定义一个二维部件，也可通过将其拉伸、扫掠或者旋转定义一个三维部件。

2. 主要菜单

Sketch 模块的主要工具区按钮如图 8.66 所示。

执行【Sketch】/【Create】菜单，或单击工具箱区的 按钮，弹出图 8.67 所示的创建草图对话框。对话框中的【Approximate size】（近似尺寸）为草图的近似尺寸，与在 Part 模块中创建部件时的含义一致，单击【Continue】按钮确认后进入图形编辑界面（与创建部件时一致）。ABAQUS/CAE 提供了强大的绘图功能。

图 8.66　Sketch 模块的主要工具区按钮　　　图 8.67　创建草图对话框

8.4　钢柱特征值屈曲分析

8.4.1　工程概况

利用 ABAQUS 有限元软件分析在不同的特征值下的一个 4.2m 高的钢柱的变形情况。钢柱的截面尺寸如图 8.68 所示。钢柱的材料特性：弹性模量 $E=2.11\times10^{11}\,\mathrm{N/m^2}$，泊松比 $\nu=0.2$，屈服强度 $f_y=3.45\times10^8\,\mathrm{N/m^2}$。

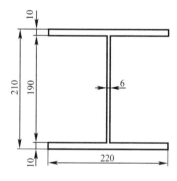

图 8.68　有限元模型建立

8.4.2　构建模型

在 ABAQUS/CAE 窗口顶部的环境栏中选择模块列表 Model：Part，进入 Part 模块。

1. 创建部件

点击左侧工具栏中的 按钮，弹出如图 8.69 所示的 Create Part 对话框，将 Modeling Space（模型所在空间）设为 3D，Shape 设为 Shell（壳），Type 选择 Extrusion（拉伸），Approximate size 项输入 1，保持剩余参数默认值不变，单击【Continue】按钮进入二维绘图界面。

选择工具区的 按钮，在提示区输入 X、Y 坐标（-0.11，0.1），点击鼠标中间键完成点的绘制，再绘制点（0.11，0.1），绘制出第一条水平线，依次绘制点对（-0.11，-0.1）、

（0.11，－0.1），绘制出第二条水平线，输入（0，0.1）、（0，－0.1），绘制第三条直线，完成部件的二维平面图，如图 8.70 所示。

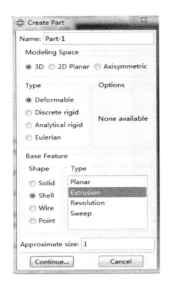

图 8.69　Create Part 对话框

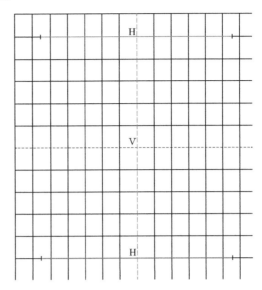

图 8.70　二维几何模型

在绘图的空白区点击鼠标中键，弹出 Edit Base Extrusion 对话框，如图 8.71 所示，在 Depth 项中输入 4.2，点击 OK，部件创建如图 8.72 所示。

图 8.71　Edit Base Extrusion 对话框

图 8.72　部件图

2. 创建截面和材料属性

在窗口环境栏的模块下拉列表选择属性模块，进入 Property 模块。

（1）创建材料。点击左侧的工具创建材料，弹出 Edit Material 对话框，输入质量密度 7850，弹性模量 $2×10^{11}$，泊松比为 0.3，保持剩余参数不变，完成材料的创建，如图 8.73 所示。

（2）创建截面属性。

1）创建翼缘板截面属性。点击左侧工具面板的工具项，弹出 Create section 对话框，将种类设置为壳，性质均质，Value 后填 0.01，其他参数不变，点击完成，退出属性的创建，如图 8.74 所示。

图 8.73　材料属性对话框

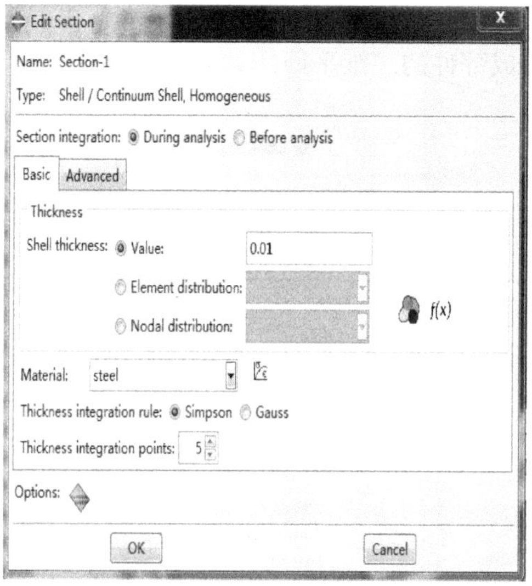

图 8.74　翼缘板 section 对话框

2）创建腹板截面属性。依照同样的步骤，Value 后填 0.006，其他参数不变，完成腹板截面的属性创建，如图 8.75 所示。

（3）给部件赋予截面属性。点击左侧工具面板按钮，分别选择翼缘板和腹板进行属性的指派，颜色由白色变为青色，如图 8.76 所示。

图 8.75　腹板 section 对话框

图 8.76　部件被赋予截面属性

3. 定义装配件

在环境栏的 Module 的列表中选择 Assembly 功能模块，点击左侧的创建实例按钮，即可完成装配，如图 8.77 所示。

4. 设置分析步

在环境栏的 Module 列表中选择 Step（分析步）功能模块。点击左侧的按钮，弹出 Create Step 对话框，在 Name 后面输入 Load，分析步类型选择 Linear perturbation，下拉菜单中选择 Buckle，如图 8.78 所示。点击 Continue，弹出 Edit Step 对话框，选择 Lanczos，所需特征值数量填入 10，即分析 10 个特征值下的变形情况，如图 8.79 所示。

图 8.77　Create Instance 对话框　　　　图 8.78　Create Step 对话框　　　　图 8.79　Edit Step 对话框

5. 定义在载荷和边界条件

（1）给钢柱施加边界荷载。点击左侧的 ⌖ 工具，弹出 Create Load 对话框，Step 选择 Load，载荷类型选择壳边缘荷载，如图 8.80 所示，点击继续，在画图区选择荷载作用的钢柱的边缘，点击鼠标中键，弹出 Create Load 对话框，在 Magnitude 选框输入 1e4，剩余参数不变，点击 OK 完成边界荷载的定义，此时模型显示边界荷载如图 8.81 所示。

图 8.80　Create Load 对话框以及模型上显示荷载施加的位置

（2）定义钢柱的边界条件。点击工具区左侧的 ⌖ 来定义边界条件，弹出 Create Boundary Condition 对话框，选择 Initial，分析步的边界类型选择转角/位移，如图 8.82 所示，点击 Continue，在左边界输入约束，选中 U1，U2，即铰接，如图 8.83 所示。同样对钢柱的右边界输入的约束，选中 U1、U2、U3，即在三个方向约束钢柱的位移，完成边界条件定义，模型如图 8.84 所示。

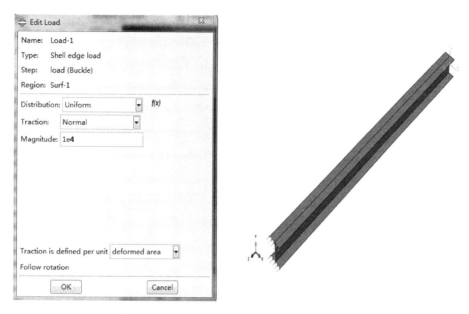

图 8.81　Create Load 对话框以及模型上施加的荷载

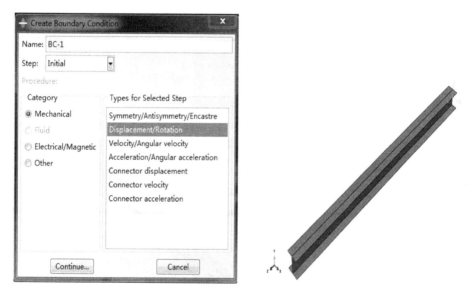

图 8.82　Create Boundary Condition 对话框以及模型上约束施加的位置

6. 网格的划分

在环境栏的 Module 列表中选择 Mesh 功能模块进行网格划分，事先将环境栏的 Object 项设为 part1，依次进行布置种子，设置网格种子参数，划分网格。

（1）布置种子。点击工具区中的 按钮，弹出 Global Seeds 对话框，如图 8.85 （a）所示，在 Approximate global size 后输入 0.05，其余参数保持不变，点击 Apply，种子布置情况如图 8.85 （b）所示。

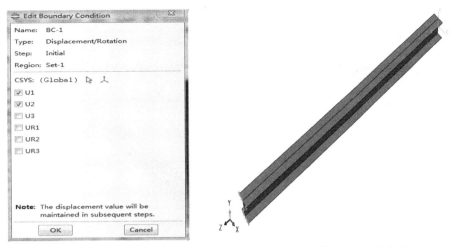

图 8.83　Edit Boundary Condition 对话框以及模型上施加的约束

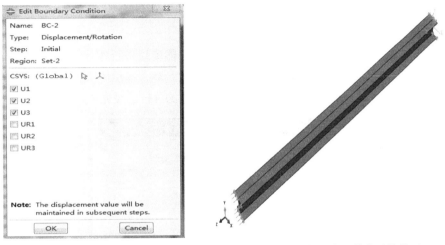

图 8.84　Edit Boundary Condition 对话框以及施加约束和荷载后的模型

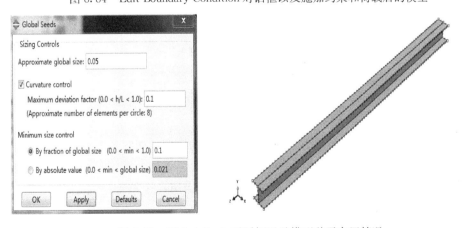

图 8.85　Global Seeds 对话框以及模型种子布置情况

（2）设置网格控制参数。点击工具区中的 按钮，弹出 Mesh Controls 对话框，将划分网格方法设为 Sweep，如图 8.86 所示，其余参数保持默认不变。

（3）划分网格。点击工具区中的![]按钮，提示区提示是否对部件划分网格，点击Yes，网格自动划分，如图 8.86 所示。

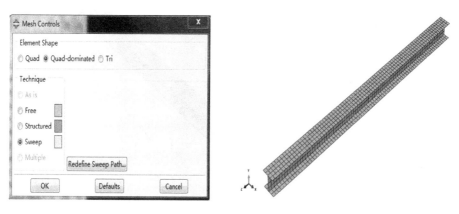

图 8.86　Mesh Controls 对话框以及网格划分情况

7. 提交分析作业

在环境栏的 Module 列表中选择 Job（分析作业）功能模块进行作业提交。

依次进行创建分析作业，提交分析，直到对话框中的 Status 提示依次变为 Submited（提交）、Running（运算）和 Completed（完成），此时对模型的分析已经完成，如图 8.87 所示。

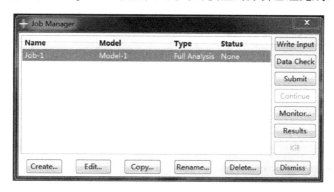

图 8.87　Job Manager 对话框

8.4.3　计算结果分析

1. 显示变形图

点击工具区中的![]按钮，绘图区会显示出变形后的模型，如图 8.88 所示。

2. 显示云纹图

点击工具区中的![]按钮，绘图区会显示出特征值为第一个特征值时的 U（节点的空间位移）云纹图，如图 8.89 所示。

选择主菜单 Result-Field Output，弹出 Field Output 对话框，如图 8.90 所示，在 Primary Variable 项中选中 List only variable with results，此时可以分别选中 Component 项中的 U1、U2、U3 来观察 X、Y、Z 三个方向的变形量，如图 8.91 所示。选择 Name 中的 UR 来显示模型节点的旋转位移，以 UR2 云图为例，如图 8.92 所示。

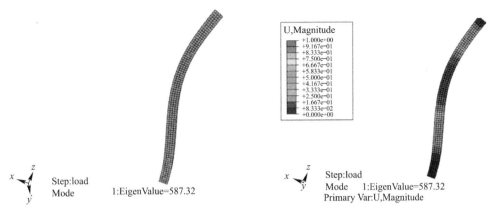

图 8.88　变形后的网格模型　　　　　　　图 8.89　变形后的位移云图

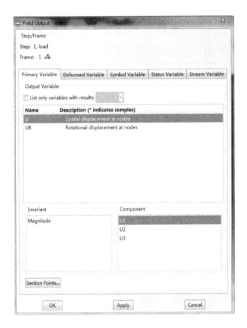

图 8.90　Field Output 对话框

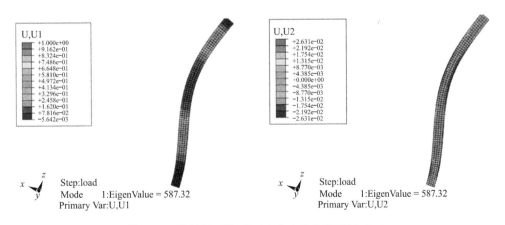

图 8.91　模型 X、Y、Z 三个方向的位移云图（一）

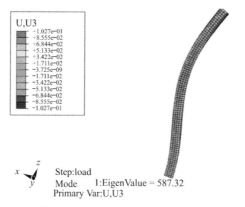

图 8.91 模型 X、Y、Z 三个方向的位移云图（二）

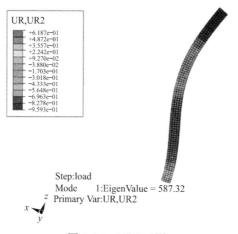

图 8.92 UR2 云图

8.5 隧道开挖

8.5.1 概述

隧道的开挖和其他开挖问题类似，其实质主要是应力的释放。如果为没有衬砌的施工，那问题很简单，只要在建立初始应力之后，移除开挖单元即可。但在实际工程中，隧道的开挖施工步骤是十分复杂的，其涉及灌浆、开挖、衬砌施工等。而在有限元计算中衬砌等支护结构施工的模拟尤为重要，特别是衬砌单元激活的时机，若在开挖区域单元移除之前激活不符合真实工程中的施工顺序，衬砌施工时土体应力已有所释放；而若在单元移除之后进行激活则土体应力早已完全释放，衬砌起不到支撑的作用。现有的 ABAQUS 模拟隧道开挖的方法有如下几种。

（1）The Gap Method。有限元网格中预设一个比隧道直径大的圆孔，圆孔与隧道之间的体积差代表了地层损失。分析中逐渐降低圆孔周边结点力，记录其位移，当圆孔闭合至隧道位置时，激活衬砌。

（2）The Progress Softening Method（软化模量法）。在衬砌施工前，将开挖区单元的模量降低，依次来模拟应力释放效应。

以下主要介绍软化模量法。

8.5.2 构建模型

有一半径为 4.0m 的隧道，开挖过程中采用厚 0.15m 的混凝土衬砌支撑，土体和衬砌都采用弹性模型模拟，具体参数如图 8.93 所示。

为对比起见，首先研究没有衬砌时的隧道开挖。

1. 无衬砌隧道开挖

（1）建立部件。在 Part 模块中，执行【Part】/【Create】命令，在弹出的 Create Part 对话框中，将 Name 设为 soil，Modeling Space 设为 2D Planar，Type（类型）设为 Deformable，Base Feature 设为 Shell（二维的面）。单击【Continue】按钮后进入图形编辑界面，按所示形状绘制土体几何轮廓，完成后单击提示区中的【Done】按钮完成部件的建立。（本例中原点取为隧道中心点。）

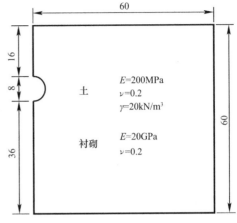

图 8.93　模型简化示意图

执行【Tools】/【Partition】命令，分隔出隧道的几何形状。

执行【Tools】/【Set】/【Create】命令，选择全部区域，建立名为 all 的集合；将隧道内部土体建立名为 remove 的集合。

（2）设置材料及截面特性。在 Property 模块中，执行【Material】/【Creat】命令，建立名称为 soil 的材料，执行 Edit Material 对话框中的【Mechanical】/【Elasticity】/【Elastic】命令设置弹性模型参数，这里弹性模量 $E=200\text{MPa}$，泊松比 $\nu=0.2$。

执行【Section】/【Create】命令，设置名为 soil 的截面特性（对应的材料为 soil），并执行【Assign】/【Section】命令赋给相应的区域。

（3）装配部件。在 Assembly 模块中，执行【Instance】/【Create】命令，建立相应的 Instance。

（4）定义分析步。在 Step 模块中，执行【Step】/【Create】命令，在弹出的 Create Step 对话框中设定名字为 geo，分析步类型选为 geostatic，单击【Continue】按钮进入 Edit Step 对话框，接受所有默认选项后退出。

按照上述步骤，再建立一个名为 Remove 的静力分析步，其时间为 1.0，初始时间增量步为 0.1，允许的最大增量步为 0.2。

（5）定义隧道开挖。在 Interaction 模块中，执行【Interaction】/【Create】命令，在所在的对话框中选择分析步为 Remove，类型为 Model change，然后单击【Continue】按钮，通过 Edit Interaction 对话框中 Region 右侧的鼠标符号确定开挖的位置，确认 Activation state of region elements 为 Deactivated in this step。

（6）定义荷载、边界条件。在 Load 模块中，执行【BC】/【Create】命令，限定模型两侧的水平位移和模型底部两个方向的位移（图 8.93）。应注意这些边界条件在 initial 步或 geo 分析步中就已激活生效。

执行【Load】/【Create】命令，在 geo 分析步中对土体所有区域施加体力 -20，以此来模拟重力荷载；在 Remove 分析步中对距离轴线 30m 的范围内施加表面压力荷载 50kPa，以此模拟可能的交通荷载和堆载。

（7）定义初始应力。在 Load 模块中，执行【Predefined Field】/【Create】命令，将 Step 选为 Initial（ABAQUS 中的初始步），类型选为 Mechanical，Type 选择 Geostatic stress（地应力场），设置起点 1 的竖向应力（Stress Magnitude 1）为 0，对应的竖向坐标（Vertical Coordinate 1）为 20（土体表面），终点 2 的竖向应力（Stress Magnitude 2）为 -1200kPa，对应的竖向坐标（Vertical Coordinate 2）为 -40，侧向土压力系数（Lateral coefficient）为 0.5。

（8）划分网格。进入 Mesh 模块，将环境栏中的 Object 选项选为 Part，意味着网格划分是在 Part 的层面上进行的。为了便于网格划分，执行【Tools】/【Partition】命令，将区域分成几个合适的区域。执行【Mesh】/【Controls】命令，在 Mesh Controls 对话框中选择 Element shape（单元形状）为 Quad（四边形），选择 Technique（划分技术）为 Structured。执行【Mesh】/【Element Type】命令，在 Element Type 对话框中，选择 CPE4（四节点平面应变单元）作为单元类型。通过【Seed】下的菜单设置合适的网格密度。执行【Mesh】/【Part】命令，单击提示区中的【Yes】按钮，将网格划分为图 8.94 所示的状态。

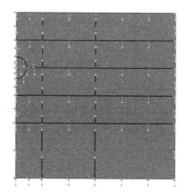 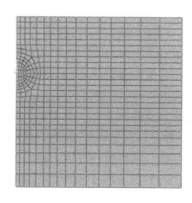

图 8.94　边界条件与网格划分

进入 Visualization 后处理模块，打开相应的计算结果数据库文件。执行【Tools】/【Path】/【Create】命令，将土体水平表面建立为 Path-1。执行【Tools】/【XY Data】/【Create】命令，在 Create XY Data 对话框中选择 Path 为数据源，将土体表面的水平位移 U1 和竖向位移 U2 绘制于图 8.95 中。由图 8.95 可见，土层表面靠近中心线处的沉降最大，随着距离的增加而逐渐减小；水平位移则指向中心线，大体反映了变形指向开挖面。图 8.96 给出了隧道周围局部区域的位移矢量图，隧道底部回弹，顶部下沉，同样反映了这一规律。

2. 有衬砌隧道开挖

这里采用模量衰减的方法来模拟应力的部分释放现象。除初始分析步之外，还需定义这样几个分析步：①reduce 分析步，在此步中开挖区模量衰减 40%；②add 分析步，此步中激活衬砌单元；③remove 分析步，此步中移除隧道开挖单。

相比无衬砌隧道开挖，有衬砌隧道开挖需要设置隧道土体和衬砌的接触问题，其他分析步大体相同。分析后处理结果如下：

（1）把无衬砌隧道开挖时的 cae 文件另存为有衬砌隧道开挖的 cae 文件（例如可命名为：liner. cae）。

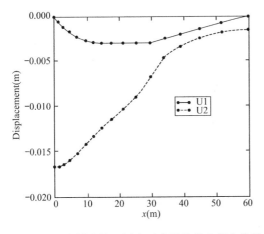

图 8.95　没有衬砌的土层表面水平位移和竖向位移

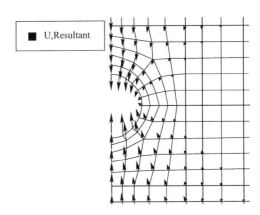

图 8.96　隧道局部位移矢量图

（2）进入 Part 模块，执行【Part】/【Create】命令建立厚为 0.15m，外半径为 4m 的二维平面衬砌部件 Liner。执行【Tools】/【Set】/【Create】命令，将整个衬砌建立名为 Liner 的集合。

（3）进入 Property 模块，建立名为 Linear 的弹性材料，弹性模量 $E=19GPa$，泊松比 $\nu=0.2$。将原有的材料 soil 拷贝为新的材料 soil-remove，执行【Material】/【Edit】命令，对 soil-remove 进行修改。在 Edit Material 对话框中，将 Number of field variables 设为 1，并按图 8.97 中的数据设置随场变量变化的弹性模量。在后面的步骤中，我们将把场变量 FV1 的初始值设为 1，然后在 reduce 分析步中将 Field 设为 2，从而实现模量的衰减。重新定义截面特性，并赋予相应的区域

（4）进入 Assembly 模块，将衬砌 Linear 部件插入当前 Instance 中。

（5）进入 Step 模块，删除原有的分析步 remove，重新在 geo 分析步之后依次插入名为 reduce、add 和 remove 的 static，general 静力分析步。

（6）由于分析步变动，需要重新定义开挖区域，同时也需要指定衬砌的激活时机。衬砌首先需在第一个分析步中移除。在 Interaction 模块中，执行【Interaction】/【Create】命令选择分析步为 geo，类型为 Model change，然后单击【Continue】按钮，通过 Edit Interaction 对话框中 Region 右侧的鼠标符号选择衬砌，

图 8.97　定义随场变量变化的弹性模型

确认 Activation state of region elements 为 Deactivated in this step。类似地，将隧道位置部分的土体在 Remove 分析步中移除。执行【Interaction】/【Manger】命令，在 Interaction Manager 对话框中单击【Edit】按钮，将衬砌在 Add 分析步中 Reactived。

（7）设置衬砌与土体之间的接触面。执行【Tools】/【Surface】/【Create】命令，将衬

砌外周表面设为 Liner-o，土体与之相接触的面设为 soil-o。

执行【Interaction】/【Property】/【Edit】命令，然后执行对话框中的【Mechanical】/【Normal Behavior】命令，接受默认选项，设置法向接触。执行【Mechanical】/【Tangential Behavior】命令，选择切向模型为 Rough，即衬砌与土体之间为完全粗糙。

执行【Interaction】/【Create】命令，在 Remove 分析步中创建衬砌与土体之间的接触。

（8）进入 Load 模块，在 Initial 分析步中将衬砌左边边界的 x 向位移 U1 限制为 0。在 Remove 分析步中距离轴线 30m 的范围内施加表面荷载 50kPa。

（9）进入 Mesh 模块，将衬砌沿周长方向划分 12 个网格，由于需要精确模拟衬砌单元的弯曲变形模式，需要采用单元 CPE4I（平面应变四节点非协调元）。

（10）修改模型输入文件，设置场变量。执行【Model】/【Edit Keywords】/【Model-1】命令，在第一个分析步之前添加如下定义场变量初始值的语句：

* initial conditions，type = field，variable = 1；variable 指定了场变量的名字，ABAQUS 中场变量的命名必须从 1 开始。

soil-1. remove，1；soil-1. remove 是点集合名称，1 为场变量的初始值。

找到第二个分析步（reduce）的语句：

* Step，name＝Reduce

* Static

0.1，1.，1e-05，0.2

在这之后插控制场变量的语句：

* Field，VARIABLE＝1

soil-1. remove，2；在 Reduce 分析步中将场变量变化为 2。

（11）进入 Step 模块，创建并提交任务。

（12）进入 Visualization 后处理模块，打开相应的计算结果数据库文件。图 8.98 比较了有无衬砌两种情况下地基表面的沉降变形。由图可见，有衬砌之后地表最大沉降减小，衬砌支撑作用明显。需要注意，有时计算得到的地表可能出现向上的隆起变形与实际地层损失下沉的现象不一致。这是因为模拟中

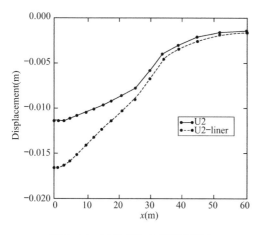

图 8.98　衬砌对地表变形的影响

衬砌在开挖完全完成之前施工完毕，由于衬砌刚度较大，衬砌内土体的移除将使得衬砌有整体上抬变形的趋势，其将抵消地层损失导致的地面下沉。另外，这一现象和我们采取的本构模型也有一定的关系，我们未考虑材料的非线性，土体加、卸载模量之间的区别，也没有考虑弹性模量随深度的分布，这些与实际情况之间有一定的差异。

（13）衬砌变形和应力。图 8.99 给出了衬砌变形前后的形状对比。由于衬砌是一个圆形，在整体坐标系下的应力结果不是很直观，需要将应力结果转换到局部坐标系下显示。读者可以在前处理中通过【Assign】/【Material Orientation】命令将局部坐标系赋予 Liner 衬砌区域，也可以在后处理中进行。这里介绍后一种做法。

在 Visualization 后处理模块中执行【Tools】/【Coordinate system】/【Create】命令，在

图 8.100 所示的对话框中选择类型（Type）为 Cylindrical，然后按照提示选择三个点确定坐标系。执行【Result】/【Options】命令，在图 8.101 所示的 Result Options 对话框中切换到 Transformation 选项卡，将 Transform Type 选择为 User-specified（自定义），选择之前定义的坐标系。

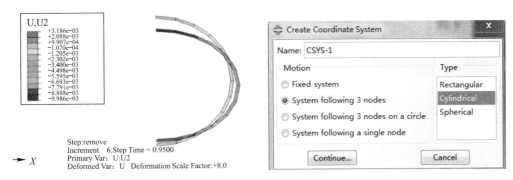

图 8.99　衬砌的变形前后的形状对比　　　　　图 8.100　自定义坐标系

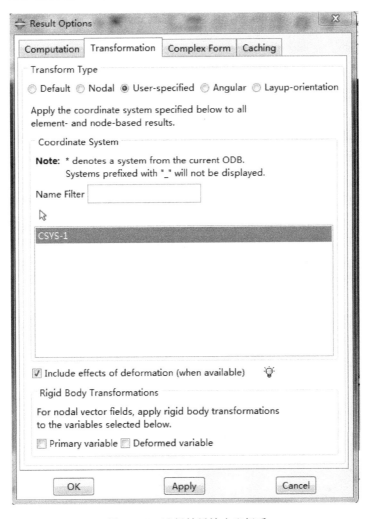

图 8.101　选择结果输出坐标系

分别设置内、外两侧的边界为路径，然后将衬砌轴向应力绘制于图 8.102 中。图中横坐标代表距离衬砌上顶点的弧线长度。计算结果表明，衬砌内主要承受压应力，压应力的差异体现了衬砌的弯曲变形，如衬砌右侧外侧有弯曲受拉、内侧受压的趋势，这和图 8.99 中的变形模式是一致的。

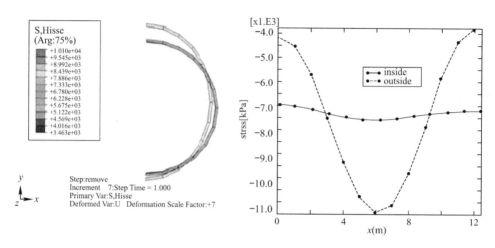

图 8.102　衬砌内外两侧的轴线方向应力

习题与思考题

1. 一均匀地基表面作用有 $4m \times 2m$ 的矩形均布荷载（图 1），载荷大小为 $10kPa$，假设地基土很厚，弹性模量为 $1 \times 10^4 kPa$，泊松比为 0.3，求加载面积中点以下各点的竖向附加应力分布。

2. 对一试样进行三轴固结排水（CD）剪切实验。三轴试验可分为两步：第一步，在固结应力 σ_c 基础上增加围压增量 $\Delta\sigma_3$，使围压达到 σ_3；第二步，在竖直方向施加偏应力 $\sigma_1 - \sigma_3$，使得竖直应力达到 σ_1。若这两步均允许排水，称为固结排水（CD）剪切实验。如图 2 试样，直径为 $4cm$，高度为 $8cm$。土体的弹性模量为 $10MPa$，泊松比为 0.3，内聚力为 $10kPa$，内摩擦角为 $30°$，求破坏时的 σ_1。

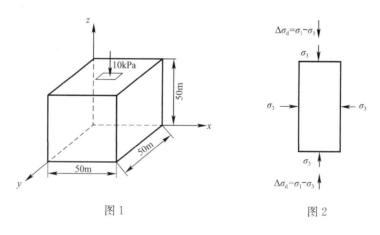

图 1　　　　　　　　　　图 2

第9章 FLAC3D建模方法与应用实例

9.1 概述

FLAC3D（全称为 Fast Lagrangian Analysis of Continua in 3Dimensions）是由 Cundall 和美国 ITASCA 公司开发出的有限差分数值计算程序，建立在拉格朗日算法基础上，采用有限差分显式算法来获得模型全部运动方程（包括内变量）的时间步长解，从而可以追踪材料的渐进破坏和垮落，这对岩土工程设计和研究是非常重要的。

9.2 程序简介

FLAC3D程序适用于模拟计算岩土材料力学行为，特别适合于模拟大变形和扭曲，包括材料的高度非线性（应变硬化/软化）、不可逆剪切破坏和压密、粘弹（蠕变），孔隙介质的应力—渗流耦合、热—力耦合以及动力学问题等。

该程序采用"混合离散法"用以精确模拟塑性坍塌和塑性流动。这种方法比有限单元法中采用的渐进迭代更为有效。采用全动力运动方程，即使对于静力问题也是如此。这使得 FLAC3D能够没有任何障碍地模拟物理不稳定性问题。

该程序采用显示求解方式（与常用的隐式方法比较）。显示方法在求解非线性问题的（应力—应变关系）时间几乎等同于线性关系问题，而隐式算法可能花费很长时间，因为它并不需要储存任何矩阵，因此，不需要修改刚度矩阵，这就意味着：

（1）具有中等内存的计算机能够采用较多的计算单元模拟。

（2）模拟大应变问题比模拟小应变问题几乎不多花计算时间。

9.3 基本原理

9.3.1 求解过程

FLAC3D程序求解过程以及差分方程如图9.1、图9.2所示。

9.3.2 本构模型

FLAC3D中包含10个本构模型，见表9.1。

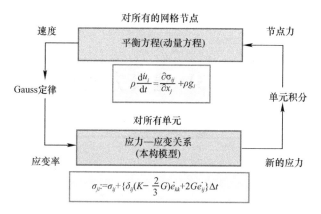

图 9.1 求解过程

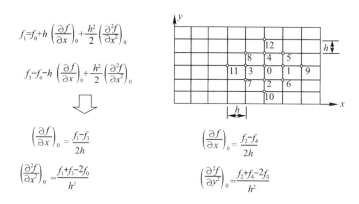

图 9.2 差分方程

本构模型 表 9.1

模型	代表性材料	可能应用范畴
开挖模型	空区	孔、开挖体、嗣后充填体
弹性模型	均质、各向同性、连续介质线性应力-应变关系	制造材料（如钢）；加载低于极限强度；安全系数计算
正交各向同性弹性模型	具有 3 个相互正交轴方向上的弹性介质	加载低于强度极限下的柱状玄武岩
横观各向同性弹性模型	显现为各向异性弹性薄层叠合结构材料	加载低于极限强度的层状结构体
德鲁克-普拉格模型	限制应用的材料：具有低摩擦角的软土介质	同隐式有限单元程序通用的模型
摩尔-库仑塑性模型	松散和粘结的颗粒材料；土质、岩石和混凝土	一般岩土力学（如边坡稳定性和地下开挖）
应变硬化/软化、摩尔-库仑模型	应变硬化或软化的非线性颗粒介质	研究峰后破坏特性（如渐进塌落、矿柱屈服、冒落）
遍布节理模型	显现为强度各向异性的薄层叠合结构材料	在密集层理地层中的开挖
双线性应变硬化/软化遍布节理模型	表现为非线性硬化或软化的层状材料	研究层状材料的峰后破坏特性
修正的 Cam 黏土模型	变形和剪切强度是体积变量函数的材料	土体介质中的岩土结构

9.3.3　结构单元

结构单元类型如图 9.3 所示。

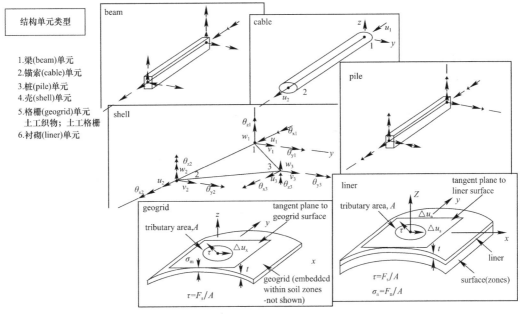

图 9.3　结构单元类型

9.3.4　接触单元

接触单元本构模型如图 9.4 所示。

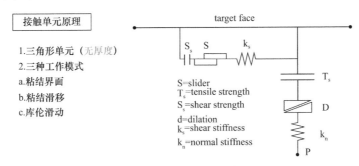

图 9.4　接触单元本构模型

9.4　建模方法

9.4.1　建模与模拟过程

基本步骤如下：

（1）根据研究目的对实际模型进行构思与概化，计算模型所涉及的复杂程度取决于研究目的；

（2）根据工程影响区确定计算模型的尺寸、单元类型的确定、网格划分，形成计算网格；

（3）安排工程对象（开挖、支护等）；

（4）输入力学参数；

（5）确定边界条件；

（6）进行模拟计算；

（7）结果分析。

9.4.2　FLAC3D模型基本称谓

FLAC3D模型基本称谓如图9.5所示。

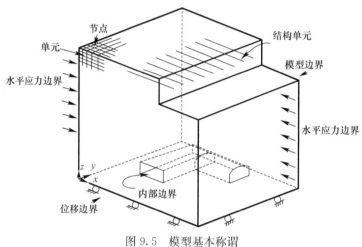

图9.5　模型基本称谓

9.4.3　FLAC3D模型结点与单元编号

FLAC3D模型结点与单元编号如图9.6所示。

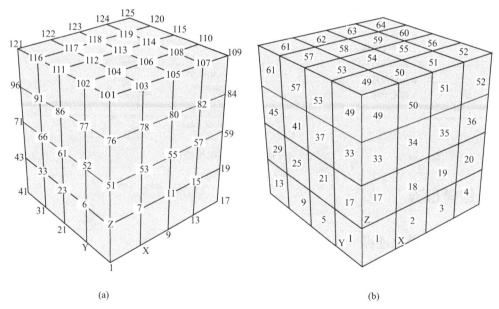

(a)　　　　　　　　　　　　　(b)

图9.6　模型结点与单元编号

（a）结点；（b）单元

9.4.4　基本单元生成

FLAC3D 提供了多种形状的基本单元类型，建模时可根据计算对象的几何特点，选择若干种基本单元，用"搭积木"的方式进行组合，如图 9.7 所示。

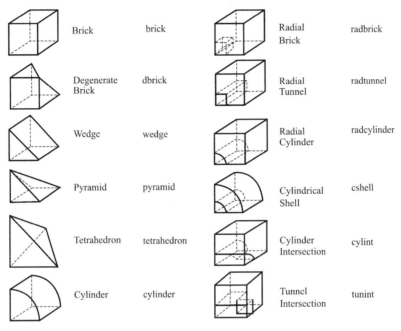

Brick	brick	Radial Brick	radbrick
Degenerate Brick	dbrick	Radial Tunnel	radtunnel
Wedge	wedge	Radial Cylinder	radcylinder
Pyramid	pyramid	Cylindrical Shell	cshell
Tetrahedron	tetrahedron	Cylinder Intersection	cylint
Cylinder	cylinder	Tunnel Intersection	tunint

图 9.7　基本单元

（1）立方体网格生成，如图 9.8 和图 9.9 所示。

Shape	Name	Keyword	Reference Points	Size Entries	Dimension Entries	Fill
	Brick	brick	8	3	0	No

命令如下：Gen zone brick p0 p1 p2 p3 p4 p5 p6 p7 size n1 n2 n3 &
　　　　 ratio r1 r2 r3 group name

注释：　①p0、p1、p2、p3、p4、p5、p6、p7
　　　　为各节点空间坐标。

　　　　②n1、n2、n3为沿 x、y、z 方向的
　　　　单元数。

　　　　③r1、r2、r3为沿 x、y、z 方向
　　　　单元大小的比值。

　　　　④group后为自定义组名。

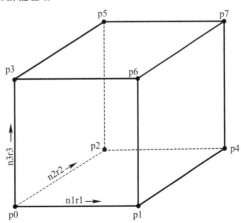

图 9.8　立方体网格生成语句

例①：gen zone brick p0 0 0 0 p1 20 0 0 p2 0 10 0 p3 0 0 10 & size 10 5 5 ratio 0. 8 0. 8 0. 8 group name

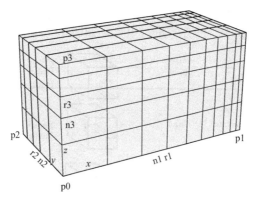

图 9.9　立方体网格生成实例

（2）楔形体网格生成，如图 9.10 和图 9.11 所示。

Shape	Name	Keyword	Reference Points	Size Entries	Dimension Entries	Fill
	Wedge	wedge	6	3	0	No
	Uniform Wedge	uwedge	6	3	0	No

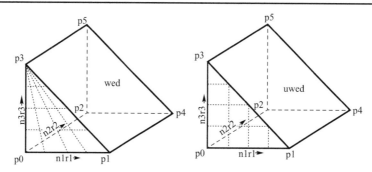

图 9.10　楔形体网格生成

命令如下：

Gen zone wed p0　p1　p2　p3　p4　p5 size n1　n2　n3 ratio r1　r2　r3 group name

Gen zone uwed p0　p1　p2　p3　p4　p5 size n1　n2　n3 ratio r1　r2　r3 group name

例：gen zone wed p0 0 0 0 p1 10 0 0　p2 0 10 0 p3 0 0 10 size 8 6 8 &

　　　ratio 1. 2 1 0. 83 group name

　　gen zone uwed p0 0 0 0 p1 10 0 0　p2 0 10 0 p3 0 0 10 size 8 6 8 &

　　　ratio 1. 2 1 0. 83 group name

---

①　书中程序命令字母均使用正体，下同。

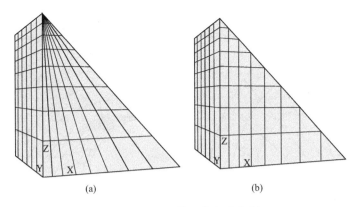

图 9.11 楔形体网格生成实例

（a）wed；（b）uwed

（3）柱状体网格生成，如图 9.12 和图 9.13 所示。

Shape	Name	Keyword	Reference Points	Size Entries	Dimension Entries	Fill
	Cylinder	cylinder	6	3	0	No
	Cylindrical Shell	cshell	10	4	4	Yes

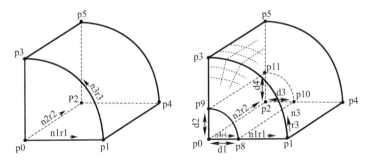

图 9.12 柱状体网格生成

命令如下：

gen zone cylinder p0 p1 p2 p3 p4 p5 size n1 n2 n3 ratio r1 r2 r3 group name

gen zone cshell p0 p1 p2 p3 p4 p5 dim d1 d2 d3 d4 size n1 n2 n3 n4 &

    ratio r1 r2 r3 r4 group name1 fill group name2

例： gen zone cylinder p0 0 0 0 p1 10 0 0 p2 0 10 0 p3 0 0 10 size 6 7 8 group 1

    gen zone cshell p0 0 0 0 p1 10 0 0 p2 0 10 0 p3 0 0 10 dim 5 5 5 5 size 6 7 8 group 1

    gen zone cshell p0 0 0 0 p1 10 0 0 p2 0 10 0 p3 0 0 10 dim 5 5 5 5 size 6 7 8 3

      group 1 fill group 2

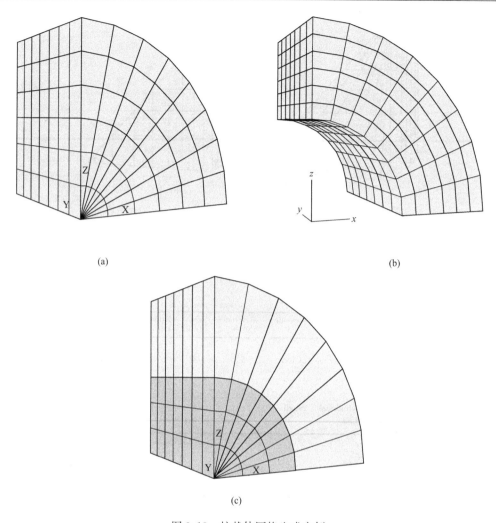

(a)   (b)

(c)

图 9.13 柱状体网格生成实例

（4）立方与柱状合成体网格生成，如图 9.14 和图 9.15 所示。

命令如下：

gen zone radcylinder p0 p1 p2 p3 p4 p5 p6 p7 dim d1 d2 d3 d4 size n1 n2 n3 n4
              ratio r1 r2 r3 r4 group name1 fill group name2

gen zone radtunnel p0 p1 p2 p3 p4 p5 dim d1 d2 d3 d4 size n1 n2 n3 n4 &
              ratio r1 r2 r3 r4 group name1 fill group name2

例： gen zone radcylinder p0 0 0 0 p1 10 0 0 p2 0 10 0 p3 0 0 10 dim 5 5 5 5 &
              size 6 7 6 5 group 1

     gen zone radtunnel p0 0 0 0 p1 10 0 0 p2 0 10 0 p3 0 0 10 dim 5 5 5 5 &
              size 6 7 6 5 group 1

     gen zone radcylinder p0 0 0 0 p1 10 0 0 p2 0 10 0 p3 0 0 10 dim 5 5 5 5 &
              size 6 7 6 5 group 1 fill group 2

Shape	Name	Keyword	Reference Points	Size Entries	Dimension Entries	Fill
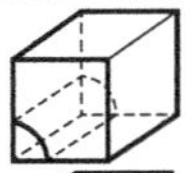	Radial Cylinder	radcylinder	12	4	4	Yes
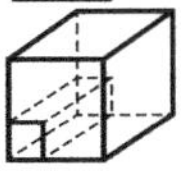	Radial Tunnel	radtunnel	14	4	4	Yes

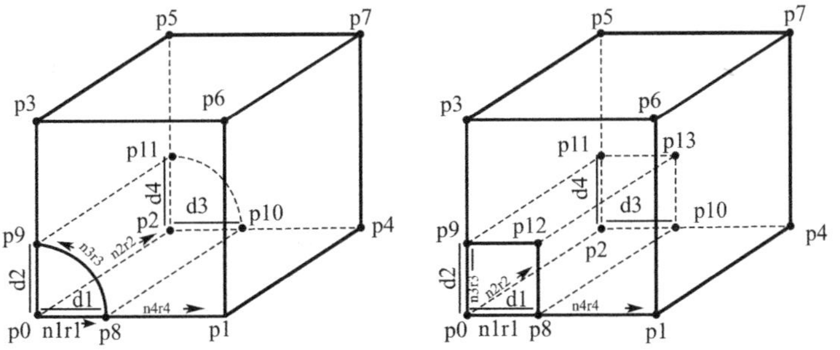

图 9.14　立方与柱状联合体网格生成

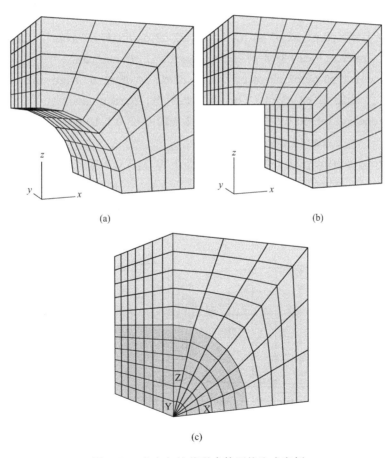

(a)

(b)

(c)

图 9.15　立方与柱状联合体网格生成实例

（5）立方与柱状合成交叉体网格生成，如图 9.16 和图 9.17 所示。

Shape	Name	Keyword	Reference Points	Size Entries	Dimension Entries	Fill
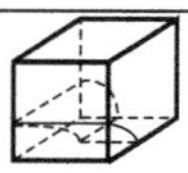	Cylinder Intersection	cylint	14	5	7	Yes
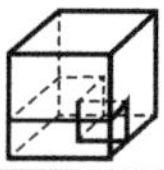	Tunnel Intersection	tunint	17	5	7	Yes

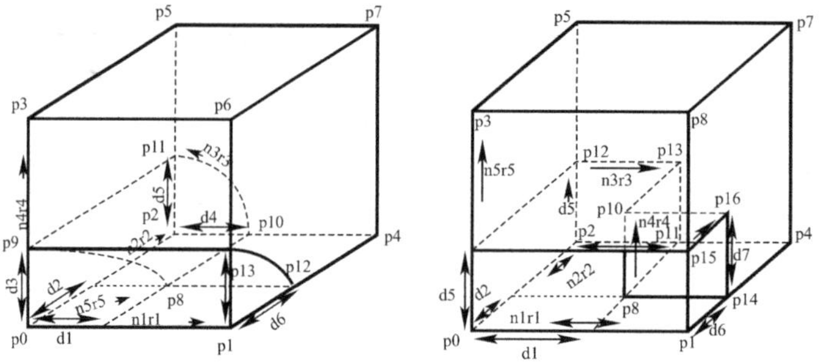

图 9.16　立方与柱状联合交叉体网格生成

命令如下：

gen zone cylint p0 p1 p2 p3 p4 p5 dim d1 d2 d3 d4 d5 d6 d7 size　n1 n2 n3 & n4 n5
　　　　ratio r1 r2 r3 r4 r5 group name1 fill group name2

gen zone tunint p0 p1 p2 p3 p4 p5 dim d1 d2 d3 d4 d5 d6 d7 size　n1 n2 n3 & n4 n5
　　　　ratio r1 r2 r3 r4 r5 group name1 fill group name2

例： gen zone cylint p0 0 0 0 p1 10 0 0 p2 0 10 0 p3 0 0 10 dim 3 3 3 3 3 3 3 &
　　　　size 6 7 6 5 2 group 1

　　gen zone tunint p0 0 0 0 p1 10 0 0 p2 0 10 0 p3 0 0 10 dim 3 3 3 3 3 3 3 &
　　　　size 6 7 6 5 5 group 1

　　gen zone cylint p0 0 0 0 p1 10 0 0 p2 0 10 0 p3 0 0 10 dim 3 3 3 3 3 3 3 &
　　　　size 6 7 6 5 2 group 1 fill group 2

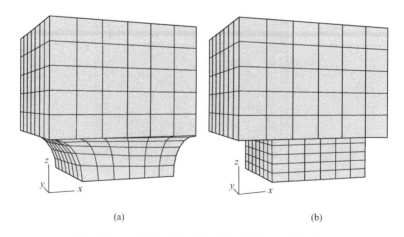

(a)　　　　　　　(b)

图 9.17　立方与柱状联合交叉体网格生成实例（一）

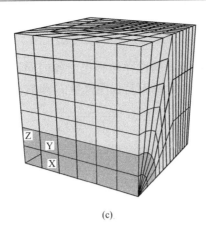

(c)

图 9.17　立方与柱状联合交叉体网格生成实例（二）

（6）镜像面法网格生成，如图 9.18 所示。

在网格生成过程中，可以利用镜像面生成对称网格。

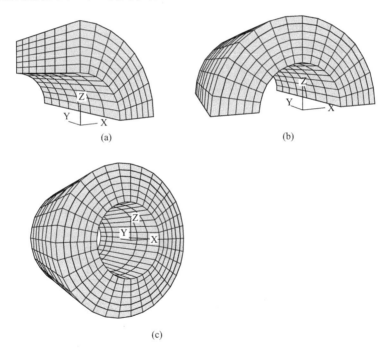

图 9.18　镜像面法网格生成实例

命令如下：

gen zone reflect normal　　xv yv zv origin x y z range

说明：① xv、yv、zv 分别为镜像面法向量沿各坐标轴分量；

　　　② x、y、z 分别为镜像面上任意一点空间坐标。

例： gen zone cshell p0 0 0 0 p1 10 0 0 p2 0 20 0 p3 0 0 10 dim 5 5 5 5 & size 6 7 8 group 1

gen zone reflect nor -1 0 0 ori 0 0 0

gen zone reflect nor 0 0 -1ori 0 0 0

9.4.5 赋单元材料性质

在 FLAC3D 中，除了横观各向同性弹性和正交各向同性弹性模型外，采用了体积模量 K 和剪切模量 G 作为计算参数，而不是杨氏模量 E 和泊松比 ν。转换关系如下：

$$K = \frac{E}{3(1-2\nu)}$$

$$G = \frac{E}{2(1+\nu)}$$

当 $\nu=0.5$ 时，上式计算的 K 值变为无穷大，导致解的收敛速度非常慢，使用时应注意。算例如下：

mod e（弹性）

prop bu 12.5 sh 5.77 range

ini density 2400e-6 range

mod m（弹塑性 Mohr-Coulumb 准则）

prop bu 12.5 sh 5.77 c 0 fri 20 ten 0.015 range

ini density 1800e-6 range

mod ss（应变软化模型）

Prop bulk 710 shear 310 coh 2.44 fric 25 dil = 10 ten 1.06 ct 4 ft 2 dt 3 ct 1 ft 2 dt 3 tt 4 range

tab 1 0.0, 2.44 1e-8, 0.48

tab 2 0.0, 25 1e-8, 12

tab 3 0.0, 10 1e-8, 2.0

tab 4 0.0, 1.06 1e-8, 0.32

ini density 1400e-6 range

其中，range 后为赋值范围，缺省值时为整个模型，其他算例语句及说明见表 9.2。

算例语句及说明　　　　　　　　　　　　表 9.2

语句	说明
density	重度
bulk	体积模量
shear	剪切模量
cohesion	黏聚力
friction	摩擦角
ctable	涉及黏聚力 c 与塑性剪切应变的表号
dilation	剪胀角
dtable	涉及剪胀角与塑性剪切应变的表号
ftable	涉及摩擦角与塑性剪切应变的表号
tension	抗拉强度
ttable	涉及极限张拉强度与塑性剪切应变的表号

在赋属性过程中，要注意单位的一致性，岩土工程常用单位见表 9.3 和表 9.4 中的阴影部分。

力学参数系统单位　　　　　　　　　　　　　　表 9.3

	SI			
长度	m	m	m	cm
密度	kg/m^3	$10^3\,kg/m^3$	$10^6\,kg/m^3$	$10^6\,kg/m^3$
力	N	kN	MN	达因（Mdynes）
应力	Pa	kPa	MPa	巴（bar）
重力	m/sec^2	m/sec^2	m/sec^2	m/sec^2

注：$1bar = 10^6\,dynes/cm^2 = 10^5\,N/m^2 = 10^5\,Pa$。

渗透参数系统单位　　　　　　　　　　　　　　表 9.4

	SI	
水体积模量	Pa	巴（bar）
水密度	kg/m^3	$10^6\,g/m^3$
渗透率	$m^3\,sec/kg$	$10^{-6}\,cm\,sec/g$
样本渗透率	m^2	cm^2
水力传导率	m/sec	cm/sec

9.4.6　边界条件

固定边界命令如下：

fix x range x a-0.1 a + 0.1

fix x range x b-0.1 b + 0.1

fix y range y c-0.1 c + 0.1

fix y range y d-0.1 d + 0.1

fix z range z e-0.1 e + 0.1

在上述语句中：①0.1 可根据单元大小自动设置；②a，b，c，d，e 为模型各边界结点坐标值。命令结果如图 9.19 和图 9.20 所示。

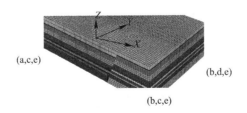

图 9.19　固定边界命令图例

施加边界力（结点）命令如下：

apply yf　-10 range 或 apply syy　-10 range

apply xf　-5 range 或　apply sxx　-5 range

赋单元应力（结点）命令如下：

ini sxx -10　range

ini syy　-5　range

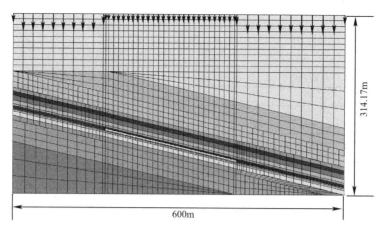

图 9.20 外力的施加

说明：①apply yf 用于施加力载荷；②apply syy 用于施加应力，如均布荷载；③ini sxx 用于岩土体内初始化应力，如地应力的施加；④range 后为赋值范围，缺省值时为整个模型。

9.4.7 计算

计算语句见表 9.5。

计算语句列表   表 9.5

语句	说明
Gen merge value	粘结相邻结点
Attach face an value	粘合相邻角度小于 value 的面
Attach face tol value	粘合相邻距离小于 value 的面
Geom _ test	单元测试
Set grav 9.81	设置重力加速度
Set large	启用大变形模式
Step n	设置运行步数
Save name. sav	存盘

9.4.8 结果显示

结果显示命令语句见表 9.6，通过快捷键也可达到同样的效果。

结果显示语句说明   表 9.6

命令	快捷键	说明
Plot show；进入图形窗口	ctrl+c	设置窗口消息
plot createszz _ contour	ctrl+g	在灰色与彩色之间转换
plot set cent 4 4 5	ctrl+r	恢复到窗口默认状态
plot set rot 20 0 30	ctrl+z	用矩形窗口栏选
plot set mag 1.0	shift+m	模型缩小
plot add cont szz\syy\sxx\sxy\smin\smax	m	模型增大
plot add block szz\syy\sxx\sxy\smin\smax	方向键 ↑ ↓ ← →	使模型向其方向移动
plot add block state		
plot add axes		

9.5　解题技巧

9.5.1　模型建立与开挖

模型建立与开挖时（图 9.21）需要注意如下问题：

（1）模型尺寸；

（2）模型单元数与计算机配置、运行时间的关系。FLAC3D 运行时间正比于 $N^{\frac{1}{3}}$，N 为单元数；

（3）建模时命令 gen zone reflect/copy 的应用；

（4）gen merge value 命令中 value 值大小，小则粘结功能失效，大则网格嵌入；

（5）合理选择本构模型与材料参数；

（6）模型开挖时 mode null 与 dele 选择。

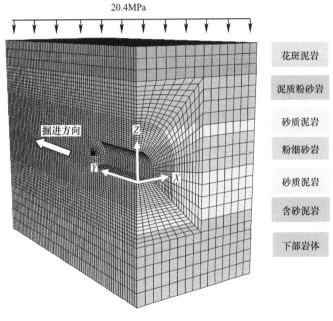

图 9.21　开挖模拟

9.5.2　模拟断层

断层建立的关键是要求同一位置形成两个结点（面），如图 9.22 所示。断层建立步骤如下：

（1）建两个分开的模型；

（2）建立接触单元；

（3）通过 INI * add 使模型接触；

（4）注意 dist 的含义。

命令如下：

gen zone brick size 3 3 3 &

p0 (0，0，0) p1 (3，0，0) p2 (0，3，0) p3 (0，0，1.5) &

p4 (3，3，0) p5 (0，3，1.5) p6 (3，0，4.5) p7 (3，3，4.5) group Base

gen zone brick size 3 3 3 &

p0 (0，0，1.5) p1 (3，0，4.5) p2 (0，3，1.5) p3 (0，0，6) &

p4 (3，3，4.5) p5 (0，3，6) p6 (3，0，6) p7 (3，3，6) group Top range group

Base not

gen separate Top

interface 1 wrap Base Top

int 1 prop kn 2200 ks 1500 c 0.4 fri 26 ten 0.0001

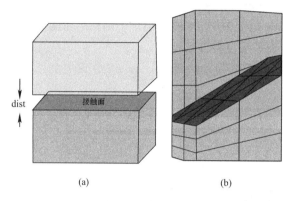

图 9.22　断层模拟

9.5.3　梁单元应用

梁单元在网格处可为刚接或轴连接，能够用来代表结构元件，如图 9.23 所示。例如：梁可以模拟地下开挖洞室支护结构或隧道的钢拱架。

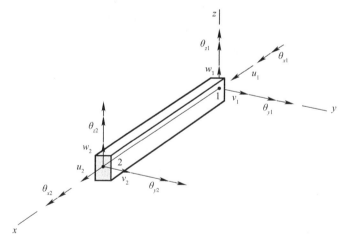

图 9.23　梁单元（beam）

命令如下：

sel beam id 1 begin 139.5 31.2 -14.78 end 139.5 55.75 -14.78

158

```
sel beam property den 7. 85e-3 emod 2e5 n 0. 3 xca 8. 4e-3 xciy 3. 9e-4 xciz 3. 9e-4 xcj
7. 8e-4 y 1 0 0 range id 189 239
    his id 30 sel beam f fx cid 1
    sel delete beam range id 1
```

9.5.4　锚索单元应用

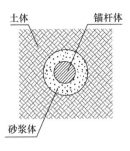

图 9.24　锚索示意图

锚索单元在与 FLAC3D 网格连接处允许沿长度方向变形，锚索连接点用能够发生相对变形和剪切屈服的弹簧-滑块系统表示。锚索单元也能够在张拉过程中屈服，但不能承受弯矩。锚索单元可用来模拟诸如岩石锚杆、锚索、土钉等一大类岩土体支护构件，如图 9.24 所示。

锚索单元语句如下：

```
sel cable id = 1 begin = (x1, y1, z1) end = (x2, y2, z2) nseg = n
sel cable prop xcarea = 2e-3 emod = 200e9  yTens = 1e20 &
      gr_k = 1e10  gr_coh = 1e20  gr_per = 0. 314  gr_fric = 25
hist id 1 sel cable  force  (x, y, z)
```

锚索单元命令及说明见表 9.7。

锚索单元命令及说明　　　　　　　　　　　　　　　　表 9.7

命令	说明
Xcarea	横截面面积
Emod	弹性模量
yTens	张拉屈服强度
gr_k	注浆区刚度
gr_coh	注浆区黏聚力
gr_per	注浆区周长
gr_fric	注浆区摩擦角

9.6　桩-土相互作用数值计算分析

9.6.1　工程概况

在岩土工程中，桩的应用越来越多，桩土之间的相互作用以及桩体受力和变形成为研究的重点内容之一。本计算将采用 FLAC3D 程序模拟砂土与混凝土灌注桩之间的相互作用机理。

9.6.2　构建模型

模型尺寸为 $10m \times 10m \times 10m$；混凝土灌注桩直径 0.8m，长 5m，选取 C25 混凝土。建立的模型如图 9.25 所示。

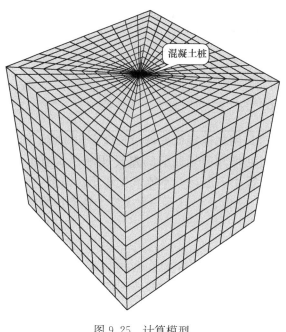

混凝土桩

图 9.25　计算模型

9.6.3　计算参数

根据现场取样和岩石力学试验结果，并考虑岩石的尺度效应，模拟计算采用的参数见表9.8。

岩石力学参数 表9.8

名称	密度（kg·m⁻³）	弹性模量（MPa）	泊松比	黏聚力（MPa）	内摩擦角（°）	抗拉强度（MPa）
砂土	2150	286	0.21	0.1	18	0.01
桩体	2500	28000	0.2	—	—	—

9.6.4　模拟步序

开挖桩孔，灌注混凝土形成桩体，逐级施加载荷，分别为 200kPa、300kPa 和 400kPa。相关命令流见第9.6.7节的内容。

9.6.5　计算结果分析

图 9.26 给出了不同载荷作用下桩侧摩擦力曲线，从图中可以看出，砂土中的混凝土桩为摩擦型桩，桩端摩擦力较小，主要是受到侧面摩擦力的作用。当桩顶部施加载荷增加时，桩侧摩擦力增加，说明桩体可以起到很好的加固作用。

图 9.27 给出了桩体的位移矢量场，可以看到桩身的位移方向向下，而在桩体端部出现向上的位移。随着桩顶施加载荷的增加，桩顶的位移量逐渐增加，具体如图 9.28 和图 9.29 所示。

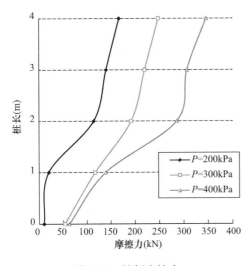

图 9.26　桩侧摩擦力

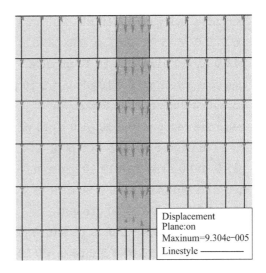

图 9.27　位移矢量场

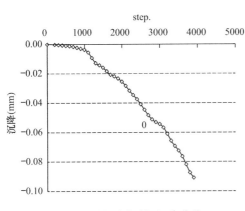

图 9.28　桩顶随时间沉降曲线

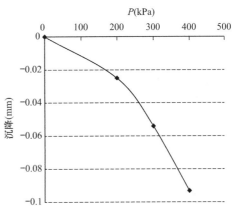

图 9.29　桩顶随压力沉降曲线

9.6.6　主要结论

（1）桩体与砂土之间可以形成复合结构共同承载。

（2）桩端施加的压力越大，桩与砂土的共同承载能力越强。

（3）随着桩顶施加载荷的增加，桩顶的沉降逐渐增加，并且增加速率越来越大。

9.6.7　命令

; 建立模型

```
gen zone radcy p0   0 0 10 p1 0 5 10 p2 0 0 0 p3 -5 0 10 p4 0 5 0 &
p5 -5 0 0 p6 -5 5 10 p7 -5 5 0 p8 0 0.4 10 p9 -0.4 0 10 p10 0 0.4 0 &
p11 -0.4 0 0 size 2 10 10 10 group a
gen zone cylin p0 0 0 10 p1 0 0.4 10 p2 0 0 0 p3 -0.4 0 10 p4 0 0.4 0 &
p5 -0.4 0 0 size 2 10 10 group b
```

```
gen zone radcy p0 0 0 10 p1 -5 0 10 p2 0 0 0 p3 0 -5 10 p4 -5 0 0 &
p5 0 -5 0 p6 -5 -5 10 p7 -5 -5 0 p8 -0. 4 0 10 p9 0 -0. 4 10 p10 -0. 4 0 0 &
p11 0 -0. 4 0 size 2 10 10 10 group a
gen zone cylin p0 0 0 10 p1 -0. 4 0 10 p2 0 0 0 p3 0 -0. 4 10 p4 -0. 4 0 0 &
p5 0 -0. 4 0 size 2 10 10 group b
gen zone radcy p0 0 0 10 p1 0 -5 10 p2 0 0 0 p3 5 0 10 p4 0 -5 0 &
p5 5 0 0 p6 5 -5 10 p7 5 -5 0 p8 0 -0. 4 10 p9 0. 4 0 10 p10 0 -0. 4 0 &
p11 0. 4 0 0 size 2 10 10 10 group a
gen zone cylinder p0 0 0 10 p1 0 -0. 4 10 p2 0 0 0 p3 0. 4 0 10 p4 0 -0. 4 0   &
p5 0. 4 0 0 size 2 10 10 group b
gen zone radcy p0   0 0 10 p1 5 0 10 p2 0 0 0 p3 0 5 10 p4 5 0 0 &
p5 0 5 0 p6 5 5 10 p7 5 5 0 p8 0. 4 0 10 p9 0 0. 4 10 p10 0. 4 0 0 &
p11 0 0. 4 0 size 2 10 10 10   group a
gen zone cylinder p0 0 0 10 p1 0. 4 0 10 p2 0 0 0 p3 0 0. 4 10 p4 0. 4 0 0 p5 0 0. 4 0 &
size 2 10 10   group b
; 粘连面
attach face
; 设置弹性本构模型
mod e
; 赋上体积模量与剪切模量
prop bu = 330 sh = 237
; 赋上全局密度
ini den = 2. 15e-3
; 设置重力加速度
set grav 0 0 -9. 81
; 固定 z 在-1 到 1 之间面的 Z 方向
fix z range z -1 1
fix x range x -5. 5 -4. 5
fix x range x 4. 5 5. 5
fix y range y -5. 5 -4. 5
fix y range y 4. 5 5. 5
; 记录不平衡力，编号为 1
hist id 1unbal
; 迭代 3000 步
step 3000
mod m
prop bul = 165 she = 118. 5 coh = 18 fri = 0. 1 ten = 0. 01
ini den = 2. 0e-3
step 2000
```

```
；x 方向位移清零
ini xdis 0
ini ydis 0
ini zdis 0
mod nu range z 5 10 group b
step 200
mod e range z 5 10 group b
prop bulk = 2.13e4 she = 1.59e4 range z 5 10 group b
ini den = 2.5e -3 range z 5 10 group b
his id 2 gp zdis 0 0 10
step 1000
；对位于 z 在 9.5 到之间的面 10.5 施加竖向应力
apply szz = -0.2 range z 9.5 10.5 group b
step 1000
apply szz = -0.3 range z 9.5 10.5 group b
step 1000
apply szz = -0.4 range z 9.5 10.5 group b
step 1000
；保存文件
save f3d _ 11. sav
```

9.7　地铁车站明挖法施工稳定性分析

9.7.1　工程概况

　　某地铁车站地形较平坦、开阔，地面高程为 $7.78\sim23.85m$，沿线地表多为公路、农田及民居。场区下覆基岩溶洞为石灰岩，分布广，岩溶现象较发育，属于埋藏型岩溶。鉴于本段的地质情况和周边环境，车站宜采用明挖法施工。

　　基坑开挖过程中产生的变形直接影响着基坑的稳定性。为了控制基坑的侧向变形，不仅需要在其外侧设置支撑结构，也需要设置内支撑来控制其变形。本节通过 FLAC3D 程序分析内支撑对基坑围护结构水平变形的影响。

9.7.2　构建模型

　　考虑车站结构设计的对称性，沿车站的长度方向取一半结构进行数值模拟计算。三维模型沿站台方向的长度为 $195.2m$，宽度为 $74.4m$，向下取至地面以下 $24.8m$。模型采用八结点六面体单元。为了在优化网格的同时还能满足计算精度的要求，将地铁车站及其周边部分的单元进行加密分布，总体模型的单元总数为 103844，结点总数为 114885，计算模型如图 9.30 和图 9.31 所示。

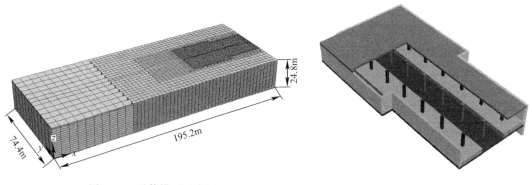

图 9.30　总体模型示意图　　　　　图 9.31　车站部分模型图

9.7.3　计算参数

根据现场取样和岩石力学试验结果，并考虑岩石的尺度效应，模拟计算采用的参数见表 9.9。

岩土力学参数　　　　　　　　　　　　　　　　表 9.9

岩土名称	密度（kg·m⁻³）	弹性模量（MPa）	泊松比	黏聚力 c(MPa)	内摩擦角（°）
素填土	1500	5.1	0.2	22	23
砾砂、粗砂	1900	3.3	0.23	15.8	25
黏土	1910	6.8	0.36	38.8	16.8
微风化灰岩	2680	2500	0.26	835	35

9.7.4　模拟步序

本计算分以下步骤进行：

（1）构造该区域的初始应力场；

（2）地下连续墙围护结构施工；

（3）基坑开挖。具体分为两步：开挖上层土体，并设置上层钢支撑；开挖下层土体，并设置下层钢支撑；

（4）车站主体结构施工；

（5）回填土体，并施加各种荷载。

施工流程如图 9.32 所示，相关命令流见第 9.7.7 节的内容。

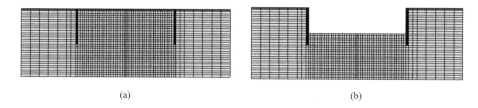

(a)　　　　　　　　　　　　　　　　(b)

图 9.32　施工流程示意图（一）

（a）围护结构施工；（b）基坑开挖

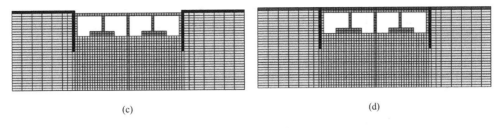

（c）

（d）

图 9.32 施工流程示意图（二）

（c）车站主体结构施工；（d）回填覆土并施加荷载

9.7.5 计算结果分析

1. 基坑变形分析

车站主体采用地下连续墙作为基坑的围护结构，地下连续墙在标准段深 12.8m，墙体厚 0.8m，混凝土强度等级为 C25。采用 $\phi609$ 钢管（内径 600mm，外径 609mm 空心管）作横向支撑，基坑支撑平面布置如图 9.33 所示，竖向布置如图 9.34 所示。分两层开挖基坑，第一层开挖高度为 4.8m，第二层开挖高度为 4m。采用分层、分块、对称、平衡的开挖和支撑顺序，并尽量减少土体开挖卸载后无支撑的暴露时间。

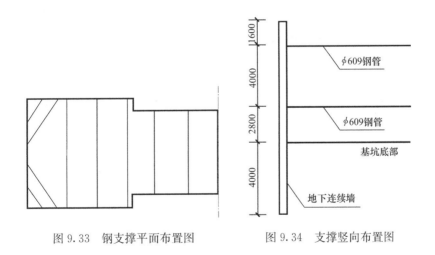

图 9.33 钢支撑平面布置图

图 9.34 支撑竖向布置图

数值模拟计算分别对有无支撑两种不同的方案进行了模拟对比分析，分析结果如图 9.35～图 9.38 所示。从图中可以看出，开挖上层土体后，若没有钢支撑进行及时支护，基坑周边的变形最大值为 22.24mm；采用了钢支撑支护的基坑变形最大值仅为 6.837mm。开挖下层土体后，同样也布置了一层钢支撑。对于这层钢支撑的作用，只布置第一层钢支撑的基坑最大变形值为 17.82mm，布置两层钢支撑的基坑变形最大值为 12.49mm，这充分说明钢支撑对于控制基坑的侧向变形起到了有效的控制作用。

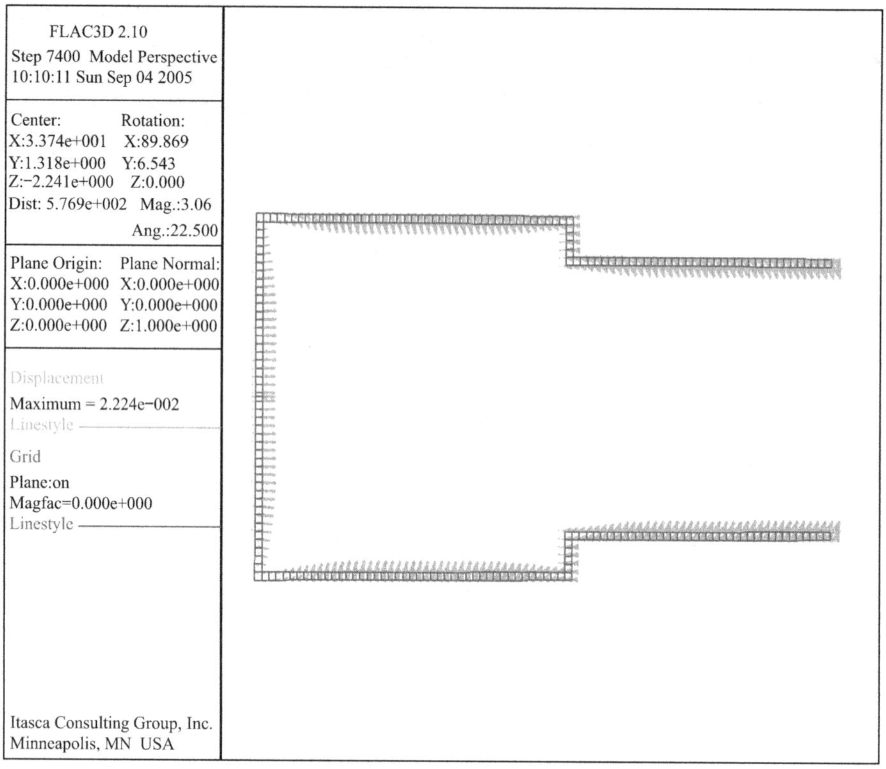

图 9.35　上层土体开挖后未加钢支撑时的侧向位移

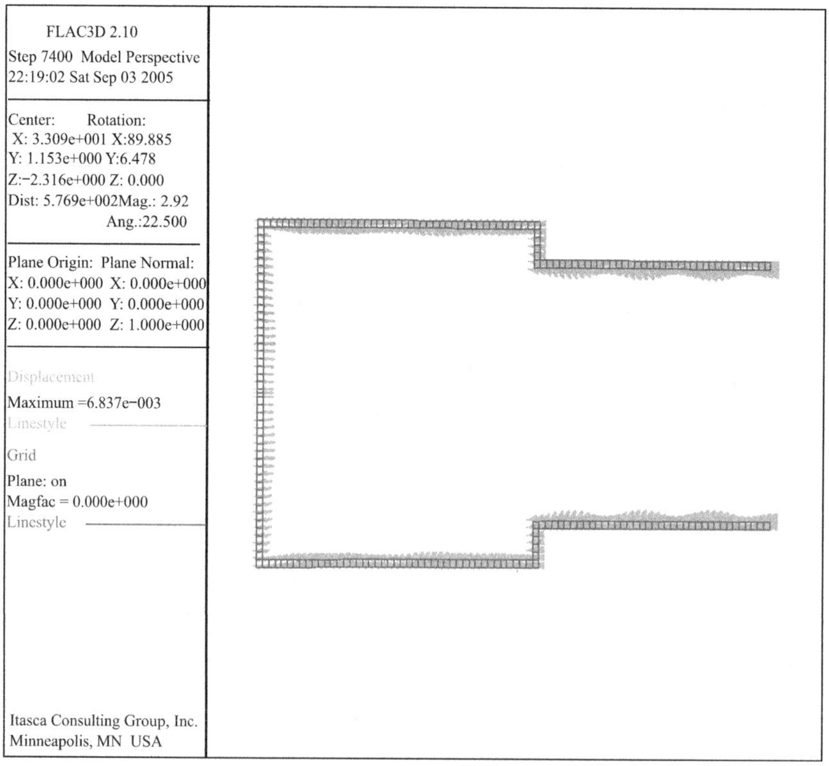

图 9.36　上层土体开挖后有钢支撑时的侧向位移

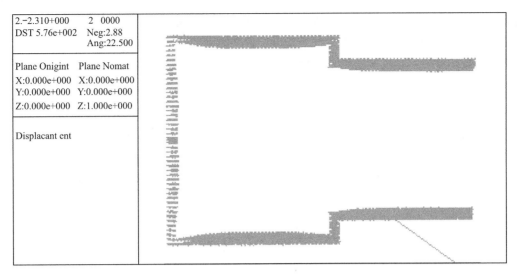

图 9.37　下层土体开挖后未加钢支撑时的侧向位移

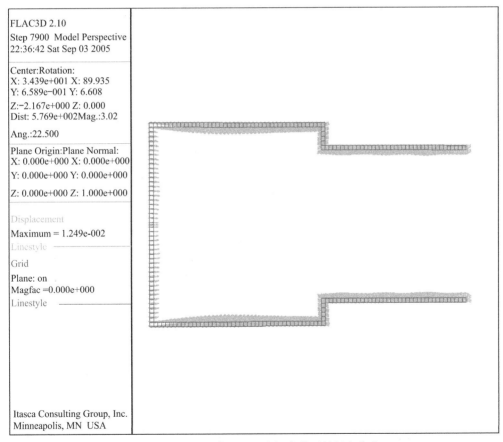

图 9.38　下层土体开挖后有钢支撑时的侧向位移

2. 围护结构变形分析

图 9.39 反映了基坑开挖过程中围护结构的侧向变形发展过程。基坑开挖初期，围护结构的最大水平位移出现在其顶部位置，这是由于开挖初期土体应力释放剧烈，位移变形

明显，并且围护结构处于悬臂支撑状态，故顶部的位移最大。首层内支撑安装完毕后，围护结构顶部变形的趋势减小，最大水平变形位置逐渐下移。随着基坑开挖到设计标高以及内支撑安装的就位，基坑变形也逐渐趋于稳定，围护结构最大变形最终位于靠近基坑底部的位置。

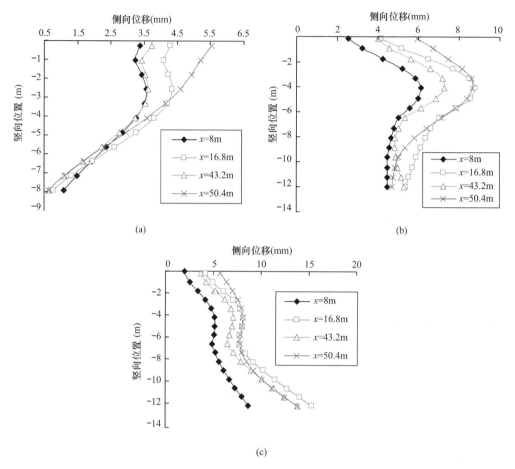

图 9.39　两层钢支撑方案围护墙的变形发展过程
（a）开挖第一层并支护钢支撑后围护墙位移；（b）开挖第二层并支护钢支撑后围护墙位移；
（c）随时间增长围护墙体的变形发展

3. 边墙变形分析

车站主体结构建成后，在车站周围土体的作用下，边墙会产生一定程度的侧向位移。为了准确地观测边墙的侧向位移，在不同部位的边墙处设置了三个监测点：46 号、47 号、48 号，监测点的分布情况如图 9.40 所示。

从 46 号、47 号、48 号监测点侧向变形速率追踪曲线图（图 9.41～图 9.43）中可以看出，边墙变形速率的总体变化趋势是先增大后减小，并趋近于零。不同部位的边墙变形速率变化趋势是一致的，但存在着数值上的差异。48 号监测点的变形速率最小，46 号监测点次之，47 号监测点的变形速率最大。从图 9.44～图 9.46 可以看出，47 号监测点处变形最大，46 号监测点次之，48 号监测点最小。

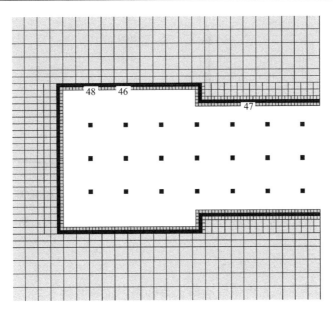

图 9.40　边墙变形监测点布置图

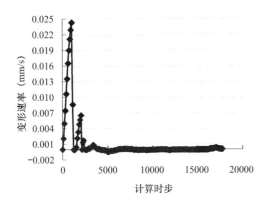

图 9.41　46 号监测点变形速率追踪曲线

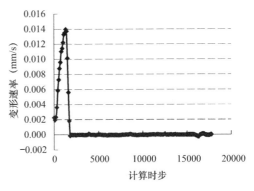

图 9.42　47 号监测点变形速率追踪曲线

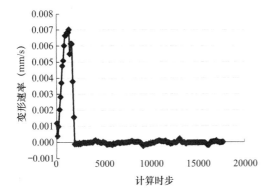

图 9.43　48 号监测点变形速率追踪曲线

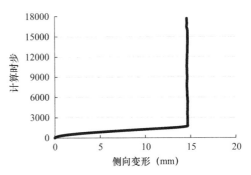

图 9.44　46 号监测点侧向变形追踪曲线

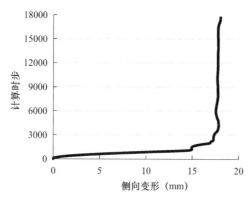

图 9.45　47 号监测点侧向变形追踪曲线　　图 9.46　48 号监测点侧向变形追踪曲线

9.7.6　主要结论

（1）基坑开挖初期未加支护结构之前，基坑围护结构的最大水平变形值出现在其顶部，并随无支护暴露时间的增长而继续发展。这是因为开挖初期，土体内应力急剧释放，围护结构的顶部处于悬臂受力状态，故其位移变化明显。

（2）钢支撑安装后，墙顶的位移趋势进一步减小，围护结构的最大水平位移出现位置逐渐下移，最终位于基坑上方部位。建议施工过程中尽量减少土体开挖卸载后无支撑的暴露时间。

9.7.7　命令

```
; wall and surrounding pile (6420)
; 生成网格
gen zone brick p0 0 0.4 -18.4 p1 add 1.6 0 0 p2 add 0 17.6 0 p3 add 0 0 24.8 &
                size 2 22 31
gen zone brick p0 1.6 16.4 -18.4 p1 add 32.8 0 0 p2 add 0 1.6 0 p3 add 0 0 24.8 &
                size 41 2 31
gen zone brick p0 34.4 12.4 -18.4 p1 add 2.4 0 0 p2 add 0 5.6 0 p3 add 0 0 24.8 &
                size 3 7 31
gen zone brick p0 36.8 12.4 -18.4 p1 add 28.8 0 0 p2 add 0 2.4 0 p3 add 0 0 24.8 &
                size 36 3 31
; pillar 0.4m mesh (2460)
gen zone brick p0 0 0 -18.4 p1 65.6 0 -18.4 p2 0 0.4 -18.4 p3 0 0 6.4 &
                size 82 1 31
; main part
; (1) (3000)
gen zone brick p0 1.6 0.4 -18.4 p1 add 6.4 0 0 p2 add 0 7.2 0 p3 add 0 0 24.8 &
                size 4 9 31
gen zone brick p0 1.6 7.6 -18.4 p1 add 6.4 0 0 p2 add 0 0.8 0 p3 add 0 0 24.8 &
```

```
                    size 4 1 31
gen zone brick p0 1. 6 8. 4 -18. 4 p1 add 6. 4 0 0 p2 add 0 8 0 p3 add 0 0 24. 8 &
                    size 4 10 31


gen zone brick p0 8 0. 4 -18. 4 p1 add 0. 8 0 0 p2 add 0 7. 2 0 p3 add 0 0 24. 8 &
                    size 1 9 31
gen zone brick p0 8 7. 6 -18. 4 p1 add 0. 8 0 0 p2 add 0 0. 8 0 p3 add 0 0 24. 8 &
                    size 1 1 31
gen zone brick p0 8 8. 4 -18. 4 p1 add 0. 8 0 0 p2 add 0 8 0 p3 add 0 0 24. 8 &
                    size 1 10 31
; (2) (3600)
gen zone brick p0 8. 8 0. 4 -18. 4 p1 add 8 0 0 p2 add 0 7. 2 0 p3 add 0 0 24. 8 &
                    size 5 9 31
gen zone brick p0 8. 8 7. 6 -18. 4 p1 add 8 0 0 p2 add 0 0. 8 0 p3 add 0 0 24. 8 &
                    size 5 1 31
gen zone brick p0 8. 8 8. 4 -18. 4 p1 add 8 0 0 p2 add 0 8 0 p3 add 0 0 24. 8 &
                    size 5 10 31


gen zone brick p0 16. 8 0. 4 -18. 4 p1 add 0. 8 0 0 p2 add 0 7. 2 0 p3 add 0 0 24. 8 &
                    size 1 9 31
gen zone brick p0 16. 8 7. 6 -18. 4 p1 add 0. 8 0 0 p2 add 0 0. 8 0 p3 add 0 0 24. 8 &
                    size 1 1 31
gen zone brick p0 16. 8 8. 4 -18. 4 p1 add 0. 8 0 0 p2 add 0 8 0 p3 add 0 0 24. 8 &
                    size 1 10 31
; (3)
gen zone brick p0 17. 6 0. 4 -18. 4 p1 add 8 0 0 p2 add 0 7. 2 0 p3 add 0 0 24. 8 &
                    size 5 9 31
gen zone brick p0 17. 6 7. 6 -18. 4 p1 add 8 0 0 p2 add 0 0. 8 0 p3 add 0 0 24. 8 &
                    size 5 1 31
gen zone brick p0 17. 6 8. 4 -18. 4 p1 add 8 0 0 p2 add 0 8 0 p3 add 0 0 24. 8 &
                    size 5 10 31


gen zone brick p0 25. 6 0. 4 -18. 4 p1 add 0. 8 0 0 p2 add 0 7. 2 0 p3 add 0 0 24. 8 &
                    size 1 9 31
gen zone brick p0 25. 6 7. 6 -18. 4 p1 add 0. 8 0 0 p2 add 0 0. 8 0 p3 add 0 0 24. 8 &
                    size 1 1 31
gen zone brick p0 25. 6 8. 4 -18. 4 p1 add 0. 8 0 0 p2 add 0 8 0 p3 add 0 0 24. 8 &
                    size 1 10 31
; (4) (3450)
```

```
gen zone brick p0 26. 4 0. 4 -18. 4 p1 add 8 0 0 p2 add 0 7. 2 0 p3 add 0 0 24. 8 &
        size 5 9 31
gen zone brick p0 26. 4 7. 6 -18. 4 p1 add 8 0 0 p2 add 0 0. 8 0 p3 add 0 0 24. 8 &
        size 5 1 31
gen zone brick p0 26. 4 8. 4 -18. 4 p1 add 8 0 0 p2 add 0 8 0 p3 add 0 0 24. 8 &
        size 5 10 31

gen zone brick p0 34. 4 0. 4 -18. 4 p1 add 0. 8 0 0 p2 add 0 7. 2 0 p3 add 0 0 24. 8 &
        size 1 9 31
gen zone brick p0 34. 4 7. 6 -18. 4 p1 add 0. 8 0 0 p2 add 0 0. 8 0 p3 add 0 0 24. 8 &
        size 1 1 31
gen zone brick p0 34. 4 8. 4 -18. 4 p1 add 0. 8 0 0 p2 add 0 4 0 p3 add 0 0 24. 8 &
        size 1 5 31
; (5) (2700)
gen zone brick p0 35. 2 0. 4 -18. 4 p1 add 8 0 0 p2 add 0 7. 2 0 p3 add 0 0 24. 8 &
        size 5 9 31
gen zone brick p0 35. 2 7. 6 -18. 4 p1 add 8 0 0 p2 add 0 0. 8 0 p3 add 0 0 24. 8 &
        size 5 1 31
gen zone brick p0 35. 2 8. 4 -18. 4 p1 add 8 0 0 p2 add 0 4 0 p3 add 0 0 24. 8 &
        size 5 5 31

gen zone brick p0 43. 2 0. 4 -18. 4 p1 add 0. 8 0 0 p2 add 0 7. 2 0 p3 add 0 0 24. 8 &
        size 1 9 31
gen zone brick p0 43. 2 7. 6 -18. 4 p1 add 0. 8 0 0 p2 add 0 0. 8 0 p3 add 0 0 24. 8 &
        size 1 1 31
gen zone brick p0 43. 2 8. 4 -18. 4 p1 add 0. 8 0 0 p2 add 0 4 0 p3 add 0 0 24. 8 &
        size 1 5 31
; (6) (2700)
gen zone brick p0 44 0. 4 -18. 4 p1 add 8 0 0 p2 add 0 7. 2 0 p3 add 0 0 24. 8 &
        size 5 9 31
gen zone brick p0 44 7. 6 -18. 4 p1 add 8 0 0 p2 add 0 0. 8 0 p3 add 0 0 24. 8 &
        size 5 1 31
gen zone brick p0 44 8. 4 -18. 4 p1 add 8 0 0 p2 add 0 4 0 p3 add 0 0 24. 8 &
        size 5 5 31
gen zone brick p0 52 0. 4 -18. 4 p1 add 0. 8 0 0 p2 add 0 7. 2 0 p3 add 0 0 24. 8 &
        size 1 9 31
gen zone brick p0 52 7. 6 -18. 4 p1 add 0. 8 0 0 p2 add 0 0. 8 0 p3 add 0 0 24. 8 &
        size 1 1 31
gen zone brick p0 52 8. 4 -18. 4 p1 add 0. 8 0 0 p2 add 0 4 0 p3 add 0 0 24. 8 &
```

```
                    size 1 5 31
; (7) (2700)
gen zone brick p0 52. 8 0. 4 -18. 4 p1 add 8 0 0 p2 add 0 7. 2 0 p3 add 0 0 24. 8 &
                    size 5 9 31
gen zone brick p0 52. 8 7. 6 -18. 4 p1 add 8 0 0 p2 add 0 0. 8 0 p3 add 0 0 24. 8 &
                    size 5 1 31
gen zone brick p0 52. 8 8. 4 -18. 4 p1 add 8 0 0 p2 add 0 4 0 p3 add 0 0 24. 8 &
                    size 5 5 31
gen zone brick p0 60. 8 0. 4 -18. 4 p1 add 0. 8 0 0 p2 add 0 7. 2 0 p3 add 0 0 24. 8 &
                    size 1 9 31
gen zone brick p0 60. 8 7. 6 -18. 4 p1 add 0. 8 0 0 p2 add 0 0. 8 0 p3 add 0 0 24. 8 &
                    size 1 1 31
gen zone brick p0 60. 8 8. 4 -18. 4 p1 add 0. 8 0 0 p2 add 0 4 0 p3 add 0 0 24. 8 &
                    size 1 5 31
; (8) (2250)
gen zone brick p0 61. 6 0. 4 -18. 4 p1 add 4 0 0 p2 add 0 7. 2 0 p3 add 0 0 24. 8 &
                    size 5 9 31
gen zone brick p0 61. 6 7. 6 -18. 4 p1 add 4 0 0 p2 add 0 0. 8 0 p3 add 0 0 24. 8 &
                    size 5 1 31
gen zone brick p0 61. 6 8. 4 -18. 4 p1 add 4 0 0 p2 add 0 4 0 p3 add 0 0 24. 8 &
                    size 5 5 31
; surrounding mod (11550)
gen zone brick p0 36. 8 14. 8 -18. 4 p1 add 28. 8 0 0 p2 add 0 3. 2 0 p3 add 0 0 24. 8 &
                    size 18 2 31
gen zone brick p0 -33. 6 0 -18. 4 p1 add 28. 8 0 0 p2 add 0 2 0 p3 add 0 0 24. 8 &
                    size 9 1 31
gen zone brick p0 -4. 8 0 -18. 4 p1 add 4. 8 0 0 p2 add 0 2 0 p3 add 0 0 24. 8 &
                    size 3 1 31
gen zone brick p0 -33. 6 2 -18. 4 p1 add 28. 8 0 0 p2 add 0 16 0 p3 add 0 0 24. 8 &
                    size 9 10 31
gen zone brick p0 -4. 8 2 -18. 4 p1 add 4. 8 0 0 p2 add 0 16 0 p3 add 0 0 24. 8 &
                    size 3 10 31
gen zone brick p0 -33. 6 18 -18. 4 p1 add 99. 2 0 0 p2 add 0 3. 2 0 p3 add 0 0 24. 8 &
                    size 31 2 31
gen zone brick p0 -33. 6 21. 2 -18. 4 p1 add 99. 2 0 0 p2 add 0 16 0 p3 add 0 0 24. 8 &
                    size 31 5 31
gen zone brick p0 -65. 6 0 -18. 4 p1 add 32 0 0 p2 add 0 2 0 p3 add 0 0 24. 8 size 10 1 31
gen zone brick p0 -65. 6 2 -18. 4 p1 add 32 0 0 p2 add 0 35. 2 0 p3 add 0 0 24. 8 &
                    size 10 11 31
```

```
gen zone brick p0 -129. 6 0 -18. 4 p1 add 64 0 0 p2 add 0 5. 2 0 p3 add 0 0 0. 8 size 10 1 1
gen zone brick p0 -129. 6 0 -17. 6 p1 add 64 0 0 p2 add 0 5. 2 0 p3 add 0 0 22. 4 &
          size 10 1 14
gen zone brick p0 -129. 6 0 4. 8 p1 add 64 0 0 p2 add 0 5. 2 0 p3 add 0 0 0. 8 &
          size 10 1 1
gen zone brick p0 -129. 6 0 5. 6 p1 add 64 0 0 p2 add 0 5. 2 0 p3 add 0 0 0. 8 &
          size 10 1 1
gen zone brick p0 -129. 6 5. 2 -18. 4 p1 add 64 0 0 p2 add 0 32 0 p3 add 0 0 0. 8 size 10 5 1
gen zone brick p0 -129. 6 5. 2 -17. 6 p1 add 64 0 0 p2 add 0 32 0 p3 add 0 0 22. 4 &
          size 10 5 14
gen zone brick p0 -129. 6 5. 2 4. 8 p1 add 64 0 0 p2 add 0 32 0 p3 add 0 0 0. 8 &
          size 10 5 1
gen zone brick p0 -129. 6 5. 2 5. 6 p1 add 64 0 0 p2 add 0 32 0 p3 add 0 0 0. 8 &
          size 10 5 1
; upsoil
; gen zone brick p0 -129. 6 0 5. 6 p1 add 195. 2 0 0 p2 add 0 0. 4 0 p3 add 0 0 0. 8 &
          size 61 1 1 group upsoil
; gen zone brick p0 -129. 6 0. 4 5. 6 p1 add 195. 2 0 0 p2 add 0 36. 8 0 p3 add 0 0 0. 8 &
          size 61 23 1 group upsoil
; 进行分组
group pillar1 range x 8 8. 8 y 7. 6 8. 4 z 0 4. 8
group pillar1 range x 16. 8 17. 6 y 7. 6 8. 4 z 0 4. 8
group pillar1 range x 25. 6 26. 4 y 7. 6 8. 4 z 0 4. 8
group pillar1 range x 34. 4 35. 2 y 7. 6 8. 4 z 0 4. 8
group pillar1 range x 43. 2 44 y 7. 6 8. 4 z 0 4. 8
group pillar1 range x 52 52. 8 y 7. 6 8. 4 z 0 4. 8
group pillar1 range x 60. 8 61. 6 y 7. 6 8. 4 z 0 4. 8
group pillar2 range x 8 8. 8 y 0 0. 4 z -1. 6 4. 8
group pillar2 range x 16. 8 17. 6 y 0 0. 4 z -1. 6 4. 8
group pillar2 range x 25. 6 26. 4 y 0 0. 4 z -1. 6 4. 8
group pillar2 range x 34. 4 35. 2 y 0 0. 4 z -1. 6 4. 8
group pillar2 range x 43. 2 44 y 0 0. 4 z -1. 6 4. 8
group pillar2 range x 52 52. 8 y 0 0. 4 z -1. 6 4. 8
group pillar2 range x 60. 8 61. 6 y 0 0. 4 z -1. 6 4. 8
group wall range x 0. 8 1. 6 y 0 17. 2 z -1. 6 4. 8
group wall range x 1. 6 35. 2 y 16. 4 17. 2 z -1. 6 4. 8
group wall range x 34. 4 35. 2 y 12. 4 16. 4 z -1. 6 4. 8
group wall range x 35. 2 65. 6 y 12. 4 13. 2 z -1. 6 4. 8
group spile range x 0 0. 8 y 0 18 z -6. 4 6. 4
```

group spile range x 0. 8 36 y 17. 2 18 z -6. 4 6. 4

group spile range x 35. 2 36 y 13. 2 17. 2 z -6. 4 6. 4

group spile range x 36 65. 6 y 13. 2 14 z -6. 4 6. 4

group roof range x 0. 8 35. 2 y 0 17. 2 z 4. 8 5. 6

group roof range x 35. 2 65. 6 y 0 13. 2 z 4. 8 5. 6

group floor range x 0. 8 35. 2 y 0 17. 2 z -2. 4 -1. 6

group floor range x 35. 2 65. 6 y 0 13. 2 z -2. 4 -1. 6

group platform range x 1. 6 65. 6 y 4. 4 12. 4 z -1. 6 0

group upsoil range z 5. 6 6. 4

gen zone reflect origin 50. 4 0 5. 6 normal 0 1 0　range x -129. 6 65. 6 y 0 37. 2 z -18. 4 6. 4

; 粘连面

attach face

; dele range group pillar1 not group pillar2 notgrou roof not &

group floor not group platform not

; 赋参数

macro EL1 ´bulk 2. 833 shear 2. 125´

macro EL2 ´bulk 2. 04 shear 1. 34´

macro EL3 ´bulk 8. 10 shear 2. 5´

macro EL4 ´bulk 1736. 1 shear 992. 06´

; 设置弹性本构模型

mod elastic

; 设置重力加速度

set grav 0 0 -9. 81

; 设置流体密度

water den 1. 0e-3

; 设置水面

water table origin 45 0 4. 8 normal 0 0 -1

prop EL4 range z -18. 4 -12. 8

prop EL2 range z -12. 8 -6. 4

prop EL3 range z -6. 4 -1. 6

prop EL2 range z -1. 6 4. 8

prop EL1 range z 4. 8 6. 4

ini den 1. 5e-3 range z 4. 8 6. 4

ini den 1. 9e-3 range z -1. 6 4. 8

ini den 1. 91e-3 range z -6. 4 -1. 6

ini den 1. 9e-3 range z -12. 8 -6. 4

ini den 2. 68e-3 range z -18. 4 -12. 8

; boundary conditions

设置竖向应力，在 z 方向的变化梯度为 0.0196

ini sxx -0.486 grad 0 0 0.0196

ini syy -0.486 grad 0 0 0.0196

fix x range x -129.7 -129.5

fix x range x 65.5 65.7

fix y range y 37.1 37.3

fix y range y -37.3 -37.1

fix z range z -18.5 -18.3

his id 1unbal

step 4000

mod m

macro ML1 ´bulk 2.833 shear 2.125 coh 0.22 fric 19 ten 0.1´

macro ML2 ´bulk 2.04 shear 1.34 coh 0.158 fric 25 ten 0.085´

macro ML3 ´bulk 8.10 shear 2.5 coh 0.388 fric 16.8 ten 0.15´

macro ML4 ´bulk 1736.1 shear 992.06 coh 0.835 fric 35 ten 0.9´

prop ML4 range z -18.4 -12.8

prop ML2 range z -12.8 -6.4

prop ML3 range z -6.4 -1.6

prop ML2 range z -1.6 4.8

prop ML1 range z 4.8 6.4

ini den 1.5e-3 range z 4.8 6.4

ini den 1.9e-3 range z -1.6 4.8

ini den 1.91e-3 range z -6.4 -1.6

ini den 1.9e-3 range z -12.8 -6.4

ini den 2.68e-3 range z -18.4 -12.8

step 2500

; x 方向位移清零

initial xdis 0

initial ydis 0

initial zdis 0

initial xvel 0

initial yvel 0

initial zvel 0

macro SP ´bulk 13636 shear 11538.5´

macro PI ´bulk 18181.8 shear 15384.6´

macro RO ´bulk 17424.2 shear 14743.6´

macro FL ´bulk 18181.8 shear 15384.6´

macro WA ´bulk 15454.6 shear 13110.5´

mod e range group spile

```
prop SP range group spile
ini den 2. 52e-3 range group spile
step 400
; 进行开挖
mod nu range x 0. 8 35. 2 y -17. 2 17. 2 z 1. 6 6. 4
mod nu range x 35. 2 65. 6 y -13. 2 13. 2 z 1. 6 6. 4
step 500
; 设置梁单元
sel beam begin 8. 8 -17. 2 4. 8 end 8. 8 17. 2 4. 8 nseg 44
sel beam begin 17. 6 -17. 2 4. 8 end 17. 6 17. 2 4. 8 nseg 44
sel beam begin 26. 4 -17. 2 4. 8 end 26. 4 17. 2 4. 8 nseg 44
sel beam begin 35. 2 -13. 2 4. 8 end 35. 2 13. 2 4. 8 nseg 34
sel beam begin 44 -13. 2 4. 8 end 44 13. 2 4. 8 nseg 34
sel beam begin 52. 8 -13. 2 4. 8 end 52. 8 13. 2 4. 8 nseg 34
sel beam begin 61. 6 -13. 2 4. 8 end 61. 6 13. 2 4. 8 nseg 34
sel beam prop den 7. 85e -3 emod 200000 n 0. 3 xca 0. 00365 xciy 0. 00108 xciz 0. 00108
xcj 0. 00216 & y 1 0 0
step 500
mod nu range x 0. 8 35. 2 y -17. 2 17. 2 z -2. 4 1. 6
mod nu range x 35. 2 65. 6 y -13. 2 13. 2 z -2. 4 1. 6
step 300
sel beam begin 8. 8 -17. 2 -0. 8 end 8. 8 17. 2 -0. 8 nseg 44
sel beam begin 17. 6 -17. 2 -0. 8 end 17. 6 17. 2 -0. 8 nseg 44
sel beam begin 26. 4 -17. 2 -0. 8 end 26. 4 17. 2 -0. 8 nseg 44
sel beam begin 35. 2 -13. 2 -0. 8 end 35. 2 13. 2 -0. 8 nseg 34
sel beam begin 44 -13. 2 -0. 8 end 44 13. 2 -0. 8 nseg 34
sel beam begin 52. 8 -13. 2 -0. 8 end 52. 8 13. 2 -0. 8 nseg 34
sel beam begin 61. 6 -13. 2 -0. 8 end 61. 6 13. 2 -0. 8 nseg 34
sel beam prop den 7. 85e -3 emod 200000 n 0. 3 xca 0. 00365 xciy 0. 00108 xciz 0. 00108
xcj 0. 00216 & y 1 0 0
step 500
ini zdis 0 range x 0. 8 35. 2 y -17. 2 17. 2 z -18. 4 -2. 4
ini zdis 0 range x 35. 2 65. 6 y -13. 2 13. 2 z -18. 4 -2. 4
ini xdis 0 range x 0. 8 35. 2 y -17. 2 17. 2 z -18. 4 -2. 4
ini xdis 0 range x 35. 2 65. 6 y -13. 2 13. 2 z -18. 4 -2. 4
ini ydis 0 range x 0. 8 35. 2 y -17. 2 17. 2 z -18. 4 -2. 4
ini ydis 0 range x 35. 2 65. 6 y -13. 2 13. 2 z -18. 4 -2. 4
step 400
; floor
```

```
mod e range group floor
prop FL range group floor
ini den 2. 5e-3 range group floor
his id 15 gp zdis 30. 4 1. 2 -1. 6
his id 16 gp zdis 30. 4 6. 0 -1. 6
his id 17 gp zdis 30. 4 6. 0 -2
his id 18 gp zdis 30. 4 1. 2 -2
his id 26 gp zdis 30. 4 1. 2 -2. 4
his id 27 gp zdis 30. 4 6. 0 -2. 4
his id 19 gp zdis 45. 6 1. 2 -1. 6
his id 20 gp zdis 45. 6 6. 0 -1. 6
his id 21 gp zdis 45. 6 1. 2 -2
his id 22 gp zdis 45. 6 6. 0 -2
his id 24 gp zdis 45. 6 1. 2 -2. 4
his id 25 gp zdis 45. 6 6. 0 -2. 4
step 800
sel delete beam
step 100
; wall
mod e range group wall
prop WA range group wall
ini den 2. 5e -3 range group wall
his id 11 gp ydis 17. 2 16. 4 3. 2
his id 12 gp ydis 48 12. 4 3. 2
his id 13 gp ydis 8. 4 16. 4 3. 2
his id 46 gp yvel 17. 2 16. 4 3. 2
his id 47 gp yvel 48 12. 4 3. 2
his id 48 gp yvel 8. 4 16. 4 3. 2
step 500
; pillar2
mod e range group pillar2
prop PI range group pillar2
ini den 2. 52e -3 range group pillar2
step 500
; platform
mod e range group platform
prop WA range group platform
ini den 2. 5e -3 range group platform
his id 14 gp zdis 12. 8 4. 0 0
```

his id 97 gp zdis 45. 6 8. 8 0

step 500

; pillar1

mod e range group pillar1

prop PI range group pillar1

ini den 2. 52e -3 range group pillar1

step 500

; roof

mod e range group roof

prop RO range group roof

ini den 2. 5e -3 range group roof

step 800

; upsoil

; group main range group pillar1 any group pillar2 any group platform any group
roof any group &

; floor any group wall any

mod m range x 0. 8 35. 2 y -17. 2 17. 2 z 5. 6 6. 4

prop ML1 range x 0. 8 35. 2 y -17. 2 17. 2 z 5. 6 6. 4

mod m range x 35. 2 65. 6 y -13. 2 13. 2 z 5. 6 6. 4

prop ML1 range x 35. 2 65. 6 y -13. 2 13. 2 z 5. 6 6. 4

ini den 1. 5e -3 range x 0. 8 35. 2 y -17. 2 17. 2 z 5. 6 6. 4

ini den 1. 5e -3 range x 35. 2 65. 6 y -13. 2 13. 2 z 5. 6 6. 4

; 记录节点（65.6，4.0，6.4）z 方向的位移

his id 2 gp zdis 65. 6 4. 0 6. 4

his id 3 gp zdis 52. 4 4. 0 6. 4

his id 4 gp zdis 52. 4 0 6. 4

his id 5 gp zdis 48 0 6. 4

his id 6 gp zdis 12. 8 4. 0 6. 4

his id 7 gp zdis 12. 8 0 6. 4

his id 8 gp zdis 26 8 6. 4

his id 9 gp zdis 21. 6 8 6. 4

his id 10 gp zdis 17. 2 16. 4 6. 4

his id 37 gp zvel 65. 6 4. 0 6. 4

his id 38 gp zvel 52. 4 4. 0 6. 4

his id 39 gp zvel 52. 4 0 6. 4

his id 40 gp zvel 48 0 6. 4

his id 41 gp zvel 12. 8 4. 0 6. 4

his id 42 gp zvel 12. 8 0 6. 4

his id 43 gp zvel 26 8 6. 4

```
his id 44 gp zvel 21.6 8 6.4
his id 45 gp zvel 17.2 16.4 6.4
step 4000
;保存文件
save f3d _ 21.sav
```

9.8 双隧道盾构法施工安全评价分析

9.8.1 工程概况

某地铁区间沿线主要由道路、桥梁、民居及一些重要或一般建（构）筑物组成。地形稍有起伏，现地面高程为 6.61～12.22m。区间最大埋深为 18.6m，最小埋深为 5.3m，在某河底部，河道整治后高程最小埋深为 4.4m。

工程位置选在某河段，原因有以下几点：

（1）此处地质条件较差，大部分为粉质黏土和淤泥质黏土，并且黏土层较厚。

（2）地下水较为丰富，地下水位较高。

（3）此处双线盾构施工均要穿越某河，并且河面较宽。

（4）开挖隧道顶部距离河底很近，施工较为困难。

根据区间隧道的埋深及地层情况，区间采用盾构法施工，本计算将采用 FLAC3D 程序模拟盾构双隧道的稳定性以及渗流特征。

9.8.2 构建模型

模型取穿越某河段的某地铁，模型长 200m、宽 60.8m、高 46m，建成隧道的直径为 5.2m，由于管片部分和压浆的需要，需要盾构开挖直径为 6.2m。具体模型如图 9.47 和图 9.48 所示。

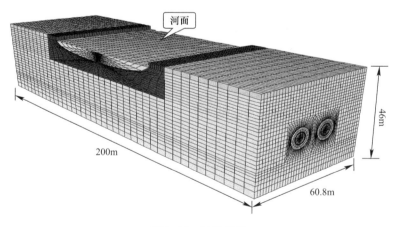

图 9.47　计算模型

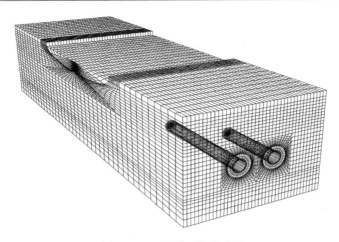

图 9.48　双隧道开挖示意图

9.8.3　计算参数

根据现场取样和岩石力学试验结果，并考虑到岩石的尺度效应，模拟计算采用的参数见表 9.10。

岩土力学参数表　　　　　　　　　表 9.10

岩土层名称	密度（kg·m⁻³）	弹性模量（MPa）	泊松比	摩擦角（°）	黏聚力（MPa）	渗透系数（cm/s）
人工素填土	1450	2.95	0.2	13.3	0.0268	2.1×10^{-7}
淤泥质粉质黏土	1786	3.0	0.32	14.8	0.065	3.9×10^{-7}
淤泥质粉质黏土	1806	3.5	0.32	11.6	0.075	1.0×10^{-6}
粉质黏土	1840	4.19	0.35	16.8	0.11	1.8×10^{-7}
粉质黏土	1980	5.9	0.41	18.3	0.13	3.1×10^{-6}

注浆区岩土的参数，按混凝土和当层土体的参数，参考实验和相关注浆资料进行折合，见表 9.11。

注浆区岩土参数表　　　　　　　　　表 9.11

岩土层	密度（kg·m⁻³）	弹性模量（MPa）	泊松比	黏聚力（MPa）	抗拉强度（MPa）	内摩擦角（°）
注浆区岩土层	2200	800	0.2	0.1	0.57	33

管片采用 C50 混凝土，其渗透系数小于 1.0×10^{-13}，压浆采用防水砂浆，具体力学参数见表 9.12。

管片混凝土和压浆砂浆力学参数　　　　　　　　　表 9.12

构件	密度（kg·m⁻³）	弹性模量（MPa）	泊松比
管片 C50 钢筋混凝土	2400	34500	0.167
M30 砂浆	2300	28200	0.21

9.8.4　模拟步序

双盾构同时同向施工，两台盾构机在相邻隧道按 8m/d 推进速度同时推进，两盾构间距为 20m 以上。在过河段需提前停止一台盾构机，待开挖隧道稳定后，也可以等前一台盾构机越过对面河岸 20～40m，另一台盾构机开始过河，如图 9.49 所示。相关命令流见第 9.8.7 节的内容。

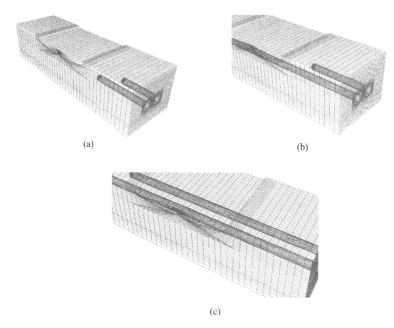

（a）　　　　　　　　　　　　　　　　（b）

(c)

图 9.49　施工过程图

（a）共同推进阶段；（b）一台暂停一台过河；（c）双线过河

9.8.5　计算结果分析

1. 过河前

图 9.50 为隧道断面图，左隧道安装了管片以后，压力马上增大至 3.0MPa，而右隧道处于盾构尾部脱离尚未安装管片的情况，当盾尾脱离后应力得到一定的释放，快速减小到 2MPa 左右。所以此时要及时安装管片并注浆，防止围岩发生破坏。

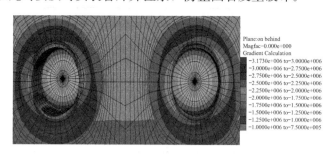

图 9.50　过河前，双盾构隧道最大主应力场分布图

由于开挖的影响，掌子面附近的水会流向隧道内部，其附近的水压力会减小，其他部分水会向水压力较小的地方渗流（图 9.51），所以掌子面上有涌水现象。

由图 9.52 所示的横断面的渗流场可知，没有安装管片以前，水在周围水压力的作用下，会透过注浆区从侧面渗入到隧道内部，但是安装管片以后，由于管片和压浆防水的作用，水将绕管片向下流走。管片的防水作用起到明显效果。

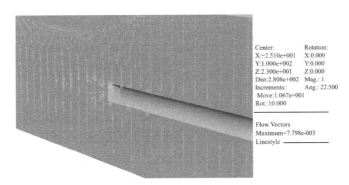

图 9.51　过河前盾构隧道开挖的渗流

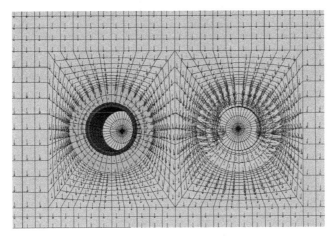

图 9.52　管片安装前后盾构隧道开挖断面的渗流矢量场

2. 前盾构过河后盾构暂停

图 9.53 给出了盾构隧道管片最大主应力图。从图中可以看出，只有开挖的部分才会发生最大主应力增加的现象，扰动土体的最大主应力增加是很微小的。安装管片以后，应力才会在管片周边发生应力集中。

图 9.54 和图 9.55 给出了盾构隧道的位移矢量场。从图中可以看出，在距离河道一定距离处，土体会有一定的下沉，位移量很小。在距离河岸近处，由于土体变软，下沉量会有所增大，但是下沉土体由于管片的阻挡，一部分土体伸向两隧道之间，绕隧道发生位移，还有一大部分土体会向河流方向发生位移，发生河底反拱现象，位移量很小。

掌子面前方土体，由于开挖影响，原土压力释放，会向掌子面方向发生位移。暂停施工的盾构隧道掌子面的土体会向隧道方向发生较大位移，此时还伴随有涌水，这是施工关注的重点。

从图 9.56 和图 9.57 可以看出，受到开挖的影响，掌子面附近的水会流向隧道内部，其附近的水压力会减小，其他部分水会向水压力较小的地方渗流，所以掌子面上有涌水现象。在暂停隧道的掌子面仍会有较多涌水，建议采取适当措施，以防止流砂或涌土坍塌现象。

图 9.53　盾构隧道管片最大主应力分布

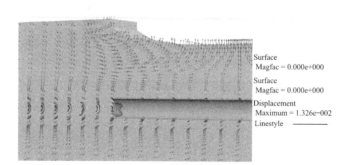

图 9.54　过河盾构隧道位移矢量场左视图

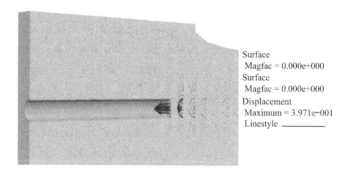

图 9.55　暂停盾构隧道位移矢量场

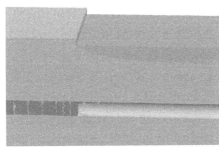

图 9.56　过河盾构隧道渗流矢量场

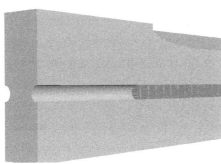

图 9.57　暂停盾构隧道渗流矢量场

9.8.6　主要结论

（1）从位移场分布来看，盾构开挖以后上部土体会随之下沉，但是由于注浆区和管片阻挡，土体会向较为软弱的河底方向发生位移，最大位移量在 14mm，不会给工程造成太大的影响。地表最大沉降量都在 20mm 以内，完全符合规范规定。

（2）由于本工程段的土质较差且地下水丰富，无论位移量还是渗流量，在开挖的掌子面处都很大，是施工注意的重点，以防在掌子面处发生流砂和涌水。在暂停施工的盾构隧道，掌子面要及时封闭正面土体。

9.8.7　命令

```
；生成网格
gen zone radcylinder p0 -17. 5 0 20. 9 p1 -9. 9 0 20. 9 p2 -17. 5 100 20. 9 p3 -17. 5 0 30
p4 -9. 9 100 20. 9 &
        p5 -17. 5 100 30 p6 -9. 9 0 30 p7 -9. 9 100 30 p8 -12. 4 0 20. 9 p9 -17. 5 0 26
p10 -12. 4 100 20. 9 &
        p11 -17. 5 100 26　size 10 20 10 10　rat 1. 2 1 1 1. 2 group 1
gen zone cshell p0 -17. 5 0 20. 9 p1 -12. 4 0 20. 9 p2 -17. 5 100 20. 9 p3 -17. 5 0 26 p4 -
12. 4 100 20. 9 p5 -17. 5 100 26 &
        p8 -14. 4 0 20. 9 p9 -17. 5 0 24 p10 -14. 4 100 20. 9 p11 -17. 5 100 24 size 2
20 10 2 rat 1. 2 1 1 1. 2 group 2
gen zone cshell p0 -17. 5 0 20. 9 p1 -14. 4 0 20. 9 p2 -17. 5 100 20. 9 p3 -17. 5 0 24 p4 -
```

14. 4 100 20. 9 p5 -17. 5 100 24 &

        p8 -14. 6 0 20. 9 p9 -17. 5 0 23. 8 p10 -14. 6 100 20. 9 p11 -17. 5 100 23. 8 size 1 20 10 1 rat 1. 2 1 1 1. 2 group 3

    gen zone cshell p0 -17. 5 0 20. 9 p1 -14. 6 0 20. 9 p2 -17. 5 100 20. 9 p3 -17. 5 0 23. 8 p4 -14. 6 100 20. 9 p5 -17. 5 100 23. 8 &

        p8 -14. 9 0 20. 9 p9 -17. 5 0 23. 5 p10 -14. 9 100 20. 9 p11 -17. 5 100 23. 5 size 1 20 10 2 rat   1. 2 1 1 1. 2 group 4

    gen zone cylinder p0 -17. 5 0 20. 9 p1 -14. 9 0 20. 9 p2 -17. 5 100 20. 9 p3 -17. 5 0 23. 5 p4 -14. 9 100 20. 9 p5 -17. 5 100 23. 5 &

        size 3 20 10 rat 1. 2 1 1 group 5

    gen zone reflect normal 0 0 -1ori 0 0 20. 9

    gen zone brick p0 -17. 5 0 0 p1 -9. 9   0 0 p2 -17. 5 100 0 p3 -17. 5 0 11. 8 size 5 20 6 rat 1 1 0. 8 group 6

    gen zone reflect normal -1 0 0 ori -17. 5 0 0

    gen zone brick p0 -9. 9 0 11. 8 p1 5. 3 0 11. 8 p2 -9. 9 100 11. 8 p3 -9. 9 0 30 size 10 20 10 rat 1 1 1 group 7

    gen zone brick p0 -9. 9 0 0 p1 5. 3 0 0 p2 -9. 9 100 0 p3 -9. 9 0 11. 8 size 10 20 6 rat 1 1 0. 8 group 8

    gen zone reflect normal -1 0 0 ori -25. 1 0 0

    ；设置分组

    group 1-1 range x -80 -25. 1 group 1

    group 2-1 range x -80 -25. 1 group 2

    group 3-1 range x -80 -25. 1 group 3

    group 4-1 range x -80 -25. 1 group 4

    group 5-1 range x -80 -25. 1 group 5

    group 6-1 range x -80 -25. 1 group 6

    group 7-1 range x -80 -25. 1 group 7

    group 8-1 range x -80 -25. 1 group 8

    gen zone brick p0 -55. 5 0 30 p1 5. 3 0 30   p2 -55. 5 50 30 p3 -55. 5 0 43. 6 size 40 10 10 rat 1 1 1   group 9

    gen zone radcylinder p0 5. 3 100 43. 6 p1 5. 3 50 43. 6 p2 -55. 5 100 43. 6 p3 5. 3 100 30 p4 -55. 5 50 43. 6 p5 -55. 5 100 30 p6 5. 3 50 30 &

        p7 -55. 5 50 30 p8 5. 3 60 43. 6 p9 5. 3 100 38 p10 -55. 5 60 43. 6 p11 -55. 5 100 38 size 10 40 20 8 &

        rat 1 1 1 1 group 10

    gen zone brick p0 -55. 5 0 43. 6 p1 5. 3 0 43. 6 p2 -55. 5 50 43. 6 p3 -55. 5 0 46 size 40 10 1 rat 1 1 1 group 11

    gen zone brick p0 -55. 5 50 43. 6 p1 5. 3 50 43. 6 p2 -55. 5 60 43. 6 p3 -55. 5 50 46 size 40 8 1 rat 1 1 1 group 12 gen zone cylinder p0 5. 3 100 43. 6 p1 5. 3 60 43. 6 p2 -55. 5 100 43. 6 p3 5. 3 100 38 p4 -55. 5 60 43. 6 p5 -55. 5 100 38 size 8 40 20 rat 1 1 1 group 13

gen zone reflect normal 0 1 0 ori 0 100 0

; 粘连面

attach face

; 设置弹性本构

model e

; 设置 X 方向的应力，在 Z 方向变化梯度为 1.99e4

initial sxx = -0. 9e6 grad 0 0 1. 99e4

initial syy = -0. 9e6 grad 0 0 1. 99e4

; 设置重力加速度

set grav 0 0 -9. 81

; 赋力学参数

property bulk 2. 19e6 shear 1. 646e6　range z 43. 6 46

property bulk 2. 5e6 shear 1. 15e6　range z 0 43. 6

property bulk 2. 43e6 shear 1. 39e6　range plane below　normal　0 0. 15 1 ori　0 50 20

property bulk 2. 5e6 shear 1. 72e6　range　plane below　normal　0 -0. 5 1 ori　0 130 20

property bulk 3. 64e6 shear 2. 4e6　range　plane below　normal　0 -0. 3 1 ori　0 150 10

property bulk 2. 5e6 shear 1. 15e6　range z 35 43. 6

property bulk 2. 19e6 shear 1. 646e6　range z 43. 6 46

; 赋全局密度

initial density 1450 range z 43. 6 46

initial density 1786 range z　0 43. 6

initial density 1806　range plane below　normal　0 0. 15 1 ori　0 50 20

initial density 1840　range　plane below　normal　0 -0. 5 1 ori　0 130 20

initial density 1980　range　plane below　normal　0 -0. 3 1 ori　0 150 10

initial density 1450 range z 35 43. 6

initial density 1786 range z 43. 6 46

; 固定 X 在 5. 29 到 5. 31 之间面的 X 方向移动

fix x range x 5. 29 5. 31

fix x range x -55. 4 -55. 6

fix y range y -0. 1 0. 1

fix y range y 199. 9 200. 1

fix z range z -0. 1 0. 1

; 迭代 2000

step 2000

; 保存文件

save e. sav

; 设置弹性本构

```
mod m
property bulk 2. 19e6 shear 1. 646e6 coh 2. 68e4 fric 13. 3 ten 0. 1e6 range z 43. 6 46
property bulk 2. 5e6 shear 1. 15e6 coh 2e4 fric 14. 8   ten 6. 5e4 range z 0 43. 6
property bulk 2. 43e6 shear 1. 39e6 coh 2. 1e4 fric 13. 8   ten 7. 5e4 range plane be-
low   normal  0 0. 15 1   ori   0 50 20
property bulk 2. 5e6 shear 1. 72e6 coh 3. 7e4 fric 16. 8   ten 1. 1e5 range   plane be-
low   normal  0 -0. 5 1   ori   0 130 20
property bulk 3. 64e6 shear 2. 4e6 coh 4. 3e4 fric 18. 3   ten 1. 2e5 range   plane be-
low   normal  0 -0. 3 1   ori   0 150 10
property bulk 2. 5e6 shear 1. 15e6 coh 2e4 fric 14. 8   ten 6. 5e4   range z 35 43. 6
property bulk 2. 19e6 shear 1. 646e6 coh 2. 68e4 fric 13. 3 ten 0. 1e6 range z 43. 6 46
initial density 1450 range z 43. 6 46
initial density 1786 range z  0 43. 6
initial density 1806 range   plane below   normal  0 0. 15 1 ori   0 50 20
initial density 1840 range   plane below   normal  0 -0. 5 1 ori   0 130 20
initial density 1980 range   plane below   normal  0 -0. 3 1 ori   0 150 10
initial density 1450 range z 35 43. 6
initial density 1786 range z 43. 6 46
step 1000
save m. sav
; 设置流体模式
config fluid
mod e range group 13
prop bulk 2e9 shear 3e9 range group 13
initial den 1000 range group 13
ini sat  1 range   z 0 43. 6
; 设置各向同性
mod fl _ iso
; 设置渗透系数
prop por 0. 22 perm = 2e -7 range group 1
prop por 0. 3 perm = 2e -7 range group 2
prop por 0. 3 perm = 2e -7 range group 3
prop por 0. 3 perm = 2e -7 range group 4
prop por 0. 3 perm = 2e -7 range group 5
prop por 0. 32 perm = 2e -7 range group 6
prop por 0. 22 perm = 2e -7 range group 7
prop por 0. 32 perm = 2e -7 range group 8
prop por 0. 2 perm = 2e -7 range group 9
prop por 0. 2 perm = 2e -7 range group 10
```

```
prop por 0. 20 perm = 2e -7 range group 11
prop por 0. 20 perm = 2e -7 range group 12
prop por 0. 22 perm = 2e -7 range group 1-1
prop por 0. 3  perm = 2e -7 range group 2-1
prop por 0. 3  perm = 2e -7 range group 3-1
prop por 0. 3  perm = 2e -7 range group 4-1
prop por 0. 3  perm = 2e -7 range group 5-1
prop por 0. 32 perm = 2e -7 range group 6-1
prop por 0. 20 perm = 2e -7 range group 7-1
prop por 0. 20 perm = 2e -7 range group 8-1
; install water table
; 设置自由水面
fix pp 0 range z 43. 5 43. 7
; 设置流体模量
ini fmod 1e9
; 设置流体密度
ini fden 1000
set fluid pcut on
step 1000
    initial state 0
    initial xdis 0
    initial ydis 0
    initial zdis 0
    initial xv 0
    initial yv 0
    initial zv 0
    hist   gp zdisp -17. 5 15 25
    hist   gp xdisp -15 15 20. 9
    hist   gp zdisp -17. 5 15 18
    hist   gp xdisp -25. 1 15 20. 9
    hist   gp zdisp -25. 1 15 20. 9
    hist   gp zdisp -32. 7 15 25
    hist   gp xdisp -32 15 20. 9
    hist   gp zdisp -32. 7 15 18
    hist   gp xdisp -35. 3 15 20. 9
    hist   gp zdisp -32. 7 15 45
    hist   gp zdisp -17. 5 15 45
    hist   gp zdisp -55 15 45
    hist   gp zdisp 5 15 45
```

```
hist    zone szz -17. 5 15 25
hist    zone sxx -15 15 20. 9
hist    zone szz -17. 5 15 18
hist    zone sxx   -25. 1 15 20. 9
hist    zone szz -25. 1 15 20. 9
hist    zone szz -32. 7 15 25
hist    zone sxx   -32 15 20. 9
hist    zone szz -32. 7 15 18
hist    zone sxx   -35. 3 15 20. 9
hist    gp velocity -17. 5 15 25
hist    gp velocity -15 15 20. 9
hist    gp velocity -17. 5 15 18
hist    gp velocity -25. 1 15 20. 9
hist    gp velocity -25. 1 15 20. 9
hist    gp velocity -32. 7 15 25
hist    gp velocity -32 15 20. 9
hist    gp velocity -32. 7 15 18
hist    gp velocity -35. 3 15 20. 9
hist    gp velocity -32. 7 15 45
hist    gp velocity -17. 5 15 45
hist    gp velocity -55 15 45
hist    gp velocity 5 15 45
hist    gp zdisp -17. 5 55 25
hist    gp xdisp -15 55 20. 9
hist    gp zdisp -17. 5 55 18
hist    gp xdisp -25. 1 55 20. 9
hist    gp zdisp -25. 1 55 20. 9
hist    gp zdisp -32. 7 55 25
hist    gp xdisp -32 55 20. 9
hist    gp zdisp -32. 7 55 18
hist    gp xdisp -35. 3 55 20. 9
hist    gp zdisp -32. 7 55 45
hist    gp zdisp -17. 5 55 45
hist    gp zdisp -55 55 45
hist    gp zdisp 5 55 45
hist    zone szz -17. 5 55 25
hist    zone sxx -15 55 20. 9
hist    zone szz -17. 5 55 18
hist    zone sxx   -25. 1 55 20. 9
```

```
    hist    zone szz -25. 1 55 20. 9
    hist    zone szz -32. 7 55 25
    hist    zone sxx   -32 55 20. 9
    hist    zone szz -32. 7 55 18
    hist    zone sxx   -35. 3 55 20. 9
    hist  gp velocity -17. 5 55 25
    hist  gp velocity -15 55 20. 9
    hist  gp velocity -17. 5 55 18
    hist  gp velocity -25. 1 55 20. 9
    hist  gp velocity -25. 1 55 20. 9
    hist  gp velocity -32. 7 55 25
    hist  gp velocity -32 55 20. 9
    hist  gp velocity -32. 7 55 18
    hist  gp velocity -35. 3 55 20. 9
    hist  gp velocity -32. 7 55 45
    hist  gp velocity -17. 5 55 45
    hist  gp velocity -55 55 45
    hist  gp velocity 5 55 45
  property den 2200   bulk 3. 8e9 shear 2. 4e9 coh 2e6 fri 38 ten 0. 87e6   range y 0 10
group 2-1
  step 100
  ini syy add -4e5 range y 0 10 group 3-1
  ini syy add -4e5 range y 0 10 group 4-1
  ini syy add -4e5 range y 0 10 group 5-1
  step 200
  mod null range y 0 10   group 3-1
  mod null range y 0 10   group 4-1
  mod null range y 0 10   group 5-1
  step 100
  mod e range y 0 10 group 3-1
  mod e range y 0 10 group 4-1
  property den 2200 bulk 7. 4e9 shear 4. 7e9   range y 0 10   group 3-1
  property den 2400 bulk 1. 74e10 shear 1. 47e10   range y 0 10   group 4-1
  prop por 0. 2 perm = 2e -13 range y 0 10   group 3-1
  prop por 0. 1 perm = 2e -14 range y 0 10   group 4-1
  step 500
  save 1. sav
  property den 2200   bulk 3. 8e9 shear 2. 4e9 coh 2e6 fri 38 ten 0. 87e6 range y 10 20
group 2-1
```

```
step 100
ini syy add -4e5 range y 10 20 group 3-1
ini syy add -4e5 range y 10 20 group 4-1
ini syy add -4e5 range y 10 20 group 5-1
step 200
mod null range y 10 20    group 3-1
mod null range y 10 20    group 4-1
mod null range y 10 20    group 5-1
step 100
mod e range y 10 20    group 3-1
mod e range y 10 20    group 4-1
property den 2200 bulk 7. 4e9 shear 4. 7e9    range y 10 20    group 3-1
property den 2400 bulk 1. 74e10 shear 1. 47e10    range y 10 20    group 4-1
prop por 0. 2 perm = 2e -13 range y 10 20    group 3-1
prop por 0. 1 perm = 2e -14 range y 10 20    group 4-1
step 500
save 2. sav
property den 2200    bulk 3. 8e9 shear 2. 4e9 coh 2e6 fri 38 ten 0. 87e6    range y 20
30    group 2-1
property den 2200    bulk 3. 8e9 shear 2. 4e9 coh 2e6 fri 38 ten 0. 87e6 range y 0 10
group 2
step 200
ini syy add -4e5 range y 20 30 group 3-1
ini syy add -4e5 range y 20 30 group 4-1
ini syy add -4e5 range y 20 30 group 5-1
ini syy add -4e5 range y 0 10    group 3
ini syy add -4e5 range y 0 10    group 4
ini syy add -4e5 range y 0 10    group 5
step 200
mod null range y 20 30    group 3-1
mod null range y 20 30    group 4-1
mod null range y 20 30    group 5-1
mod null range y 0 10    group 3
mod null range y 0 10    group 4
mod null range y 0 10    group 5
step 100
mod e range y 20 30    group 3-1
mod e range y 20 30    group 4-1
property den 2200 bulk 7. 4e9 shear 4. 7e9    range y 20 30    group 3-1
```

property den 2400 bulk 1. 74e10 shear 1. 47e10　range y 20 30　　group 4-1

prop por 0. 2 perm = 2e -13 range y 20 30　group 3-1

prop por 0. 1 perm = 2e -14 range y 20 30　group 4-1

mod e range y 0 10　group 3

mod e range y 0 10　group 4

property den 2200 bulk 7. 4e9 shear 4. 7e9　range y 0 10　　group 3

property den 2400 bulk 1. 74e10 shear 1. 47e10　range y 0 10　　group 4

prop por 0. 2 perm = 2e -13 range y 0 10　group 3

prop por 0. 1 perm = 2e -14 range y 0 10　group 4

step 500

save 3. sav

property den 2200　bulk 3. 8e9 shear 2. 4e9 coh 2e6 fri 38 ten 0. 87e6　range y 30 40　group 2-1

property den 2200　bulk 3. 8e9 shear 2. 4e9 coh 2e6 fri 38 ten 0. 87e6　range y 10 20　group 2

step 100

ini syy add -4e5 range y 30 40　group 3-1

ini syy add -4e5 range y 30 40　group 4-1

ini syy add -4e5 range y 30 40　group 5-1

ini syy add -4e5 range y 10 20　group 3

ini syy add -4e5 range y 10 20　group 4

ini syy add -4e5 range y 10 20　group 5

step 200

mod null range y 30 40　group 3-1

mod null range y 30 40　group 4-1

mod null range y 30 40　group 5-1

mod null range y 10 20　group 3

mod null range y 10 20　group 4

mod null range y 10 20　group 5

step 100

mod e range y 30 40　group 3-1

mod e range y 30 40　group 4-1

property den 2200 bulk 7. 4e9 shear 4. 7e9　range y 30 40　group 3-1

property den 2400 bulk 1. 74e10 shear 1. 47e10　range y 30 40　group 4-1

prop por 0. 2 perm = 2e -13 range y 30 40　group 3-1

prop por 0. 1 perm = 2e -14 range y 30 40　group 4-1

mod e range y 10 20　group 3

mod e range y 10 20　group 4

property den 2200 bulk 7. 4e9 shear 4. 7e9　range y 10 20　　group 3 property den 2400 bulk 1.74e10 shear 1.47e10　range y 10 20　　group 4

prop por 0.2 perm = 2e -13 range y 10 20　group 3

prop por 0.1 perm = 2e -14 range y 10 20　group 4

step 500

save 4.sav

property den 2200　bulk 3.8e9 shear 2.4e9 coh 2e6 fri 38 ten 0.87e6　range y 40

50　group 2-1

property den 2200　bulk 3.8e9 shear 2.4e9 coh 2e6 fri 38 ten 0.87e6　range y 20

30　group 2

step 100

ini syy add -4e5 range y 40 50　group 3-1

ini syy add -4e5 range y 40 50　group 4-1

ini syy add -4e5 range y 40 50　group 5-1

ini syy add -4e5 range y 20 30　group 3

ini syy add -4e5 range y 20 30　group 4

ini syy add -4e5 range y 20 30　group 5

step 200

mod null range y 40 50　group 3-1

mod null range y 40 50　group 4-1

mod null range y 40 50　group 5-1

mod null range y 20 30　group 3

mod null range y 20 30　group 4

mod null range y 20 30　group 5

step 100

mod e range y 40 50　group 3-1

mod e range y 40 50 group 4-1

property den 2200 bulk 7.4e9　shear 4.7e9　　range y 40 50　group 3-1

property den 2400 bulk 1.74e10 shear 1.47e10　range y 40 50　group 4-1

prop por 0.2 perm = 2e -13 range y 40 50　group 3-1

prop por 0.1 perm = 2e -14 range y 40 50　group 4-1

mod e range y 20 30　group 3

mod e range y 20 30　group 4

property den 2200 bulk 7.4e9 shear 4.7e9　range y 20 30　　group 3

property den 2400 bulk 1.74e10 shear 1.47e10　range y 20 30　group 4

prop por 0.2 perm = 2e -13 range y 20 30　group 3

prop por 0.1 perm = 2e -14 range y 20 30　group 4

step 500

save 5.sav

property den 2200　bulk 3.8e9 shear 2.4e9 coh 2e6 fri 38 ten 0.87e6　range y 50

60 group 2-1

property den 2200 bulk 3. 8e9 shear 2. 4e9 coh 2e6 fri 38 ten 0. 87e6 range y 30

40 group 2

step 100

ini syy add -4e5 range y 50 60 group 3-1

ini syy add -4e5 range y 50 60 group 4-1

ini syy add -4e5 range y 50 60 group 5-1

ini syy add -4e5 range y 30 40 group 3

ini syy add -4e5 range y 30 40 group 4

ini syy add -4e5 range y 30 40 group 5

step 200

mod null range y 50 60 group 3-1

mod null range y 50 60 group 4-1

mod null range y 50 60 group 5-1

mod null range y 30 40 group 3

mod null range y 30 40 group 4

mod null range y 30 40 group 5

step 100

mod e range y 50 60 group 3-1

mod e range y 50 60 group 4-1

property den 2200 bulk 7. 4e9 shear 4. 7e9 range y 50 60 group 3-1

property den 2400 bulk 1. 74e10 shear 1. 47e10 range y 50 60 group 4-1

prop por 0. 2 perm = 2e -13 range y 50 60 group 3-1

prop por 0. 1 perm = 2e -14 range y 50 60 group 4-1

mod e range y 30 40 group 3

mod e range y 30 40 group 4

property den 2200 bulk 7. 4e9 shear 4. 7e9 range y 30 40 group 3

property den 2400 bulk 1. 74e10 shear 1. 47e10 range y 30 40 group 4

prop por 0. 2 perm = 2e -13 range y 30 40 group 3

prop por 0. 1 perm = 2e -14 range y 30 40 group 4

step 500

property den 2200 bulk 3. 8e9 shear 2. 4e9 coh 2e6 fri 38 ten 0. 87e6 range y 60

70 group 2-1

property den 2200 bulk 3. 8e9 shear 2. 4e9 coh 2e6 fri 38 ten 0. 87e6 range y 40

50 group 2

step 100

ini syy add -4e5 range y 60 70 group 3-1

ini syy add -4e5 range y 60 70 group 4-1

ini syy add -4e5 range y 60 70 group 5-1

```
ini syy add -4e5 range y 40 50    group 3
ini syy add -4e5 range y 40 50    group 4
ini syy add -4e5 range y 40 50    group 5
step 200
mod null range y   60 70    group 3-1
mod null range y   60 70    group 4-1
mod null range y   60 70    group 5-1
mod null range y   40 50    group 3
mod null range y   40 50    group 4
mod null range y   40 50    group 5
step 100
mod e range y   60 70    group 3-1
mod e range y 60 70 group 4-1
property den 2200 bulk 7. 4e9 shear 4. 7e9    range y   60 70    group 3-1
property den 2400 bulk 1. 74e10 shear 1. 47e10    range y   60 70    group 4-1
prop por 0. 2 perm = 2e -13 range y   60 70    group 3-1
prop por 0. 1 perm = 2e -14 range y   60 70    group 4-1
mod e range y 40 50    group 3
mod e range y 40 50    group 4
property den 2200 bulk 7. 4e9 shear 4. 7e9    range y 40 50    group 3
property den 2400 bulk 1. 74e10 shear 1. 47e10    range y 40 50    group 4
prop por 0. 2 perm = 2e -13 range y 40 50 group 3
prop por 0. 1 perm = 2e -14 range y 40 50    group 4
step 500
save 6. sav
property den 2200    bulk 3. 8e9 shear 2. 4e9 coh 2e6 fri 38 ten 0. 87e6    range y 70
80    group 2-1
step 100
ini syy add -4e5 range y 70 80 group 3-1
ini syy add -4e5 range y 70 80 group 4-1
ini syy add -4e5 range y 70 80 group 5-1
step 200
mod null range y 70 80    group 3-1
mod null range y 70 80    group 4-1
mod null range y 70 80    group 5-1
step 100
mod e range y 70 80    group 3-1
mod e range y 70 80    group 4-1
property den 2200 bulk 7. 4e9 shear 4. 7e9    range y 70 80    group 3-1
```

property den 2400 bulk 1. 74e10 shear 1. 47e10 range y 70 80   group 4-1

prop por 0. 2 perm = 2e -13 range y 70 80 group 3-1

prop por 0. 1 perm = 2e -14 range y 70 80   group 4-1

step 500

save 7. sav

property den 2200 bulk 3. 8e9 shear 2. 4e9 coh 2e6 fri 38 ten 0. 87e6 range y 80

90 group 2-1

step 100

ini syy add -4e5 range y 80 90 group 3-1

ini syy add -4e5 range y 80 90 group 4-1

ini syy add -4e5 range y 80 90 group 5-1

step 200

mod null range y 80 90 group 3-1

mod null range y 80 90 group 4-1

mod null range y 80 90 group 5-1

step 100

mod e range y 80 90 group 3-1

mod e range y 80 90 group 4-1

property den 2200 bulk 7. 4e9 shear 4. 7e9 range y 80 90 group 3-1

property den 2400 bulk 1. 74e10 shear 1. 47e10 range y 80 90 group 4-1

prop por 0. 2 perm = 2e -13 range y 80 90 group 3-1

prop por 0. 1 perm = 2e -14 range y 80 90 group 4-1

step 500

save 8. sav

property den 2200 bulk 3. 8e9 shear 2. 4e9 coh 2e6 fri 38 ten 0. 87e6 range y 90

100 group 2-1

step 100

ini syy add -4e5 range y 90 100 group 3-1

ini syy add -4e5 range y 90 100 group 4-1

ini syy add -4e5 range y 90 100 group 5-1

step 200

mod null range y 90 100 group 3-1

mod null range y 90 100 group 4-1

mod null range y 90 100 group 5-1

step 100

mod e range y 90 100 group 3-1

mod e range y 90 100 group 4-1

property den 2200 bulk 7. 4e9 shear 4. 7e9 range y 90 100 group 3-1

property den 2400 bulk 1. 74e10 shear 1. 47e10 range y 90 100 group 4-1

prop por 0. 2 perm = 2e -13 range y 90 100　group 3-1

prop por 0. 1 perm = 2e -14 range y 90 100　group 4-1

step 500

save 9. sav

property den 2200　bulk 3. 8e9 shear 2. 4e9 coh 2e6 fri 38 ten 0. 87e6　range y 100

110　group 2-1

step 100

ini syy add -4e5 range y 100 110 group 3-1

ini syy add -4e5 range y 100 110 group 4-1

ini syy add -4e5 range y 100 110 group 5-1

step 200

mod null range y 100 110　group 3-1

mod null range y 100 110　group 4-1

mod null range y 100 110　group 5-1

step 100

mod e range y 100 110　group 3-1

mod e range y 100 110　group 4-1

property den 2200 bulk 7. 4e9 shear 4. 7e9　range y 100 110　　group 3-1

property den 2400 bulk 1. 74e10 shear 1. 47e10　range y 100 110　group 4-1

prop por 0. 2 perm = 2e -13 range y 100 110　group 3-1

prop por 0. 1 perm = 2e -14 range y 100 110　group 4-1

step 500

save 10. sav

property den 2200　bulk 3. 8e9 shear 2. 4e9 coh 2e6 fri 38 ten 0. 87e6　range y 110

120　group 2-1

step 100

ini syy add -4e5 range y 110 120 group 3-1

ini syy add -4e5 range y 110 120 group 4-1

ini syy add -4e5 range y 110 120 group 5-1

step 200

mod null range y 110 120　group 3-1

mod null range y 110 120　group 4-1

mod null range y 110 120　group 5-1

step 100

mod e range y 110 120　group 3-1

mod e range y 110 120　group 4-1

property den 2200 bulk 7. 4e9 shear 4. 7e9　range y 110 120　　group 3-1

property den 2400 bulk 1. 74e10 shear 1. 47e10　range y 110 120　　group 4-1

prop por 0. 2 perm = 2e -13 range y 110 120　group 3-1

prop por 0. 1 perm = 2e -14 range y 110 120　　group 4-1

step 500

save 11. sav

property den 2200　bulk 3. 8e9 shear 2. 4e9 coh 2e6 fri 38 ten 0. 87e6　range y 120 130　group 2-1

step 100

ini syy add -4e5 range y 120 130 group 3-1

ini syy add -4e5 range y 120 130 group 4-1

ini syy add -4e5 range y 120 130 group 5-1

step 200

mod null range y 120 130　group 3-1

mod null range y 120 130　group 4-1

mod null range y 120 130　group 5-1

step 100

mod e range y 120 130　group 3-1

mod e range y 120 130　group 4-1

property den 2200 bulk 7. 4e9 shear 4. 7e9　range y 120 130　　group 3-1

property den 2400 bulk 1. 74e10 shear 1. 47e10　range y 120 130　　group 4-1

prop por 0. 2 perm = 2e -13 range y 120 130　group 3-1

prop por 0. 1 perm = 2e -14 range y 120 130　　group 4-1

step 500

save 12. sav

property den 2200　bulk 3. 8e9 shear 2. 4e9 coh 2e6 fri 38 ten 0. 87e6　range y 130 140　group 2-1

step 100

ini syy add -4e5 range y 130 140 group 3-1

ini syy add -4e5 range y 130 140 group 4-1

ini syy add -4e5 range y 130 140 group 5-1

step 200

mod null range y 130 140　group 3-1

mod null range y 130 140　group 4-1

mod null range y 130 140　group 5-1

step 100

mod e range y 130 140　group 3-1

mod e range y 130 140　group 4-1

property den 2200 bulk 7. 4e9 shear 4. 7e9　range y 130 140　　group 3-1

property den 2400 bulk 1. 74e10 shear 1. 47e10　range y 130 140　　group 4-1

prop por 0. 2 perm = 2e -13 range y 130 140　group 3-1

prop por 0. 1 perm = 2e -14 range y 130 140　　group 4-1

step 500

save 13. sav

property den 2200　bulk 3. 8e9 shear 2. 4e9 coh 2e6 fri 38 ten 0. 87e6　range y 140 150　group 2-1

step 100

ini syy add -4e5 range y 140 150 group 3-1

ini syy add -4e5 range y 140 150 group 4-1

ini syy add -4e5 range y 140 150 group 5-1

step 200

mod null range y 140 150　group 3-1

mod null range y 140 150　group 4-1

mod null range y 140 150　group 5-1

step 100

mod e range y 140 150　group 3-1

mod e range y 140 150　group 4-1

property den 2200 bulk 7. 4e9 shear 4. 7e9　range y 140 150　　group 3-1

property den 2400 bulk 1. 74e10 shear 1. 47e10　range y 140 150　group 4-1

prop por 0. 2 perm = 2e -13 range y 140 150　group 3-1

prop por 0. 1 perm = 2e -14 range y 140 150　　group 4-1

step 500

save 14. sav

property den 2200　bulk 3. 8e9 shear 2. 4e9 coh 2e6 fri 38 ten 0. 87e6　range y 150 160 group 2-1

property den 2200　bulk 3. 8e9 shear 2. 4e9 coh 2e6 fri 38 ten 0. 87e6　range y 50 60 group 2

step 100

ini syy add -4e5 range y 150 160　group 3-1

ini syy add -4e5 range y 150 160　group 4-1

ini syy add -4e5 range y 150 160　group 5-1

ini syy add -4e5 range y 50 60　group 3

ini syy add -4e5 range y 50 60　group 4

ini syy add -4e5 range y 50 60　group 5

step 200

mod null range y　150 160　group 3-1

mod null range y　150 160　group 4-1

mod null range y　150 160　group 5-1

mod null range y 50 60　group 3

mod null range y 50 60　group 4

mod null range y 50 60　group 5

```
step 100

mod e range y   150 160    group 3-1

mod e range y 150 160    group 4-1

property den 2200 bulk 7. 4e9 shear 4. 7e9  range y   150 160    group 3-1

property den 2400 bulk 1. 74e10 shear 1. 47e10  range y   150 160      group 4-1

prop por 0. 2 perm = 2e -13 range y   150 160    group 3-1

prop por 0. 1 perm = 2e -14 range y   150 160    group 4-1

mod e range y 50 60   group 3

mod e range y 50 60   group 4

property den 2200 bulk 7. 4e9 shear 4. 7e9  range y 50 60      group 3

property den 2400 bulk 1. 74e10 shear 1. 47e10  range y 50 60   group 4

prop por 0. 2 perm = 2e -13 range y 50 60   group 3

prop por 0. 1 perm = 2e -14 range y 50 60    group 4

step 500

save 15. sav

property den 2200   bulk 3. 8e9 shear 2. 4e9 coh 2e6 fri 38 ten 0. 87e6   range y 160
170   group 2-1

property den 2200   bulk 3. 8e9 shear 2. 4e9 coh 2e6 fri 38 ten 0. 87e6   range y 60
70   group 2

step 100

ini syy add -4e5 range y 160 170    group 3-1

ini syy add -4e5 range y 160 170    group 4-1

ini syy add -4e5 range y 160 170    group 5-1

ini syy add -4e5 range y 60 70   group 3

ini syy add -4e5 range y 60 70    group 4

ini syy add -4e5 range y 60 70    group 5

step 200

mod null range y   160 170   group 3-1

mod null range y 160 170     group 4-1

mod null range y   160 170   group 5-1

mod null range y 60 70   group 3

mod null range y 60 70   group 4

mod null range y 60 70   group 5

step 100

mod e range y   160 170    group 3-1

mod e range y   160 170    group 4-1

property den 2200 bulk 7. 4e9 shear 4. 7e9  range y   160 170      group 3-1

property den 2400 bulk 1. 74e10 shear 1. 47e10  range y   160 170      group 4-1

prop por 0. 2 perm = 2e -13 range y   160 170    group 3-1
```

prop por 0. 1 perm = 2e -14 range y   160 170   group 4-1

mod e range y 60 70   group 3

mod e range y 60 70   group 4

property den 2200 bulk 7. 4e9 shear 4. 7e9   range y 60 70   group 3

property den 2400 bulk 1. 74e10 shear 1. 47e10   range y 60 70   group 4

prop por 0. 2 perm = 2e -13 range y 60 70   group 3

prop por 0. 1 perm = 2e -14 range y 60 70   group 4

step 500

save 16. sav

property den 2200   bulk 3. 8e9 shear 2. 4e9 coh 2e6 fri 38 ten 0. 87e6   range y 170 180   group 2-1

property den 2200   bulk 3. 8e9 shear 2. 4e9 coh 2e6 fri 38 ten 0. 87e6   range y 70 80   group 2

step 100

ini syy add -4e5 range y 170 180 group 3-1

ini syy add -4e5 range y 170 180 group 4-1

ini syy add -4e5 range y 170 180 group 5-1

ini syy add -4e5 range y 70 80 group 3

ini syy add -4e5 range y 70 80 group 4

ini syy add -4e5 range y 70 80 group 5

step 200

mod null range y   170 180   group 3-1

mod null range y   170 180   group 4-1

mod null range y   170 180   group 5-1

mod null range y 70 80   group 3

mod null range y 70 80   group 4

mod null range y 70 80   group 5

step 100

mod e range y   170 180   group 3-1

mod e range y   170 180   group 4-1

property den 2200 bulk 7. 4e9 shear 4. 7e9   range y   170 180   group 3-1

property den 2400 bulk 1. 74e10 shear 1. 47e10   range y   170 180   group 4-1

prop por 0. 2 perm = 2e -13 range y   170 180   group 3-1

prop por 0. 1 perm = 2e -14 range y   170 180   group 4-1

mod e range y 70 80 group 3

mod e range y 70 80   group 4

property den 2200 bulk 7. 4e9 shear 4. 7e9   range y 70 80   group 3

property den 2400 bulk 1. 74e10 shear 1. 47e10   range y 70 80   group 4

prop por 0. 2 perm = 2e -13 range y 70 80 group 3

```
prop por 0. 1 perm = 2e -14 range y 70 80    group 4
step 500
save 17. sav
property den 2200    bulk 3. 8e9 shear 2. 4e9 coh 2e6 fri 38 ten 0. 87e6    range y 80
90    group 2
step 100
ini syy add -4e5 range y 80 90 group 3
ini syy add -4e5 range y 80 90 group 4
ini syy add -4e5 range y 80 90 group 5
step 200
mod null range y 80 90    group 3
mod null range y 80 90    group 4
mod null range y 80 90    group 5
step 100
mod e range y 80 90    group 3
mod e range y 80 90    group 4
property den 2200 bulk 7. 4e9 shear 4. 7e9    range y 80 90    group 3
property den 2400 bulk 1. 74e10 shear 1. 47e10    range y 80 90    group 4
prop por 0. 2 perm = 2e -13 range y 80 90    group 3
prop por 0. 1 perm = 2e -14 range y 80 90    group 4
step 500
save w8. sav
property den 2200    bulk 3. 8e9 shear 2. 4e9 coh 2e6 fri 38 ten 0. 87e6    range y 90
100    group 2
step 100
ini syy add -4e5 range y 90 100    group 3
ini syy add -4e5 range y 90 100    group 4
ini syy add -4e5 range y 90 100    group 5
step 200
mod null range y 90 100    group 3
mod null range y 90 100    group 4
mod null range y 90 100    group 5
step 100
mod e range y 90 100    group 3
mod e range y 90 100    group 4
property den 2200 bulk 7. 4e9 shear 4. 7e9    range y 90 100    group 3
property den 2400 bulk 1. 74e10 shear 1. 47e10    range y 90 100    group 4
prop por 0. 2 perm = 2e -13 range y 90 100    group 3
prop por 0. 1 perm = 2e -14 range y 90 100    group 4
```

```
step 500
save 19. sav
property den 2200   bulk 3. 8e9 shear 2. 4e9 coh 2e6 fri 38 ten 0. 87e6   range y 100
110   group 2
step 100
ini syy add -4e5 range y 100 110   group 3
ini syy add -4e5 range y 100 110   group 4
ini syy add -4e5 range y 100 110   group 5
step 200
mod null range y 100 110   group 3
mod null range y 100 110   group 4
mod null range y 100 110   group 5
step 100
mod e range y 100 110    group 3
mod e range y 100 110    group 4
property den 2200 bulk 7. 4e9 shear 4. 7e9   range y 100 110     group 3
property den 2400 bulk 1. 74e10 shear 1. 47e10   range y 100 110     group 4
prop por 0. 2 perm = 2e -13 range y 100 110     group 3
prop por 0. 1 perm = 2e -14 range y 100 110     group 4
step 500
save 20. sav
property den 2200   bulk 3. 8e9 shear 2. 4e9 coh 2e6 fri 38 ten 0. 87e6   range y 110
120   group 2
step 100
ini syy add -4e5 range y 110 120   group 3
ini syy add -4e5 range y 110 120   group 4
ini syy add -4e5 range y 110 120   group 5
step 200
mod null range y 110 120   group 3
mod null range y 110 120   group 4
mod null range y 110 120   group 5
step 100
mod e range y 110 120    group 3
mod e range y 110 120    group 4
property den 2200 bulk 7. 4e9 shear 4. 7e9   range y 110 120     group 3
property den 2400 bulk 1. 74e10 shear 1. 47e10   range y 110 120     group 4
prop por 0. 2 perm = 2e -13 range y 110 120     group 3
prop por 0. 1 perm = 2e -14 range y 110 120     group 4
step 500
```

save 21. sav

property den 2200　bulk 3. 8e9 shear 2. 4e9 coh 2e6 fri 38 ten 0. 87e6　range y 120

130　group 2

step 100

ini syy add -4e5 range y 120 130　group 3

ini syy add -4e5 range y 120 130　group 4

ini syy add -4e5 range y 120 130　group 5

step 200

mod null range y 120 130　group 3

mod null range y 120 130　group 4

mod null range y 120 130　group 5

step 100

mod e range y 120 130　group 3

mod e range y 120 130　group 4

property den 2200 bulk 7. 4e9 shear 4. 7e9　range y 120 130　　group 3

property den 2400 bulk 1. 74e10 shear 1. 47e10　range y 120 130　group 4

prop por 0. 2 perm = 2e -13 range y 120 130　group 3

prop por 0. 1 perm = 2e -14 range y 120 130　group 4

step 500

save 22. sav

property den 2200　bulk 3. 8e9 shear 2. 4e9 coh 2e6 fri 38 ten 0. 87e6　range y 130

140　group 2

step 100

ini syy add -4e5 range y 130 140　group 3

ini syy add -4e5 range y 130 140　group 4

ini syy add -4e5 range y 130 140　group 5

step 200

mod null range y 130 140　group 3

mod null range y 130 140　group 4

mod null range y 130 140　group 5

step 100

mod e range y 130 140　group 3

mod e range y 130 140　group 4

property den 2200 bulk 7. 4e9 shear 4. 7e9　range y 130 140　group 3

property den 2400 bulk 1. 74e10 shear 1. 47e10　range y 130 140　group 4

prop por 0. 2 perm = 2e -13 range y 130 140　group 3

prop por 0. 1 perm = 2e -14 range y 130 140　group 4

step 500

save 23. sav

```
property den 2200   bulk 3.8e9 shear 2.4e9 coh 2e6 fri 38 ten 0.87e6   range y 140
150   group 2
step 100
ini syy add -4e5 range y 140 150   group 3
ini syy add -4e5 range y 140 150   group 4
ini syy add -4e5 range y 140 150   group 5
step 200
mod null range y 140 150   group 3
mod null range y 140 150   group 4
mod null range y 140 150   group 5
step 100
mod e range y 140 150   group 3
mod e range y 140 150   group 4
property den 2200 bulk 7.4e9 shear 4.7e9   range y 140 150   group 3
property den 2400 bulk 1.74e10 shear 1.47e10   range y 140 150     group 4
prop por 0.2 perm = 2e -13 range y 140 150   group 3
prop por 0.1 perm = 2e -14 range y 140 150   group 4
step 500
save f3d _ 31. sav
```

习题与思考题

1. 熟悉程序中基本单元的生成命令。
2. 试模拟端承桩与砂土之间的作用机理。
3. 选取任一基坑，进行分步开挖，分析其稳定性。
4. 任选一题试模拟渗流作用。

第 10 章　UDEC 建模方法与应用实例

10.1　概述

UDEC（全称为 Universal Distinct Element Code）是于 1979 年开始，由 P. Cundall 等人针对非连续介质提出并研发的二维离散元程序。该程序自 20 世纪 80 年代中期引入我国后，引起了国内岩土力学与工程界的浓厚兴趣和注意，现已经在我国岩土工程领域得到了广泛应用。

由于实际的工程地质体往往为众多的节理或结构面所切割，尤其是开挖区附近的破碎岩体，具有明显的不连续性，很难用传统的连续介质程序来计算分析，只能求助于离散单元法。UDEC 程序在数学求解方式上采用了与 FLAC 一致的有限差分方法，力学上则增加了对接触面的非连续力学行为的模拟，因此，UDEC 被普遍用来研究非连续面（与地质结构面）占主导地位的岩土工程问题。

在解决连续介质力学问题时，除了边界条件外，还有 3 个方程必须满足，即平衡方程、变形协调方程和本构方程。对离散单元法而言，由于介质一开始就被假设为离散的块体集合，故块与块之间没有变形协调的约束，所以不需要满足变形协调方程，但平衡方程需要满足。

10.2　程序简介

UDEC（全称为 Universal Distinct Element Code）作为一款新发展起来的计算分析程序，以离散单元法为其基本理论，建立在拉格朗日算法基础上，采用中心差分法显示求解，可以实现物理非稳定问题的稳定求解。

10.2.1　主要功能

UDEC 程序能够考虑离散介质的块体与接触面特性，进行离散介质的静力分析、热分析、流固耦合分析、蠕变分析和地震动力响应分析等。

10.2.2　主要特色

UDEC 二维计算程序的主要特色如下：

（1）该程序将非连续介质材料视为多边性块体的集合体；将不连续界面视为块体的边界。

（2）块体沿不连续面的运动在法向和切向方向都服从线性和非线性力与位移关系；块体可视为刚体或变形体，或刚体与变形体的组合。

（3）程序内嵌弹性模型、莫尔-库仑准则、德鲁克-普拉格准则、双线型屈服模型以及应变软化/硬化模型等多种材料本构关系模型。

（4）该程序内置节理生成器，并设置多种反映非连续面接触物理力学关系的模型，如库仑滑动、连续屈服等多种模型。

（5）该程序设置锚杆（Cable）、支撑（Struct）等结构单元，并可以显示结构单元受力、变形等多种力学效应。

10.2.3 应用范围

目前，UDEC 程序广泛应用于边坡工程、采矿工程、水电工程等领域，主要涉及：

（1）模拟、分析非线性力学行为的非连续介质材料（如节理岩体）在静载或动载作用下的响应过程；

（2）求解非线性变形和破坏都集中在以节理面为特征的岩体破坏问题；

（3）求解连续介质向非连续介质转化的力学问题；

（4）沿离散界面产生滑移、裂缝张开、垮落等大变形问题；

（5）围岩洞室破坏诱发断裂、滑移问题；

（6）广泛应用于模拟边坡、滑坡和节理岩体地下水渗流；

（7）关键块体稳定性分析；

（8）爆破振动波在离散介质中的传播特性；

（9）离散介质在地震作用下的动力稳定性分析。

10.3 基本原理

UDEC 程序中的离散块体，可视为刚体，也可视为可变形体。

10.3.1 基本假设

UDEC 的基本假设有：

（1）刚性单元假设，即单元运动过程中保持形状与尺寸不变，单元之间由抽象的节理联系着。

（2）单元为接触作用模型（图 10.1），即离散元之间采用块体的接触作用模型，接触模型一般分为三种：边-边接触、边-角接触、角-角接触。单元之间的"叠合"即重叠量 Δu，仅是分析计算中假想的量。

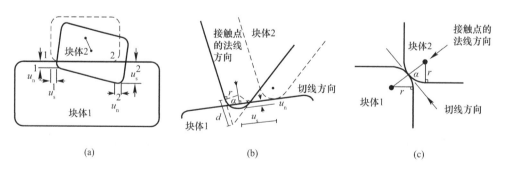

图 10.1 UDEC 接触模型
（a）边-边接触；（b）边-角接触；（c）角-角接触

（3）无张力假设，即在接触点处单元之间作用着法向正压力和切向的剪切与摩擦力，当单元相互脱离接触或计算中出现拉伸作用时，所有接触力均消失成零。

（4）附加阻尼假设，即为了吸收单元运动的能量，消除振动，在系统中引入黏性阻尼。

10.3.2　物理方程

在研究块体与块体间的受力情况时，运用了胡克定律。块体 1、2 间的法向接触作用力 F_n 为：

$$F_n = K_n u_n \tag{10.1}$$

式中：K_n 为接触的法向刚度系数；u_n 为接触的法向位移，也称作法向叠合值。

由于离散块体所受的切向接触作用力与块体运动和加载的历史或路径有关，所以切向接触作用力要用增量 ΔF_s 来表示，大小为：

$$\Delta F_s = K_s u_s \tag{10.2}$$

式中：K_s 为接触的切向刚度系数；u_s 为接触的切向位移，也称作切向叠合值。

设时间步长为 Δt，则 t 时刻的切向接触作用力 F_s 为：

$$F_s^{(t)} = F_s^{(t-\Delta t)} + \Delta F_s \tag{10.3}$$

式中：$F_s^{(t-\Delta t)}$ 为上一时间步长的切向接触作用力。

10.3.3　运动方程

对于离散块体，运用牛顿第二定律与动态松弛法研究它的运动。

设块体质量为 m，则沿 x 方向和 y 方向的加速度与角速度分别为：

$$\frac{\mathrm{d}\dot{x}}{\mathrm{d}t} = \frac{F_x}{m} \tag{10.4}$$

$$\frac{\mathrm{d}\dot{y}}{\mathrm{d}t} = \frac{F_y}{m} \tag{10.5}$$

$$\frac{\mathrm{d}\dot{\theta}}{\mathrm{d}t} = \frac{M}{I} \tag{10.6}$$

式中：x、y 分别为 x、y 方向上的位移；θ 为块体运动时绕其形心的旋转角度；$\dot{x}$、$\dot{y}$、$\dot{\theta}$ 表示 x、y、θ 对时间的一阶导数；I 为块体绕其形心的转动惯量。

考虑中心差分公式

$$\frac{\mathrm{d}\dot{x}}{\mathrm{d}t} = \frac{\dot{x}\left(t + \frac{\Delta t}{2}\right) - \dot{x}\left(t - \frac{\Delta t}{2}\right)}{\Delta t} \tag{10.7}$$

得到

$$\dot{x}\left(t + \frac{\Delta t}{2}\right) = \dot{x}\left(t - \frac{\Delta t}{2}\right) + \frac{F_x}{m} \cdot \Delta t \tag{10.8}$$

同理有

$$\dot{y}\left(t + \frac{\Delta t}{2}\right) = \dot{y}\left(t - \frac{\Delta t}{2}\right) + \frac{F_y}{m} \cdot \Delta t \tag{10.9}$$

$$\dot{\theta}\left(t + \frac{\Delta t}{2}\right) = \dot{\theta}\left(t - \frac{\Delta t}{2}\right) + \frac{M}{I} \cdot \Delta t \tag{10.10}$$

在 $t+\Delta t$ 时刻块体的平动和转动可表示为：

$$x(t+\Delta t) = x(t) + \dot{x}\left(t+\frac{\Delta t}{2}\right)\Delta t \qquad (10.11)$$

$$y(t+\Delta t) = y(t) + \dot{y}\left(t+\frac{\Delta t}{2}\right)\Delta t \qquad (10.12)$$

$$\theta(t+\Delta t) = \theta(t) + \dot{\theta}\left(t+\frac{\Delta t}{2}\right)\Delta t \qquad (10.13)$$

在每一个时步 Δt 进行一次迭代，根据前一次迭代所得块体的位置求出接触力，作为下次迭代的出发点，以求出块体的新位置。如此反复迭代，直到块体平衡，如果不平衡，则表示块体还在运动。

10.3.4 计算简图

UDEC 在求解过程中主要运用动态松弛法求解，计算循环过程图如图 10.2 所示。

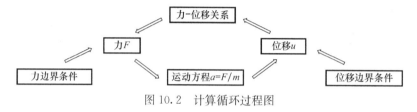

图 10.2 计算循环过程图

10.4 建模方法

10.4.1 建模思路

对初学者而言，熟悉以下建模思路是必要的：划分块体节理→定义本构模型→材料参数赋值→设置边界条件→初始平衡计算→改变模型条件并分析→保存或恢复计算状态。

一般地，在正式构建具体、详细的工程模型之前，应首先构建一个简化的理想模型。在对该理想模型进行网格划分、材料参数赋值、边界条件设置，以及计算时间长短等，通过多次试算取得相关经验、数据，然后再构建实际工程模型进行计算分析，往往可以起到事半功倍的效果。

下面，针对上述步序中 UDEC 的基本、主要命令语句，进行示意性的解释和说明。

10.4.2 划分块体节理

在数值模拟之前，首先要按照所要研究的内容选择合适的模型尺寸。

UDEC 产生几何模型的方式与传统的数值分析程序不同。首先产生计算范围的单一块体，然后再划分成许多小的块体，即通过用地质结构特征（如断层、节理裂隙等）和工程结构（如地下洞室、隧道等）作为边界，切割该块体成小的块体来考虑模型特征。

1. 计算域设定

命令格式：Block　x1，y1　x2，y2　x3，y3　x4，y4[①]

---

① 为了与程序命令格式保持一致，书中相关部分的字母均使用正体，下同。

上述命令产生一个以（x1，y1）、（x2，y2）、（x3，y3）、（x4，y4）为顶点的凸多边形计算域，坐标点依顺时针方向排列。

注意：每个计算模型中该命令语句只出现一次。

在给定上述命令之前，应该先设置 Round 的值。该值限定离散块体之间的接触，过大的接触"嵌入"将导致计算不能收敛，并且最大圆角长度应当不超过块体平均棱长的1%。

命令举例：

round 0.2

Block 0，0 0，5 10，5 10，0

plot

在 UDEC 中输入上述命令，回车后产生如图 10.3 所示的矩形区域。四个端点坐标分别为（0，0）、（0，5）、（10，5）、（10，0）。

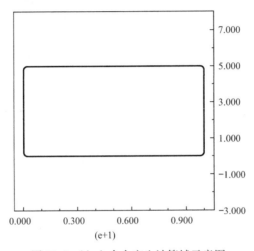

图 10.3   block 命令产生计算域示意图

2. 节理生成

（1）命令格式：Crack   x1，y1   x2，y2

在计算域内该命令产生一条以（x1，y1）和（x2，y2）为端点的节理。使用该命令，以前一节理的端点为起点，生成新的节理，如此反复多次，可将多条节理连接在一起。

命令举例：

round 0.2

Block 0，0 0，5 10，5 10，0

Crack 0，1 3，2

Crack 3，2 5，4

Crack 5，4 8，5

plot

如图 10.4 所示，在 UDEC 中输入上述命令，回车后产生三条折线型节理。

（2）命令格式：Split   x1，y1   x2，y2

该命令沿以（x1，y1）和（x2，y2）为端点的连线、完整切割块体形成节理。该命令与 Crack 类似。

命令举例：

```
round  0.2
Block  0, 0  0, 5  10, 5  10, 0
Split  0, 1  8, 5
Plot
```

执行上述命令后，产生如图 10.5 所示的直线节理。节理端点为（0，1）、（8，5）。

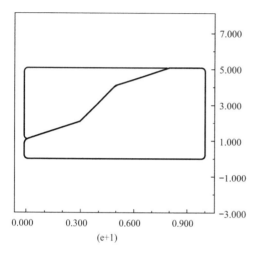

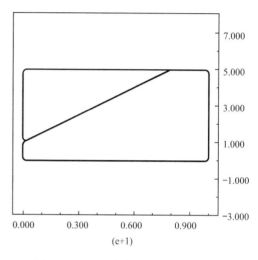

图 10.4 crack 命令产生节理示意图   图 10.5 Split 命令产生新节理示意图

（3）命令格式：Jset a_m，a_d t_m，t_d g_m，g_d s_m，s_d x_0，y_0 range< >

上述命令将在限定的计算域内，产生一组节理。Jset 命令的各参数含义如图 10.6 所示。命令流中，a_m 和 a_d 分别为节理的倾角（沿 X 坐标轴算起）和偏差；t_m 和 t_d 分别为不连续节理迹线的长度和偏差；g_m 和 g_d 分别为沿同一方向不连续节理迹线的间隙大小和偏差；s_m 和 s_d 分别为节理法向的间距和偏差；（x_0，y_0）为生成节理的起点坐标；range 为限定计算域命令。

命令举例：

```
round  0.2
Block  0, 0  0, 5  10, 5  10, 0
Split  5, 0  5, 5
Jset  35, 0  8, 0  0, 0  0.5, 0  0, 0  range x = 0, 5 y = 0, 5
plot
```

执行上述命令后，产生如图 10.7 所示的一组节理：在限定计算域 x＝0，5 y＝0，5 内，节理倾角为 35°，节理法向间距为 0.5m。

有时候某一范围内的节理过多，为方便操作，可将某一范围内的节理编号，命令如下：

```
Jregion id n x1, y1  x2, y2  x3, y3  x4, y4  delete
```

其中，n 为编号，（x1，y1）、（x2，y2）、（x3，y3）、（x4，y4）分别为顺时针方向上节理范围的四个角点坐标。关键词 delete 表示在此之前由 Jset、Split 或 Crack 命令生成的节理将全部被删除，这就避免当指定多个节理区域情况下，被相邻区域产生的节理所切割。

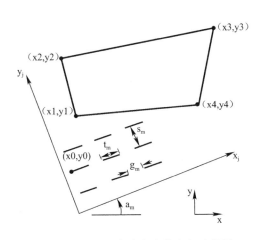

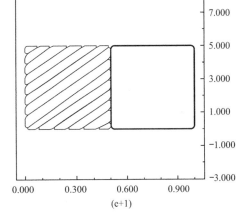

图 10.6　Jset 命令各参数含义示意图　　　　图 10.7　Jset 命令产生新节理示意图

则上述例子也可写为：

```
round  0.2
Block  0, 0  0, 5  10, 5  10, 0
Split  5, 0  5, 5
Jregion  id 1 0, 0  0, 5  5, 5  5, 0  delete
Jset  35, 0  8, 0  0, 0  0.5, 0  0, 0  range  Jreg 1
plot
```

3. 特殊形状

（1）命令格式：Tunnel　xc, yc　r　n

该命令产生以（xc, yc）为中心，r 为半径，周长为 n 段的圆形节理。

由于产生的隧道全部处于块体内部，隧道裂缝在运行前会被删除，所以仅用 Tunnel 命令不能产生独立的块体，必须通过引入 Crack 命令，连接隧道裂缝延伸到模型外边界，从而形成连续的裂缝，产生新的块体。

（2）命令格式：Arc　xc, yc　xb, yb　theta　n

该命令产生弧形节理的中心为（xc, yc），起点坐标为（xb, yb），逆时针旋转 theta 的角度，弧长分为 n 段。

命令举例：

```
round  0.05
Block  0, 0  0, 5  10, 5  10, 0
Jset  0, 0 12, 0 0, 0  0 0.5, 0 0, 0
Tunnel  2.5, 2.5  1.25  32
Arc  7.5, 2.5  8.75, 2.5  180  16
Crack  8.75, 1.25  8.75, 2.5
Crack  6.25, 1.25  6.25, 2.5
Crack  6.25, 1.25  8.75, 1.25
```

执行上述命令后，产生如图 10.8 所示的圆形和直墙半圆拱形节理：前者圆心坐标为（2.5m，2.5m），半径为 1.25m，圆弧被分为 32 份；后者圆弧圆心坐标为（7.5m，2.5m），

213

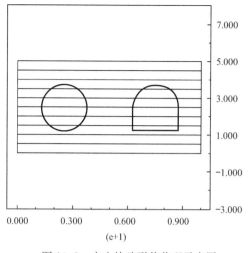

图 10.8 产生特殊形状节理示意图

圆弧起始点为（8.75m，2.5m），直墙高为 1.25m。

应当注意，如果 Tunnel 命令在 Crack 或 Jset 命令前给出，则节理会贯穿隧道；若 Tunnel 命令在 Crack 或 Jset 命令后给出，则节理不会贯穿隧道。

4. 计算单元生成

在上述节理生成后，还应生成计算单元，以便进行分析计算。

（1）命令格式：Gen quad v

该命令作用于任意形状的块体。其 v 值定义三角形单元的最大边长，即 v 值越小，块体中的单元越小。应当注意的是，具有高边长比值的块体并不能产生单元，其极限的比值近似为 1∶10。

（2）命令格式：Gen edge v

该命令指定模型为塑性材料模型的单元，该类型的单元提供了对于塑性问题的精确解。有时，Gen quad v 命令可能对某些形状的块体不起作用，在此情况下，应当采用该命令。

10.4.3 定义本构模型

UDEC 为用户提供块体本构模型与节理本构模型。

1. 块体本构模型

UDEC 中共有 7 种块体本构模型，即开挖模型、各向同性弹性模型、Drucker-Prager 塑性模型、Mohr-Coulomb 塑性模型、堆砌节理模型、应变软化/硬化模型和双屈服模型。其中最常用的是开挖模型、各向同性弹性模型与 Mohr-Coulomb 塑性模型。

（1）开挖模型

命令语句：change cons = 0 或 zone model null

（2）各向同性弹性模型

命令语句：change cons = 1 或 zone model elastic

（3）Drucker-Prager 塑性模型

命令语句：change cons = 6

（4）Mohr-Coulomb 塑性模型

命令语句：change cons = 3 或 zone model mohr

（5）堆砌节理模型

命令语句：zone model ubiquitous

（6）应变软化/硬化模型

命令语句：zone model ss

（7）双屈服模型

命令语句：zone model dy

以上模型具体运用范围见表 10.1。

UDEC 块体本构模型		表 10.1	
模型	代表性材料	应用实例	
开挖模型	空洞	钻孔、开挖、待回填的空区等	
各向同性弹性模型	均质、各向同性、连续、线性	荷载低于极限强度的人造材料（即钢铁），安全系数计算	
D-P 塑性模型	低摩擦角软黏土，应用范围有限	与有限元程序比较的通用模型	
M-C 塑性模型	松散和粘结颗粒材料，土、岩石和混凝土	一般土或岩石力学问题（即边坡稳定性和地下开挖）	
应变软化/硬化模型	具有明显的非线性硬化或软化的颗粒材料	峰后效应研究（即渐进坍塌，矿柱屈服，地下塌陷）	
堆砌节理模型	材料强度具有显著各向异性的薄层状材料	封闭的层状地层中开挖	
双屈服模型	压力引起孔隙永久性减小的低粘结性的颗粒材料	水力装置充填	

2. 节理本构模型

UDEC 中共有 5 种节理本构模型，即节理点接触-库仑滑移、节理面接触-库仑滑移、连续屈服、节理面接触-具有残余强度库仑滑移和 Barton-Bandis 节理。点接触模型描述的是两块体间的接触面相对于块体的尺寸是非常小的接触情况，面接触模型描述的是具有面接触的封闭块体的情况，这两种模型都是节理刚度和屈服极限的线性描述，而 Barton-Bandis 模型是一种非线性模型。

（1）节理点接触-库仑滑移

命令语句：change jcons = 1 或 joint model point

（2）节理面接触-库仑滑移

命令语句：changeE jcons = 2 或 joint model area

（3）连续屈服

命令语句：change jcons = 3 或 joint model cy

（4）节理面接触-具有残余强度库仑滑移

命令语句：change jcons = 5 或 joint model residual

（5）Barton-Bandis 节理

命令语句：change jcons = 7 或 joint model bb

以上模型具体运用范围见表 10.2。

UDEC 节理本构模型		表 10.2	
模型	典型材料	应用实例	
点接触	应用有限，颗粒材料，无规则形状的松散挤压块体	破碎和断裂岩体，受强扰动边坡的稳定性	
面接触	岩体中的节理、断层、层面	一般岩石力学问题（即地下开挖）	
位移弱化的面接触	显现明显的峰值/残余强度特性	一般岩石力学问题	
连续屈服	表现渐进损伤和滞后特征的岩体节理	具有显著的滞后循环加载和反向加载；动力分析	
Barton-Bandis 节理	由 Barton-Bandis 指标性质定义的岩体节理	评价节理岩体的渗透特性	

10.4.4 材料参数赋值

在进行材料参数赋值之前，先要了解 UDEC 中参数的单位，见表 10.3。

UDEC 参数单位   表 10.3

参数	长度	密度	力	应力	重力加速度
单位	m	kg/m^3	N	Pa	m/sec^2

1. 赋予块体、节理编号

由于现实生活中的岩土体块体与节理类型并不是单一的，因此在给块体、节理赋予材料参数之前，先将它们分类并编号。

块体编号的命令语句为：change mat = id range x_1，x_2 y_1，y_2

节理编号的命令语句为：change jmat = id range x_1，x_2 y_1，y_2

式中：id 为块体的材料号；x_1，x_2 为 x 方向的范围；y_1，y_2 为 y 方向的范围。

注：有些节理是平行节理且带角度，因此也可用以下语句定义：

changejmat = id range angle ang1，ang2

式中：ang1、ang2 为角度范围。

2. 块体参数赋值

对于弹性模型，我们须给出密度、体积模量、剪切模量。

命令语句：prop mat = id d = d1 b = b1 s = s1

式中：d1 为密度，单位是 kg/m^3；b1 为体积模量，单位是 Pa；s1 为剪切模量，单位是 Pa。

对于摩尔—库仑塑性模型，我们须给出密度、体积模量、剪切模量、黏聚力、内摩擦角、抗拉强度、剪胀角。

命令语句：prop mat = id d = d1 b = b1 s = s1 coh = coh1 fric = fric1 ten = ten1 dil = dil1

式中：coh1 为黏聚力，单位是 Pa；fric1 为内摩擦角，单位是度；ten1 为抗拉强度，单位是 Pa；dil1 为剪胀角，单位是度。

3. 节理参数赋值

节理须给出法向刚度、切向刚度、黏聚力、内摩擦角、抗拉强度、剪胀角。

命令语句：prop jmat = id jkn = jkn2 jks = jks2 jcoh = jcoh2 jfr = jfr2 jten = jten2 jdil = jdil2

式中：jkn2 为节理的法向刚度，单位是 Pa；jks2 为节理的切向刚度，单位是 Pa；jcoh2 为节理的黏聚力，单位是 Pa；jfr2 为节理的内摩擦角，单位是度；jten2 为节理的抗拉强度，单位是 Pa；jdil2 为节理的剪胀角，单位是度。

10.4.5 设置边界条件和初始条件

边界条件一般分为力，速度（位移）两类。

1. 施加力边界条件

命令语句：boundary stress σ_{xx}，σ_{xy}，σ_{yy} range x1，x2 y1，y2

式中：x1、x2 为边界在 x 方向上的范围；y1、y2 为边界在 y 方向上的范围。

2. 施加速度（位移）边界条件

命令语句：bound xvel = xvel1　range　x1，x2　y1，y2

　　　　　　bound yvel = yvel1　range　x1，x2　y1，y2

式中：xvel1 为边界在 x 方向上的速度（位移）条件；yvel1 为边界在 y 方向上的速度（位移）条件。

3. 设置初始条件

命令语句：insitu stress　σ_{xx}，σ_{xy}，σ_{yy}　szz　σ_{zz}

式中：σ_{zz} 为平面之外 z 方向的正应力。对于弹性块体分析，z 方向的应力未初始化并不影响平面应变问题的解。然而，对于塑性分析，z 方向的应力可能影响破坏状态，因此，应当慎重选择应力初始化。

4. 设置重力加速度

命令语句：set grav　0，-9.81

该语句通用。我们通过例题加深印象。

命令举例：

bound stress 0，0，-1.25e7　range　0，100　67，68

bound xvel = 0.0　range　-1，1　0，67

bound xvel = 0.0　range　99，101　0，67

bound yvel = 0.0　range　0，100　-1，1

insitu stress　0，0，-1.25e7　szz　0

set grav　0，-9.81

例题中，块体 0<x<100，67<y<68 范围内的边界上有 y 方向的 12.5MPa 的压应力；-1<x<1，0<y<67 范围内的边界 x 方向上的位移为 0；99<x<101，0<y<67 范围内的边界 x 方向上的位移为 0；0<x<100，-1<y<1 范围内的边界 y 方向上的位移为 0；初始时，块体 y 方向上的压应力为 12.5MPa，z 方向上的正应力为 0。

10.4.6　初始平衡计算

采用 UDEC 进行数值分析时，判断模型是否平衡是一个重要的问题。用户必须确定模型在何时达到平衡状态（即问题的解）。在 UDEC 中设置一些特征，用于支持这种决策，如记录最大不平衡力历史。

命令语句：hist　unbal

之后，便是迭代计算。

命令语句：solve 或者 step 5000，或者 cycle 5000

式中：5000 只是一个迭代次数，可以改为任意值。

10.4.7　改变模型条件并分析

UDEC 中允许在求解过程中改变模型条件。这些变化一般分为以下几种：

（1）开挖材料；

（2）增加或删除边界荷载或应力；

（3）固定或释放边界结点的速度（位移）；

（4）改变材料模型或块体和变形体的性质参数。

1. 开挖材料

命令语句：delete　x1，x2　y1，y2

式中：x1，x2，y1，y2 为开挖范围。

2. 增加边界荷载或应力

命令语句：boundary xload = xload1　range x1，x2　y1，y2

boundary yload = yload1　range x1，x2　y1，y2

boundary stress　σ_{xx}，σ_{xy}，σ_{yy}　range　x1，x2　y1，y2

式中：xload1 为在范围 x1＜x＜x2，y1＜y＜y2 内施加的 x 方向上的荷载；yload1 为在范围 x1＜x＜x2，y1＜y＜y2 内施加的 y 方向上的荷载。

3. 固定边界结点的速度（位移）

命令语句：bound xvel = xvel1　range　x1，x2　y1，y2

bound yvel = yvel1　range　x1，x2　y1，y2

4. 释放边界约束

命令语句：boundary　xfree　range　x1，x2　y1，y2

boundary　xfree　range　x1，x2　y1，y2

5. 改变材料模型或块体和变形体的性质参数

此命令语句与 10.4.3 与 10.4.4 的语句一样，此处不重复介绍。

条件改变后，需要重置历史位置，重新记录最大不平衡力，之后再进行计算。

命令语句：reset disp

reset hist

hist unbal

solve

10.4.8　保存或恢复计算状态

有时候计算量过大，我们会随时做随时存，因此要用到保存与恢复的命令。

保存命令语句：Save file. sav

恢复命令语句：rest file. sav

注：若要读取 txt 文件，命令语句：call file. txt，此语句读取后 UDEC 要重新进行运算，太耗时，因此一般不用。而读取 sav 文件后可以直接看运算结果，不需重新运算。

将结果保存为图片的命令语句：Set pl bmp

Set out 图名 . bmp

要输出图的命令语句：Copy

命令举例：

Set pl bmp

Set out 1. bmp

pl bl

Copy

此命令保存的图片为模型网格图，图名为 1，图片格式为 bmp。

10.4.9　一般的查询命令

查看块体：plot　block

查看计算网格：plot　block　zone

检查边界：plot　block　boundry

查看 x 方向边界应力：plot　bound　xcond

查看 y 方向边界应力：plot　bound　ycond

查看材料模型：plot　block　model

查看块体编号：plot　block　number

查看参数材料编号：plot　block　mat　number

查看块体材料：plot　block　mat　block

查看节理材料：plot　block　mat　joint

查看接触面编号：plot　contact　num

查看节理位移：plot　block　jdis

查看块体的速度矢量：plot　block　velcity

查看块体的塑性区：plot　block　plastic

查看块体剪切位移：plot　block　shear

查看块体裂隙：plot　bound　open

查看块体渗流速率：plot　bound　flow

查看渗流压力：plot　pp

查看块体的应力：plot　block　stress

查看块体位移：plot　block　displace

查看最大主应力图：plot　block　ccs1

查看最小主应力图：plot　block　ccs2

查看最大不平衡力：plot hist　unbal

查看记录点信息：plot hist

查看 x 方向位移云图：plot　xdisp　fill

查看 x 方向应力云图：plot　sxx　fill

查看 x 方向应力等值线图：plot　sxx

设置背景颜色：set back 颜色

设置图例颜色：set box 颜色

10.5　受优势结构面控制的边坡变形效应分析

10.5.1　工程概况

依据优势结构面的产状和组合情况，人工开挖形成两类岩体结构边坡：①竖直节理、水平层理边坡；②竖直节理、顺缓层理边坡。

首先，分别对上述两类边坡进行自重场下变形稳定性分析，以揭示受边坡岩体结构所控制的变形效应。其次，分别对两类边坡进行流固耦合分析，以反映降水入渗对上述不同岩体结构边坡变形的影响。

两类岩体结构边坡开挖后倾角为45°，坡高为33m，岩性主要为砂岩。边坡竖直节理间距为5m，边坡水平与顺缓层理的间距均为3m；边坡顺缓层理倾角为20°；人工开挖：边坡左侧水位高度为15m，边坡右侧水位高度为45m。

10.5.2 构建模型

应用UDEC计算程序内置的节理化生成器，构建如图10.9所示的岩体结构边坡计算模型。

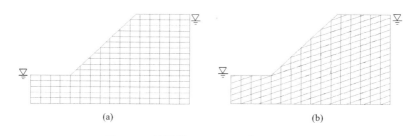

(a)   (b)

图10.9 计算模型及边坡岩体结构示意图

(a) 竖直节理与水平层理边坡；(b) 竖直节理与顺缓层理边坡

10.5.3 计算参数

数值计算采用的物理力学参数和水力学参数，分别见表10.4和表10.5所列内容。

物理力学参数表　　　　　　　　表10.4

名称	密度 (kg·m^{-3})	体积模量 (GPa)	剪切模量 (GPa)	法向刚度 (GPa·m^{-1})	切向刚度 (GPa·m^{-1})	黏聚力 (MPa)	内摩擦角 (°)
砂岩块体	2650	3.41	1.67			1.2	43
砂岩界面				1.0	1.0	0	3

水力学参数表　　　　　　　　表10.5

密度 (kg·m^{-3})	体积模量 (GPa)	最大开度 (mm)	残余开度 (mm)	渗透系数 (Pa^{-1}·sec^{-1})
1000	2.0	1.0	0.5	100

10.5.4 模拟步序

(1) 首先，在工程岩体中划分两组优势节理，预先形成边坡开挖形状，然后进行自重场下平衡计算。

(2) 将位移场清零后，进行边坡开挖，在同样计算步数下，进行两类边坡岩体结构的变形效应分析。相关命令流分别见第10.5.7节中的U1、U2。

(3) 自重场平衡后，考虑降雨入渗影响，进行边坡开挖，在同样计算步数下，对两类边坡受水力学作用产生的变形效应进行对比分析。相关命令流分别见第10.5.7节中的U3、U4。

10.5.5 计算结果分析

1. 边坡岩体结构变形效应分析

如图 10.10 所示，边坡开挖后，在同样计算步数下，水平层理边坡向边坡临空侧产生了卸荷回弹现象，最大位移为 12mm；顺缓层理边坡表现为楔形滑移，最大位移为 169mm。可见，边坡岩体结构对边坡滑体变形的控制作用显著。

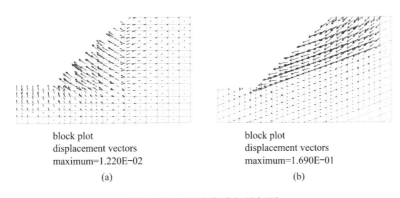

图 10.10 边坡位移矢量场图

（a）竖直节理与水平层理边坡；（b）竖直节理与顺缓层理边坡

如图 10.11（a）和图 10.12（a）所示，边坡开挖后，水平层理边坡内的竖向剪切位移相对水平剪切位移而言较大，竖向剪切位移自上而下呈现递减趋势；在坡体内可见明显竖向张开裂隙，与受力情况相符。

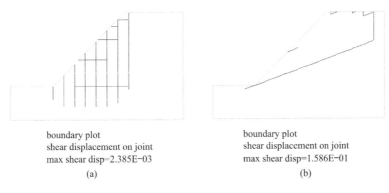

图 10.11 边坡岩体剪切位移图

（a）竖直节理与水平层理边坡；（b）竖直节理与顺缓层理边坡

如图 10.11（b）和图 10.12（b）所示，顺缓层理边坡沿滑移面产生的最大位移为 159mm，在坡体内可见明显的楔形滑体裂隙轮廓。可见，顺缓层理边坡的变形稳定性较差。

2. 降雨入渗对边坡变形影响分析

图 10.13 为两类边坡孔隙水压力图。图 10.14 为两类边坡分别在左、右两侧水头压差作用下的渗流大小示意图。

如图 10.15 所示，边坡开挖后，考虑降雨入渗作用，在同样计算步数下，水平层理边坡向边坡临空侧产生了整体水平滑移现象，最大位移为 414mm；顺缓层理边坡楔形滑移的态势也很明显，最大位移为 539mm。可见，降雨入渗的水力学作用对边坡岩体结构及对边坡滑体变形的影响十分显著。

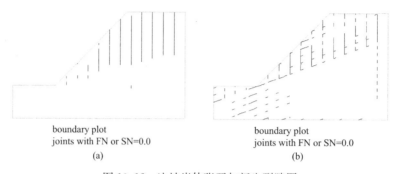

boundary plot
joints with FN or SN=0.0

(a)

boundary plot
joints with FN or SN=0.0

(b)

图 10.12　边坡岩体张开与新生裂隙图

（a）竖直节理与水平层理边坡；（b）竖直节理与顺缓层理边坡

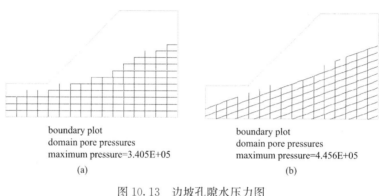

boundary plot
domain pore pressures
maximum pressure=3.405E+05

(a)

boundary plot
domain pore pressures
maximum pressure=4.456E+05

(b)

图 10.13　边坡孔隙水压力图

（a）竖直节理与水平层理边坡；（b）竖直节理与顺缓层理边坡

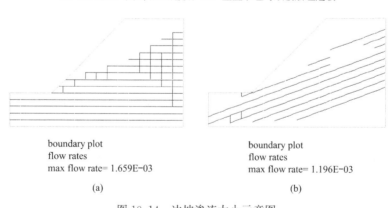

boundary plot
flow rates
max flow rate= 1.659E-03

(a)

boundary plot
flow rates
max flow rate= 1.196E-03

(b)

图 10.14　边坡渗流大小示意图

（a）竖直节理与水平层理边坡；（b）竖直节理与顺缓层理边坡

如图 10.16（a）和图 10.17（a）所示，在降雨入渗作用下，水平层理边坡岩体竖向裂隙进一步发展、发育，沿水平滑移面产生的最大剪切位移为 404mm，随着坡脚剪出、滑体后缘开裂，边坡滑体呈现向临空侧水平滑移的趋势。

如图 10.16（b）和图 10.17（b）所示，考虑降雨入渗作用，在同样计算步数下，顺缓层理边坡沿滑移面产生的最大剪切位移为 543mm，大于水平层理边坡，并且随着坡脚剪出、滑体后缘拉裂，坡体内的楔形滑体轮廓明显，水力学作用加剧了顺缓层理边坡滑坡的趋势。

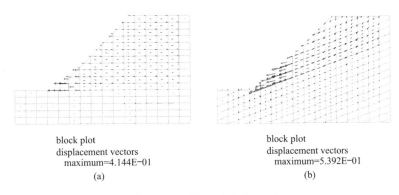

图 10.15 边坡位移矢量场图

（a）竖直节理与水平层理边坡；（b）竖直节理与顺缓层理边坡

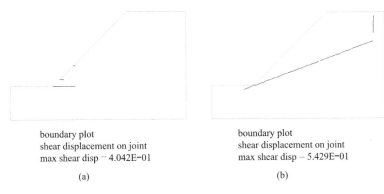

图 10.16 边坡岩体剪切位移图

（a）竖直节理与水平层理边坡；（b）竖直节理与顺缓层理边坡

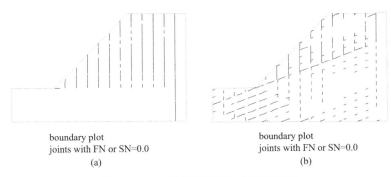

图 10.17 边坡岩体张开与新生裂隙图

（a）竖直节理与水平层理边坡；（b）竖直节理与顺缓层理边坡

10.5.6 主要结论

（1）应用 UDEC 计算程序，对受优势节理与层理面组合控制的非连续边坡岩体结构，能够进行边坡滑坡机理和变形稳定性分析。

（2）考虑降雨入渗作用，进行边坡开挖，对两类边坡岩体结构受水力学作用产生的变形效应进行对比分析。结果表明，水力学作用效果显著，将加剧边坡岩体结构变形和沿滑移面滑动趋势。

10.5.7 命令

1. 不考虑渗流

（1）U1（竖直节理与水平层理边坡）

```
♯建模（；后为命令语句的解释）
round    0.02
block   0, 0   0, 48   80, 48   80, 0
jregion id 1   0, 0 0, 48 80, 48   80, 0
jset 0, 0   100, 0   0, 0   3, 0    (0, 0) range jreg 1
jset 90, 0   100, 0   0, 0   5, 0    (0, 0) range jreg 1
crack   0, 15   20, 15
crack   20, 15   53, 48
crack   0, 42    42, 42
crack   0, 30    30, 30
crack   0, 15    0, 48
crack   0, 48    48, 48
generate   edge   5 range 0, 80   0, 48
♯材料参数赋值
prop mat = 1    d = 2650   k = 3.41e9   g = 1.67e9   fri = 43 coh = 1.2e6
prop jmat = 1    jkn = 1e9    jks = 1e9
prop jmat = 1    jf = 3
♯施加边界条件
bound   xvel = 0   range -1, 1 0, 48
bound   xvel = 0   range 79, 81 0, 48
bound   yvel = 0   range 0, 80 -1, 1
grav   0.0 -10.0
♯初始平衡计算
hist unbal
solve
♯开挖边坡
ini xdisp = 0 ydisp = 0
delete   range 0, 43   38, 48
delete   range 0, 48   42, 48
delet bl 89424
delet bl 89082
delete   range 0, 38   33, 48
```

```
delete   range 0，33   27，48
delet bl 87960
delet bl 87559
delet bl 87298
delete   range 0，28   21，48
delete   range 0，22   15，48
delet bl 86176
delet bl 85834
delet bl 84572
```
＃重置历史位置，重新记录最大不平衡力
```
reset hist ；位移清零，历史记录清零
reset disp
hist unbal
```
＃设置迭代步数并计算
```
step 3000
```
（2）U2（竖直节理与顺缓层理边坡）
＃建模
```
round   0.02
block   0，0 0，48 80，48   80，0
jregion id 1   0，0 0，48 80，48   80，0
jset 20，0   100，0   0，0 3，0    (20，15) range jreg 1
jset 90，0   100，0   0，0 5，0    (0，0) range jreg 1
crack   0，15   20，15
crack   20，15   53，48
crack   0，42    42，42
crack   0，30    30，30
crack   0，15    0，48
crack   0，48    48，48
generate   edge   5 range 0，80   0，48
```
＃材料参数赋值
```
prop mat = 1    d = 2650   k = 3.41e9   g = 1.67e9 fri = 43 coh = 1.2e6
prop jmat = 1    jkn = 1e9    jks = 1e9
prop jmat = 1    jf = 3
```
＃施加边界条件
```
bound   xvel = 0   range -1，1 0，48
bound   xvel = 0   range 79，81 0，48
bound   yvel = 0   range 0，80 -1，1
grav   0.0 -10.0
```
＃初始平衡计算

```
hist unbal
solve
♯开挖边坡
ini xdisp = 0 ydisp = 0
delete   range 0，43  38，48
delete   range 0，48  42，48
delet bl 91283
delet bl 91625
delet bl 90481
delete   range 0，38  33，48
delete   range 0，33  27，48
delet bl  90080
delet bl  89679
delet bl  89300
delete   range 0，28  21，48
delete   range 0，22  15，48
delet bl 61322
```
♯重置历史位置，重新记录最大不平衡力
```
reset hist
reset disp
hist unbal
```
♯设置迭代步数并计算
```
step 3000
```

2. 考虑渗流

（1）U3（竖直节理与水平层理边坡）

♯建模
```
config tflow
round   0.02
block  0，0 0，48 80，48  80，0
jregion id 1  0，0 0，48 80，48  80，0
jset 0，0  100，0  0，0 3，0   (0，0) range jreg 1
jset 90，0  100，0  0，0 5，0    (0，0) range jreg 1
crack  0，15  20，15
crack  20，15  53，48
crack  0，42   42，42
crack  0，30   30，30
crack  0，15   0，48
crack  0，48   48，48
generate   edge  5 range 0，80  0，48
```

＃材料参数赋值

prop mat = 1　　d = 2650　k = 3. 41e9　g = 1. 67e9 fri = 43 coh = 1. 2e6

prop jmat = 1　jkn = 1e9　jks = 1e9

prop jmat = 1　jf = 3

＃施加模型边界条件

bound　xvel = 0　range -1，1　0，48

bound　xvel = 0　range 79，81　0，48

bound　yvel = 0　range 0，80　-1，1

grav　0. 0　-10. 0

＃初始平衡计算

hist unbal

solve

＃设置渗流参数

ini xdisp = 0 ydisp = 0

prop jmat = 1 azero = 1. e -3 ares = 0. 5e -3 jperm = 1e2

fluid dens = 1000 bulk = 2e9 ；设置流体密度以及体积模量

set capratio = 3 ；最大接触裂隙宽度被限制为最大残余宽度的 3 倍

bound imperm　range　-1，81　-1，1 ；设置无渗流的边界范围，x 为最小、最大范围，y 为最小、最大范围

bound　pp = 0. 15e6　pygrad -1. 0e4 range　-1，1　-1，15 ；设置流体压力梯度范围，pp 表示压力初值，pygrad 表示梯度，range 表示范围

bound　pp = 0. 45e6　pygrad -1. 0e4 range　79，81　-1，45

set flow steady ；采用稳定流体规则

＃开挖边坡

delete　range 0，43　38，48

delete　range 0，48　42，48

delet bl 103669

delet bl 103269

delete　range 0，38　33，48

delete　range 0，33　27，48

delet bl 101870

delet bl 101382

delet bl 101047

delete　range 0，28　21，48

delete　range 0，22　15，48

delet bl 99661

delet bl 99261

delet bl 97709

＃重置历史位置，重新记录最大不平衡力

reset hist

reset disp

hist unbal

设置迭代步数并计算

step 3000

（2）U4（竖直节理与顺缓层理边坡）

建模

config tflow

round 0.02

block 0，0 0，48 80，48 80，0

jregion id 1 0，0 0，48 80，48 80，0

jset 20，0 100，0 0，0 3，0 （20，15）range jreg 1

jset 90，0 100，0 0，0 5，0 （0，0）range jreg 1

crack 0，15 20，15

crack 20，15 53，48

crack 0，42 42，42

crack 0，30 30，30

crack 0，15 0，48

crack 0，48 48，48

generate edge 5 range 0，80 0，48

材料参数赋值

prop mat = 1 d = 2650 k = 3.41e9 g = 1.67e9 fri = 43 coh = 1.2e6

prop jmat = 1 jkn = 1e9 jks = 1e9

prop jmat = 1 jf = 3

施加模型边界条件

bound xvel = 0 range -1，1 0，48

bound xvel = 0 range 79，81 0，48

bound yvel = 0 range 0，80 -1，1

grav 0.0 -10.0

初始平衡计算

hist unbal

solve

设置渗流参数

ini xdisp = 0 ydisp = 0

prop jmat = 1 azero = 1 e -3 ares = 0.5e -3 jperm = 1e2

fluid dens = 1000 bulk = 2e9

set capratio = 3

bound imperm range -1，81 -1，1

bound pp = 0.15e6 pygrad -1.0e4 range -1，1 -1，15

228

```
bound    pp = 0.45e6    pygrad -1.0e4 range   79，81   -1，45
set flow steady
#开挖边坡
delete    range 0，43   38，48
delete    range 0，48   42，48
delet bl 105589
delet bl 105989
delet bl 104125
delet bl 104613
delete    range 0，38   33，48
delete    range 0，33   27，48
delet bl   103637
delet bl 103126
delete    range 0，28   21，48
delete    range 0，22   15，48
delet bl 70370
#重置历史位置，重新记录最大不平衡力
reset hist
reset disp
hist unbal
#设置迭代步数并计算
step 3000
```

10.6　隧道涌水模拟分析

10.6.1　工程概况

　　一般来说，在岩土力学工程实践中，固体变形与地下水流动是相互依赖的。一方面，处于地下水位以下的岩石固体受到地下水施加的压力，另一方面，岩体变形又可改变地下水的条件。如果忽略这两种进程的耦合作用，那么就有可能导致我们不能准确分析岩体力学扰动所产生的影响。本例分析了节理岩体中地下水位下的一个简单的隧道开挖问题。

　　某地下隧道在水位线以下 50m 处开挖一个直径为 20m 的圆形隧道，围岩密度为 $2700kg/m^3$，节理分为水平节理与竖直节理两种，并且间距均为 10m，内摩擦角为 $30°$，黏聚力为 0。

　　地下水排入隧道开挖面内引起地下水位的重大降落，形成相对于隧道半径上部一定距离的地下水井面，因此，不饱和流动规则被用到本例中，以提供一个精确的自由流动模拟。

10.6.2　构建模型

　　应用 UDEC 计算程序内置的节理化生成器，构建如图 10.18 所示的模型。

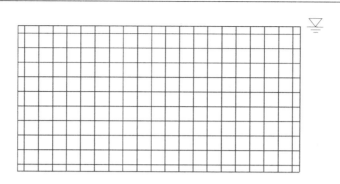

图 10.18　计算模型及节理划分图

初始应力是各向同性的，岩石重力从顶部到底部逐渐增大，模型的顶面被定义为地下水位面，模型中固体和地下水的边界条件在初始条件下达到平衡。同时，初始节理变形可以被约束，并且最大开度成为初始应力状态下的裂缝宽度。

10.6.3　计算参数

数值计算采用的物理力学参数和水力学参数，分别见表 10.6 和表 10.7 所列内容。

物理力学参数表　　　　　　　　　　　　　表 10.6

名称	密度（kg·m^{-3}）	体积模量（GPa）	剪切模量（GPa）	法向刚度（GPa·m^{-1}）	切向刚度（GPa·m^{-1}）	黏聚力（MPa）	内摩擦角（°）
围岩块体	2700	20	15				
围岩界面				10	10	0	30

水力学参数表　　　　　　　　　　　　　表 10.7

重度（kg·m^{-3}）	体积模量（GPa）	最大开度（mm）	残余开度（mm）	渗透系数（Pa^{-1}·sec^{-1}）
1000	0.2	1.0	0.5	500

注意：水的体积模量是 2GPa，采用低的数值（0.2GPa）有两个原因：①气体溶解在地下水中，增加了地下水的可压缩性；②当使用可压缩选项时，较低数值的体积模量可以加速收敛，以达到数值计算的平衡状态。

10.6.4　模拟步序

（1）首先，在 UDEC 中建立模型，然后进行自重场下平衡计算，具体命令流见第 10.6.7 节中的 1。

（2）初始化应力状态后，开挖隧道，进行不排水变形，具体命令流见第 10.6.7 节中的 2。

（3）开挖后的模型达到力学平衡后，模拟由于地下水进入隧道引起的排水变形。在 UDEC 中，有三个方式可以模拟耦合流动的固结效应：瞬时的可压缩流、稳定流和试验算法的瞬态流。对这三个方式分别进行模拟，具体命令流见第 10.6.7 节中的 3、4、5。

（4）分析、比较三种模拟耦合流动固结效应的方法，寻找一个最好的方法。

10.6.5　计算结果分析

岩体的初始应力状态如图 10.19 所示，初始孔隙水压力分布如图 10.20 所示。从这两个图中可以看出，稳定的岩层自上而下应力与孔隙水压力不断增大，这与实际相符合。

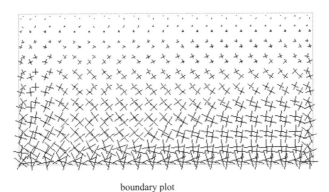

boundary plot
principal stresses
minimum= −2.663E+06
maximum= −4.395E+04

图 10.19　岩体的初始应力状态

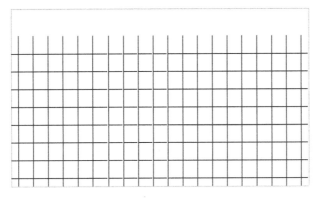

boundary plot
domain pore pressures
maximum pressure=9.760E+0.5

图 10.20　岩体的初始孔隙水压力分布

　　在模型初始化应力状态后，隧道被开挖。隧道的开挖会使得原有的岩体与水都受到扰动。但是，由于岩体内的力学受扰动产生影响的时间与节理内的水受扰动产生影响的时间具有不同的数量级，并且岩体的反应是瞬间的，因此，隧道开挖引起岩体的第一反应是不排水变形。在不排水时岩体的应力状态、孔隙水压力和变形如图 10.21～图 10.23 所示。

　　从这三个图中可以看出，隧道开挖后应力与孔隙水压力都升高，并且孔隙水压力的最高处出现在隧道附近。在岩体变形方面，隧道的开挖只对隧道附近的岩体产生明显影响，并且变形由近及远逐渐减小，对离隧道较远的岩体产生的影响较小。

　　当不排水阶段的模拟达到力学平衡后，第二步是模拟由于地下水进入隧道引起的排水变形，这个进程是地下水消耗控制下的时间效应，本阶段模拟真实流动时间，直到达到稳定流态和固体达到平衡状态，图 10.24 为模拟时的记录点位置。

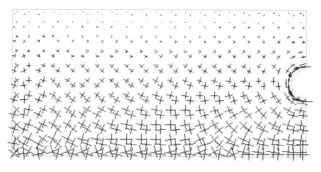

boundary plot
principal stresses
  minimum= −3.373E+06
  maximum= −4.394E+04

图 10.21　不排水条件下的应力分布

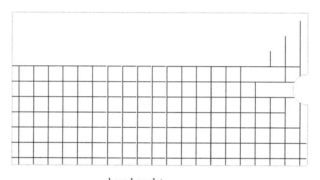

boundary plot
domain pore pressures
maximum pressure=1.617E+06

图 10.22　不排水条件下的孔隙水压力分布

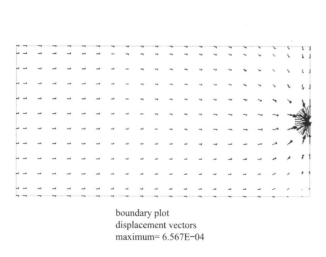

boundary plot
displacement vectors
maximum= 6.567E−04

图 10.23　不排水条件下的岩体变形

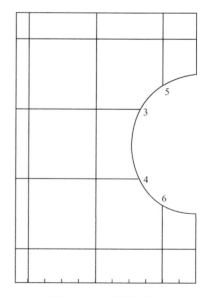

图 10.24　记录点位置

图 10.25～图 10.27 分别为模型在瞬时的可压缩流、稳定流、试验算法的瞬态流三种情况下的流速记录。由于在本例中地下水位上的不饱和单元渗透在极限状态下为零，所以三种模式都应该在极限状态下收敛。这一结论也从图 10.25、图 10.26、图 10.27 所示的结果中加以证实。

从图 10.25～图 10.27 的结果中可以得出，稳定流和试验算法瞬态流情况下的计算时间远快于可压缩流情况下的计算时间。因此，在进行耦合流动固结效应模拟时，运用试验算法的稳定流效率最高。

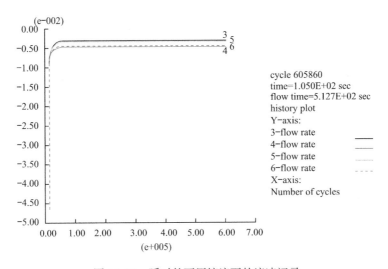

图 10.25　瞬时的可压缩流下的流速记录

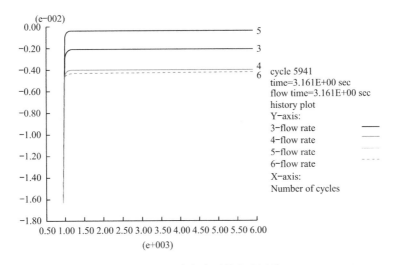

图 10.26　稳定流下的流速记录

10.6.6　主要结论

（1）隧道的开挖会使得原有的岩体与水受到扰动，但是，由于岩体内的力学受扰动产生影响的时间与节理内的水受扰动产生影响的时间具有不同的数量级，并且岩体的反应是瞬间的，所以隧道开挖引起岩体的第一反应是不排水变形，之后为排水变形。

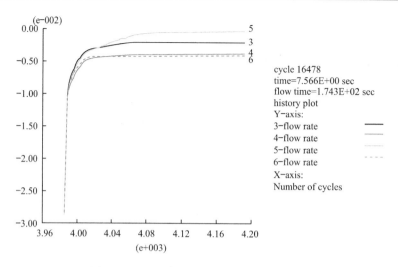

图 10.27　试验算法的瞬态流下的流速记录

（2）在检测排水变形时，有三个方式可以模拟耦合流动的固结效应：瞬时的可压缩流、稳定流和试验算法的瞬态流。通过模拟可得出三种模式都在极限状态下收敛。同时，在稳定流情况下所用的模拟时间最短。

10.6.7　命令

1. 自重场平衡

```
config tflow
♯设置题目，题目为"Inflow into a tunnel"
title
Inflow into a tunnel
♯建模
ro 0.1
bl 0，100 0，200 200，200 200，10 0
jset 90，0 200，0 0，0 10，0 5，0
jset 0，0 200，0 0，0 10，0 0，5
gen edge = 20 range 0，200 0，200
♯材料参数赋值
prop mat = 1 d = 2700 bulk = 2e10 g = 1.5e10
prop jmat = 1 jkn = 1e10 jks = 1e10 jcoh = 0 jfric = 30
prop jmat = 1 azero = 1e -3 ares = 0.5e -3 jperm = 3e2
fluid dens = 1000 bulk = 2e9
set capratio = 3；最大接触裂隙宽度被限制为最大残余宽度的 3 倍
♯施加边界条件
bound stress -5.4e6 0 0 ygrad 2.7e4 0 0 range -0.1，0.1 99.9，200.1
bound pp 2e6 pygrad -1e4 range -0.1，0.1　99.9，200.1；设置流体压力梯度范围，
```

pp 表示压力初值，pygrad 表示梯度，range 表示范围

bound yvel 0 pp 1e6 range -0.1，200.1　99.9，100.1

bound xvel 0 imperm range 199.9，200.1　99.9，200.1；模型右侧为不透水边界，并且 X 方向位移为 0

bound imperm range -0.1，200.1　199.9，200.1；模型底部为不透水边界

grav 0 -10

insitu stress -5.4e6 0 -5.4e6 ygrad 2.7e4 0 2.7e4 ywtable 200

♯设置稳定流

set flow steady

♯初始平衡计算

hist unbal

hist ydisp 100，200；存储距 11、10 最近的点的 y 方向位移

solve rat 1e-5

♯保存结果

save 1.sav

2. 开挖隧道并进行不排水变形

♯恢复结果

rest 1.sav

♯设置参数

reset jdisp disp；设置块体和节理位移为零

set flow comp；设置瞬时可压缩流模式

fluid bulk 200e6；设置流体体积模量

set flow off；设置不排水

set caprat 3

开挖隧道

delete ann 200 150 0 10

♯重置历史位置，重新记录最大不平衡力

reset hist

hist unbal

hist pp 150 150

hist ydisp 200 200

solve rat 1e-5

♯保存结果

save 2.sav

3. 运用瞬时的可压缩流模拟耦合流动的固结效应

♯恢复结果

rest 2.sav

♯设置参数

reset hist time jdisp disp；设置块体和节理位移为零，时间为零

set ftime 0.0；设置初试时间为0

hist ncyc 100

hist flowtime；记录渗流时间

hist unbal；记录最大不平衡力

hist flow 191 155 flow 191 145 flow 196 158 flow 196 142；记录点（191，155）、（191，145）、（196，158）、（196，142）的渗流速度

hist pp 150 150

hist ydisp 200 200

set flow comp

fluid bulk 200e6

♯设置计算步长

set nfmech 5；设置流体-流动步骤之间执行的最大步骤数为5，set nfmech n 为设置流体-流动步骤之间执行的最大步骤数，当集合流可压缩时，nflow 不为零（默认：n＝1）

cycle time 1；设置循环增量为1s，cycle time t 为设置循环增量，t是增量步，以秒为单位

set nfmech 4

cycle time 2

set nfmech 3

cycle time 3

set nfmech 2

cycle time 4

set nfmech 1

cycle time 5

set nfmech 1

cycle time 10

set nflow 5；设置流体-流动模拟时的时间步骤数为5，set nflow n 为设置模拟时的时间步骤数，n 为时间步骤数（默认：n＝1）

cycle time 10

set nflow 10

cycle time 20

set nflow 50

cycle time 50

♯保存结果

save 3. sav

4. 运用稳定流模拟耦合流动的固结效应

♯恢复结果

rest 2. sav

♯设置参数

set flow steady

＃设置迭代步数并计算

cy 5000

＃保存结果

save 4. sav

5. 运用试验算法的瞬态流模拟耦合流动的固结效应

＃恢复结果

rest 2. sav

＃设置参数

reset hist time jdisp disp

set ftime 0

hist ncyc 1

hist flowtime

hist unbal

hist flow 191 155 flow 191 145 flow 196 158 flow 196 142

hist pp 150 150

hist ydisp 200 200

set flow trans；设置验算法的瞬态流模式

set maxmech 1000；设置最大机械步为 1000

set voltol 0.0001

set dtflow 0.01

cycle 10

set dtflow 0.03

cycle 8

set dtflow 0.1

cycle 10

set dtflow 0.3

cycle 10

set dtflow 1

cycle 170

＃保存结果

save 5. sav

10.7　放顶煤法煤层开采推进过程对上覆岩层影响分析

10.7.1　工程概况

　　放顶煤采煤法是在开采厚煤层时，沿煤层某一厚度范围内的底部布置一个采高为 2～3m 的采煤工作面，用综合机械化方式进行回采，利用矿山压力等方法使顶煤破碎，再由支架后方或上方的"放煤窗口"放出，并由刮板运输机运出工作面。此操作的采放比一般不超过 3。随着开采推进，上覆岩层的稳定性会受到影响，因此需要进行模拟、分析推进过程中上覆岩层稳定性的变化。

某工程需要开采处于地下 380m 的煤层，采放比取 1∶2.8，煤层厚度为 27.8m，密度为 1280kg/m³，内摩擦角为 46°，黏聚力为 2.8MPa，为模拟更好的进行，假设岩层节理呈砖头状。

10.7.2 构建模型

应用 UDEC 计算程序内置的节理化生成器，构建如图 10.28 所示的模型。

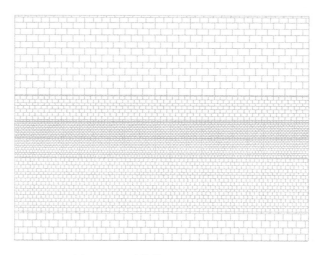

图 10.28 计算模型及节理划分图

由于煤层处于地下 380m 左右，若将所有地层全部建模，则模型过大，因此，只取煤层上三层、下一层的岩层建立模型。从下到上依次为砂质泥岩、粉砂岩、砂质泥岩、煤层（第一工作面）、煤层（第二工作面）、细粒砂岩。模型上部施加一向下的作用力来代替上层岩层对模型的作用力。为了研究的方便，载荷的分布形式简化为均布载荷，经计算求得施加的作用力为 7.47MPa；下部固定 x、y 方向的位移；左、右两侧固定 x 方向的位移。地层模型采用摩尔-库仑模型，节理模型采用节理面接触-库仑滑移模型。由于采用放顶煤采煤法，因此按采放比为 1∶2.8 将煤层第一工作面分为两层，即机割厚度 3.0m 和放顶煤厚度 8.5m，因此数值模型共有 7 层。每一层为了更好地看出应力、应变的变化，假设每一层的节理都为砖头状。从下到上的模型尺寸与节理尺寸见表 10.8。

各岩层节理尺寸   表 10.8

层号	岩层	厚度（m）	水平节理间距（m）	竖直节理间距（m）
7	砂质泥岩	2.10	1.5	3
6	粉砂岩	21.80	2	4
5	砂质泥岩	7.40	1	2
4	煤层（放顶煤）	8.5	0.5	1
3	煤层（开采层）	3	0.75	1
2	煤层（未开采层）	16.3	1	1.5
1	细粒砂岩	8.60	2	3

10.7.3　计算参数

数值计算采用的岩层物理力学参数与节理物理力学参数，分别见表 10.9 和表 10.10 所列内容。

岩层物理力学参数表　　　　　　　　　　　　　　表 10.9

岩层	重度 （kg·m^{-3}）	泊松比	体积模量 （MPa）	剪切模量 （MPa）	黏聚力 （MPa）	内摩擦角 （°）	抗拉强度 （MPa）
砂质泥岩	2220	0.16	13676	12026	2	31	0.6
粉砂岩	2530	0.14	8056	7631	2	35	1.29
煤层	1280	0.48	5975	2422	2.08	46.09	0.15
细粒砂岩	2640	0.13	18604	18274	2.75	35	1.2

节理物理力学参数表　　　　　　　　　　　　　　表 10.10

岩层	法向刚度 （MPa·m^{-1}）	切向刚度 （MPa·m^{-1}）	黏聚力 （MPa）	内摩擦角 （°）	抗拉强度（MPa）
砂质泥岩	17400	11300	0.15	18	0.25
粉砂岩	34900	22600	0.22	29.8	0.25
煤层	17400	11300	0.15	18	0.25
细粒砂岩	34900	22600	0.22	20	0.3

10.7.4　模拟步序

（1）首先，在 UDEC 中建立模型，然后进行自重场下平衡计算。

（2）在模型建立和初始化应力状态后，用 5m 的推进速度对煤层第一工作面进行开挖。由于要避免边界效应，因此模型左右两边各留 30m 不开挖，即开挖长度为 40m。

（3）为了分析研究覆岩移动规律，选取工作面推进 10m、20m、30m、40m 的位移矢量图进行分析研究，命令流见第 10.7.7 节。

10.7.5　计算结果分析

1. 覆岩应力结果分析

图 10.29 为岩层 Y 方向的初始应力状态图，从这个图可以看出，稳定的岩层自上而下应力不断增大，这与实际相符合。

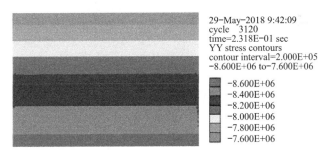

图 10.29　岩层 Y 方向的初始应力云图

为研究覆岩在开采过程中的应力变化规律，选取工作面推进 5m、10m、20m、30m、35m、40m 的岩覆应力进行分析。

图 10.30～图 10.33 分别为工作面推进 5m、10m、20m、30m 时围岩内应力矢量分布图以及 Y 方向上的应力云图。从图中可以看出，采空区的出现导致上覆岩层内应力形成应力拱，并且随着工作面的推进，应力拱的范围逐渐扩展。工作面推进 5m 时，应力拱高 6m；推进 10m 时，应力拱高 11m；推进 20m 时，应力拱高 21m；推进 30m 时，应力拱高 31m。

同时，随着应力拱的高度和宽度不断增大，开挖区域上覆岩层应力减小，但采空区两侧产生应力集中，并随着采空区的扩大，集中应力逐渐增大。总体而言，地层的最大应力集中在采空区的两侧。从范围上看，应力拱的指向与位移所形成的变形拱指向刚好相反，并且影响范围相一致。

图 10.34、图 10.35 分别为工作面推进 35m、40m 时围岩内应力矢量分布图以及 Y 方向上的应力云图。从图中可以看出，工作面推进 35m 时，应力拱高 32m；推进 40m 时，应力拱高仍为 32m。随着工作面的推进，应力拱高稳定在了 32m 处，初步认为是上层坚硬的岩层承载了大部分的压力，才使得应力拱范围不再扩大。

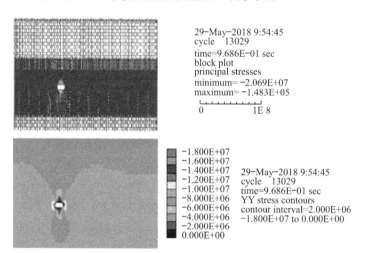

图 10.30　推进 5m 时围岩内应力矢量分布图与岩层 Y 方向的应力云图

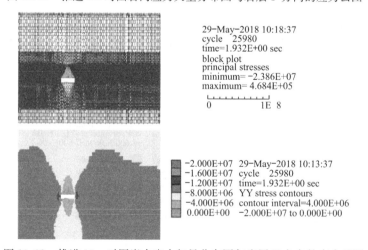

图 10.31　推进 10m 时围岩内应力矢量分布图与岩层 Y 方向的应力云图

29-May-2018 11:06:52
cycle　49721
time=3.701E+00 sec
block plot
principal stresses
minimum= −2.769E+07
maximum= 8.043E+05

0　　　　　　　1E 8

-2.000E+07　29-May-2018 11:06:52
-1.600E+07　cycle　49721
-1.200E+07　time = 3.701E+00 sec
-8.000E+06　YY stress contours
-4.000E+06　contour interval=4.000E+06
0.000E+00　 −2.000E+07 to 0.000E+00

图 10.32　推进 20m 时围岩内应力矢量分布图与岩层 Y 方向的应力云图

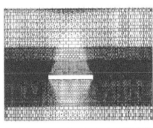

29-May-2018 11:39:48
cycle　79599
time=5.932E+00 sec
block plot
principal stresses
minimum= −3.142E+07
maximum= 7.801E+05

0　　　　　　　1E 8

-2.500E+07　29-May-2018 11:39:48
-2.000E+07　cycle　79599
-1.500E+07　time=5.932E+00 sec
-1.000E+07　YY stress contours
-5.000E+06　contour interval=5.000E+06
0.000E+00　 −2.500E+07 to 0.000E+00

图 10.33　推进 30m 时围岩内应力矢量分布图与岩层 Y 方向的应力云图

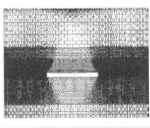

29-May-2018 12:05:35
cycle　109080
time=8.136E+00 sec
block plot
principal stresses
minimum= −3.401E+07
maximum= 6.631E+05

0　　　　　　　2E 8

-2.500E+07　29-May-2018 12:05:35
-2.000E+07　cycle　109080
-1.500E+07　time = 8.136E+00 sec
-1.000E+07　YY stress contours
-5.000E+06　contour interval=5.000E+06
0.000E+00　 −2.500E+07 to 0.000E+00

图 10.34　推进 35m 时围岩内应力矢量分布图与岩层 Y 方向的应力云图

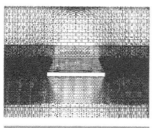

29-May-2018 12:49:41
cycle 159922
time=1.194E+01sec
block plot
principal stresses
minimum=−3.677E+07
maximum= 7.513E+05
0   2E8

−3.000E+07 29-May-2018 12:49:41
−2.500E+07 cycle 159922
−2.000E+07 time = 1.194E+01 sec
−1.500E+07 YY stress contours
−1.000E+07 contour interval=5.000E+06
−5.000E+06 −3.000E+07 to 0.000E+00
0.000E+00

图 10.35　推进 40m 时围岩内应力矢量分布图与岩层 Y 方向的应力云图

2. 覆岩位移结果分析

为了分析研究覆岩移动规律，选取工作面推进 5m、10m、20m、30m、35m、40m 的位移进行分析研究。

图 10.36～图 10.39 分别为开挖 5m、10m、20m、30m 时上覆岩层位移矢量图及位移详图。从图中可以看出，煤层开采对上覆岩层未造成显著影响，上覆岩层未发生断裂和坍塌。同时，此阶段位移主要分布在新开挖的区域内，其他已经开挖的区域位移较小。

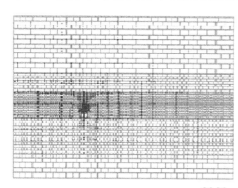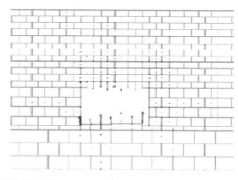

26-May-2018 15:14:12
cycle 13029
time=9.686E-01sec
block plot
displacement vectors
maximum=1.580E-01
0   5E-1

图 10.36　推进 5m 时围岩位移矢量图及位移详图

矢量箭头基本指向采空区，其中底板岩层发生的位移要大于顶板所发生的位移，因此开采推进时，不仅要考虑顶板的挠曲变形，还要考虑底板底鼓的作用。

图 10.40、图 10.41 分别为工作面推进至 35m、40m 时上覆岩层位移矢量图及位移详图。从图中可以看出，随着煤层开采的推进，覆岩位移总体上呈增长趋势，但仍未出现塌陷现象。不过，在这两个阶段内上覆岩层的位移不仅仅集中分布在新开挖的区域，还出现在了已经开挖的区域内。但底板的底鼓现象还是只发生在新开挖的区域内。当工作面推进到 40m 时，模型左右对称，位移也呈左右对称的形式，中间部分位移最大。

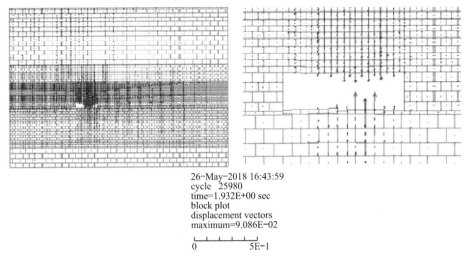

26-May-2018 16:43:59
cycle 25980
time=1.932E+00 sec
block plot
displacement vectors
maximum=9.086E-02

0　　　　　5E-1

图 10.37　推进 10m 时围岩位移矢量图及位移详图

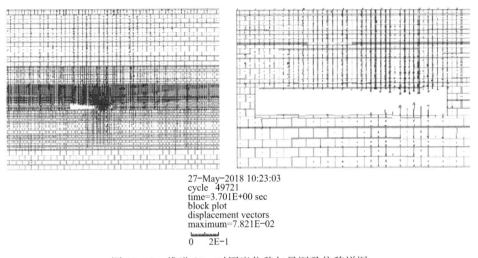

27-May-2018 10:23:03
cycle 49721
time=3.701E+00 sec
block plot
displacement vectors
maximum=7.821E-02

0　　2E-1

图 10.38　推进 20m 时围岩位移矢量图及位移详图

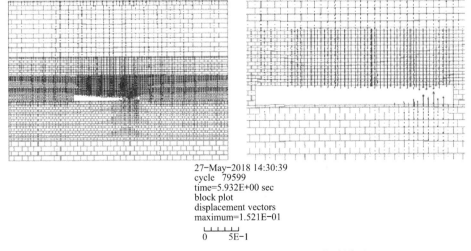

27-May-2018 14:30:39
cycle 79599
time=5.932E+00 sec
block plot
displacement vectors
maximum=1.521E-01

0　　5E-1

图 10.39　推进 30m 时围岩位移矢量图及位移详图

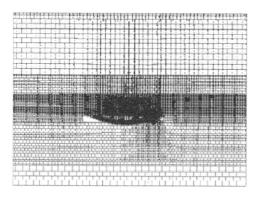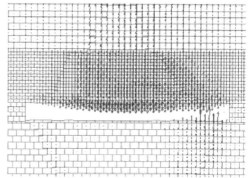

27-May-2018 14:51:20
cycle 109080
time=8.136E+00 sec
block plot
displacement vectors
maximum=1.022E-01

0   5E-1

图 10.40　推进 35m 时围岩位移矢量图及位移详图

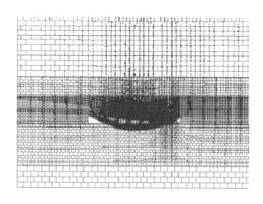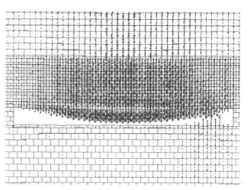

27-May-2018 17:34:42
cycle 159922
time=1.194E+01 sec
block plot
displacement vectors
maximum=1.368E-01

0   5E-1

图 10.41　推进 40m 时围岩位移矢量图及位移详图

3. 覆岩破坏结果分析

为研究覆岩在开采过程中的破坏情况，选取工作面推进 10m、20m、30m、40m 的裂隙进行分析。

图 10.42（a）～图 10.42（d）分别为工作面推进 10m、20m、30m、40m 时围岩内裂隙分布图。从图中可以看出，随着工作面的推进，裂隙的范围不断扩大。工作面推进到 10m，裂隙仅出现在煤层紧邻的顶、底板岩层内，即上层裂隙集中在放顶煤层，并且数值较小；工作面推进到 20m，裂隙集中在直接顶与放顶煤层，并有少量裂隙延伸至关键层；之后，随着工作面的推进，裂隙仍集中在直接顶与放顶煤层，关键层中的裂隙不断增多，但却并未形成贯通裂隙，上覆岩层也没有出现垮塌现象。

29-May-2018 10:18:37
cycle   25980
time=1.932E+00 sec
boundary plot
joints with FN or SN=0.0

(a)

29-May-2018 11:06:52
cycle   49721
time=3.701E+00 sec
boundary plot
joints with FN or SN=0.0

(b)

29-May-2018 11:39:48
cycle   79599
time=5.932E+00 sec
boundary plot
joints with FN or SN=0.0

(c)

29-May-2018 12:49:41
cycle   159922
time=1.194E+01 sec
boundary plot
joints with FN or SN=0.0

(d)

图 10.42　围岩内裂隙分布图

（a）推进 10m 时围岩内裂隙分布图；（b）推进 20m 时围岩内裂隙分布图；

（c）推进 30m 时围岩内裂隙分布图；（d）推进 40m 时围岩内裂隙分布图

10.7.6　主要结论

（1）采空区的出现导致上覆岩层内应力形成应力拱，并且随着工作面的推进，应力拱的范围逐渐扩展，并最终稳定在 32m 处。应力拱内的岩层应力随着工作面的推进逐渐减小，但开采区两侧出现集中应力，应力逐渐增大。因此，在开挖过程中要注意开采区两侧的岩石变化情况。

（2）煤层开采时，上覆岩层并未产生太大的位移。底部位移大于顶部位移，并且集中分布在新开挖区域，在开采推进时，不仅要考虑顶板的挠曲变形，还要考虑底板底鼓的作用。对于顶部位移，随着工作面的推进，集中分布区域从新开挖区域扩散至整个区域，最终形成左右对称的形式。

（3）整个开采过程中，裂隙带不断扩大，但裂隙一直集中在直接顶与放顶煤层，关键层中的裂隙虽然在不断增多，但却并未形成贯通裂隙，上覆岩层也没有出现垮塌现象。

10.7.7　命令

```
＃建模
ro 0.01
bl 0，0 0，40 70，40 70，0
crack 0，12 70，12
crack 0，16 70，16
crack 0，26 70，26
crack 0，34 70，34
crack 15，12 15，16 ；以下9条命令是由于推进速度为5m/次，提前画出开挖区域
crack 20，12 20，16
crack 25，12 25，16
crack 30，12 30，16
crack 35，12 35，16
crack 40，12 40，16
crack 45，12 45，16
crack 50，12 50，16
crack 55，12 55，16
jreg id 1 0，0 0，12 70，12 70，0 delete
jset 0，0 70，0 0，0 3，0 0，0 range jreg 1
jset 90，0 3，0 3，0 6，0 0，0 range jreg 1
jset 90，0 3，0 3，0 6，0 3，3 range jreg 1
jreg id 2 0，12 0，16 70，16 70，12 delete
jset 0，0 70，0 0，0 1.5，0 0，12 range jreg 2
jset 90，0 1.5，0 1.5，0 3，0 0，12 range jreg 2
jset 90，0 1.5，0 1.5，0 3，0 1.5，13.5 range jreg 2
jreg id 3 0，16 0，26 70，26 70，16 delete
jset 0，0 70，0 0，0 1，0 0，16 range jreg 3
jset 90，0 1，0 1，0 2，0 0，16 range jreg 3
jset 90，0 1，0 1，0 2，0 1，17 range jreg 3
jreg id 4 0，26 0，40 70，40 70，26 delete
jset 0，0 70，0 0，0 2，0 0，26 range jreg 4
jset 90，0 2，0 2，0 5，0 0，26 range jreg 4
jset 90，0 2，0 2，0 5，0 2.5，28 range jreg 4
gen quad 10 range 0，70 0，40
＃划分岩层范围，并编号
change mat＝1 range 0，70 0，12
```

```
change mat = 2 range 0，70 12，16
change mat = 3 range 0，70 16，26
change mat = 4 range 0，70 26，34
change mat = 5 range 0，70 34，40
```

划分节理范围，并编号

```
chan jmat = 1 range x = 0，70 y = 0，12
chan jmat = 2 range x = 0，70 y = 12，16
chan jmat = 3 range x = 0，70 y = 16，26
chan jmat = 4 range x = 0，70 y = 26，34
chan jmat = 5 range x = 0，70 y = 34，4
chan cons = 3 range 0，70 0，40
chan jcons = 2 range 0，70 0，40
```

赋岩层属性

```
prop mat = 1 d = 2680 b = 1.9e10 s = 1.8e10 coh = 2.7e6 fric = 34 ten = 1.25e6
prop mat = 2 d = 1400 b = 6e9 s = 2.5e9 coh = 2.1e6 fric = 43 ten = 1.4e5
prop mat = 3 d = 1400 b = 6e9 s = 2.5e9 coh = 2.1e6 fric = 43 ten = 1.4e5
prop mat = 4 d = 2200 b = 1.3e10 s = 1.2e10 coh = 2e6 fric = 30 ten = 6.3e5
prop mat = 5 d = 2680 b = 1.9e10 s = 1.8e10 coh = 2.7e6 fric = 34 ten = 1.25e6
```

赋节理属性

```
prop jmat = 1 jkn = 3.3e10 jks = 2.3e10 jfr = 21 jcoh = 2e5 jten = 3e5
prop jmat = 2 jkn = 1.8e10 jks = 1.2e10 jfr = 17 jcoh = 1.5e5 jten = 2.5e5
prop jmat = 3 jkn = 1.8e10 jks = 1.2e10 jfr = 17 jcoh = 1.5e5 jten = 2.5e5
prop jmat = 4 jkn = 1.8e10 jks = 1.2e10 jfr = 17 jcoh = 1.5e5 jten = 2.5e5
prop jmat = 5 jkn = 3.3e10 jks = 2.3e10 jfr = 21 jcoh = 2e5 jten = 3e5
```

施加边界条件

```
bound stress 0，0，-2e6 range 0，70 39，41
bound xvel = 0.0 range -1，1 0，40
bound xvel = 0.0 range 69，71 0，40
bound yvel = 0.0 range 0，70 -1，1
insitu stress 0，0，-2e6 szz 0
set grav 0.0 -9.81
```

初始平衡计算

```
hist unbal
solve
```

开挖 5 米

```
delete 15，20 12，16
reset disp
reset hist
hist unbal
```

```
solve
♯开挖 10 米
delete 20，25 12，16
reset disp
reset hist
hist unbal
solve
♯开挖 15 米
delete 25，30 12，16
reset disp
reset hist
hist unbal
solve
♯开挖 20 米
delete 30，35 12，16
reset disp
reset hist
hist unbal
solve
♯开挖 25 米
delete 35，40 12，16
reset disp
reset hist
hist unbal
solve
♯开挖 30 米
delete 40，45 12，16
reset disp
reset hist
hist unbal
solve
♯开挖 35 米
delete 45，50 12，16
reset disp
reset hist
hist unbal
solve
♯开挖 40 米
delete 50，55 12，16
```

```
reset disp
reset hist
hist unbal
solve
```

习题与思考题

1. 应用 UDEC 计算程序内置的节理化生成器，熟悉构建节理化边坡数值计算模型的方法。

2. 试将隧道形状改变为直墙半圆拱形，并进行隧道涌水数值计算分析。

第 11 章　PFC 建模方法与应用实例

11.1　概述

颗粒流系是指颗粒组成的聚集材料在外力作用下或内部应力状况发生变化时产生的类似流体的运动状态。自然界中，滑坡、雪崩、沙丘迁移、散态物料输送以及泥石流等都是明显的颗粒流动例子。

颗粒流的研究始于 20 世纪 50 年代，1971 年，P. A. Cundall 率先提出离散单元法，随后 Cundall 和 Strack 开发并推出了适用于岩土力学的颗粒元 PFC2d 和 PFC3d 商业程序。PFC（全称为 Particle Flow Code，中文称为颗粒元程序）是利用显式差分算法和离散元理论开发的微/细观力学程序。

11.2　程序简介

PFC 程序的离散单元为圆形颗粒（圆盘或圆球），与 UDEC 程序将离散单元视为多边形块体明显不同。该程序基于介质内部结构（颗粒和接触），从细观力学行为角度研究介质系统宏观的力学特征和力学响应。

11.2.1　主要功能

PFC 程序能够进行离散颗粒集合体的静力分析、热分析、流固耦合分析和结构工程在地震作用下的动力响应分析等。

11.2.2　主要特色

（1）该程序将离散介质视为颗粒的集合体，集合体由颗粒和颗粒之间的接触两个部分组成；颗粒大小可以服从任意的分布形式；凝块模型支持"奴化"颗粒或凝块的创建，凝块体可以作为普通形状"超级颗粒"使用。

（2）可指定任意方向的线段为带有自身接触性质的墙体，普通的墙体提供几何实体；模拟过程中，颗粒和墙体可以随时增减。

（3）"蜂房"映射逻辑的使用确保了计算时间与系统颗粒数目呈线性（而非指数）增长；提供了局部非黏性和黏性两种阻尼；密度调节功能可用来增加时间步长和优化解题效率；除全动态操作模式外，PFC 程序还提供了准静态操作模式，以确保快速收敛到稳定状态解。

（4）接触方式和强度特征是决定介质基本性质的重要因素。"接触"模型由线性弹簧或简化的 Hertz-Mindlin、库仑滑移、接触或平行链接等模型组成。内置接触模型包括简单的粘弹性模型、简单的塑性模型以及位移软化模型。

（5）通过能量跟踪可以观察体功、链接能、边界功、摩擦功、动能、应变能；可以在任意多个环形区域量测平均应力、应变率和孔隙率；可以实时追踪所有变量，并能存储起来和/或绘成"历史"示图。

11.2.3　应用范围

PFC 程序适用于任何需要考虑大应变和/或断裂、破裂发展，以及颗粒流动问题。在岩土体工程中可以用来研究结构开裂、堆石材料稳定、矿山崩落开采、边坡塌滑、梁与框架结构的动力破坏过程，以及梁板等累计损伤与断裂等传统数值方法难以解决的问题。

11.3　基本原理

11.3.1　基本假定

（1）将颗粒单元视为刚体；

（2）接触产生在很小的区域内，即点接触；

（3）接触行为为柔性接触，允许刚性颗粒在接触点产生"重叠"；

（4）"重叠"量的大小与接触力有关，与颗粒单元相比，"重叠"量较小；

（5）接触部位有连接约束；

（6）颗粒为圆形，颗粒间的聚集可形成其他形状或边界。

11.3.2　接触模型

不同离散单元的接触作用在循环计算中遵循以下步骤：

（1）接触判断。删除或创建在计算区域内可能存在的接触关系。

（2）将接触模型应用于新创建的接触关系。

（3）更新接触关系中的各种变量。

颗粒与颗粒之间、颗粒与墙体之间的接触不能直接人为建立，但可以通过设置接触容差的方式来影响接触创建的过程。PFC 允许在相互之间具有重叠量或者具有一定距离的单元之间创建接触。为了便于搜索接触，将每个单元都划分到经过优化的单元空间当中。计算区域被细分为等值单元，并且可以动态地细分这些单元，以确保几乎最优的搜索性能（图 11.1）。在 PFC 中，每个单元类型都存在一个单元空间，因此有三个单元空间：一个用于 balls、一个用于 pebbles、一个用于 facets。

为了加速接触搜索的过程，离散单元被抽象为包含单元的轴对称盒子，最小的单元空间为最小的轴对称盒子。如图 11.2 所示。

在 PFC 中，主要存在以下几种接触模型：

（1）空接触模型。空接触模型是默认的接触模型，单元之间不产生力和力矩。

（2）线性模型。线性模型通过点力再现了线弹性、截面摩擦特性，单元间可以产生相对旋转并且可以设定黏度系数。

图 11.3 展示了模型的草图，介绍了它的主要参数。一方面，正力和剪切力是由线性

弹簧（具有恒定刚度 k_n 和 k_s）与黏性阻尼器（阻尼系数 β_n 和 β_s）并联作用而成的，剪切力是通过剪切位移增量累积得到的。另一方面，力更新模式有两种：当 $M_l = 1$ 时，为绝对更新模式；如果 $M_l = 0$（默认值），则可以正常地累积。接触活性状态和法向力取决于接触间隙和参考间隙（默认值为 0 之间的差值）。可以通过选择阻尼器模式和阻尼系数 βn 和 βs 来改变阻尼器行为。

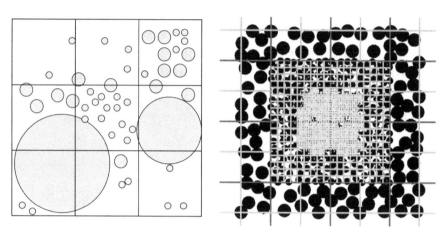

图 11.1　单元空间划分描述

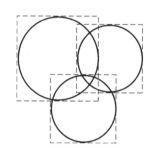

图 11.2　最小单元空间：球体（左）、簇团（中）、多面墙体（右）

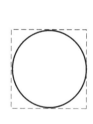

图 11.3　线性接触模型简图

接触判断：根据参考间隙 g_r 与当前接触间隙 g_c 的比较，确定接触是否激活。

$$g_c \leqslant g_r \Rightarrow 接触激活 \tag{11.1}$$

$$g_c \geqslant g_r \Rightarrow 接触未激活 \tag{11.2}$$

接触力与弯矩通过下式进行循环更新：

$$\begin{cases} F = F_n \cdot \hat{n} + F_s \\ M = 0 \end{cases} \tag{11.3}$$

接触模型用来定义接触力和相对位移之间的关系，即通过法向刚度和切向刚度建立法向力、切向力与各自相对位移的受力关系。接触模型分为线性接触准则和简化的非线性接触准则（图 11.4）。

假定接触变形仅在接触部位产生，则线性接触满足以下关系：

$$F_n = k_n U_n \tag{11.4}$$

$$\Delta F_s = k_s \Delta U_s \tag{11.5}$$

非线性接触描述力与位移之间的非线性关系，接触产生滑移的条件为：

$$F_\mathrm{s} \leqslant \mu F_\mathrm{n} \tag{11.6}$$

（3）粘结模型。实际上，土颗粒之间存在粘结作用，为了模拟这力学行为，可以采用两种粘结模型：点粘结模型与线性平行粘结模型（图 11.4）。线性平行粘结模型提供了在接触位置附近的两个单元之间有限尺寸的力与位移行为。

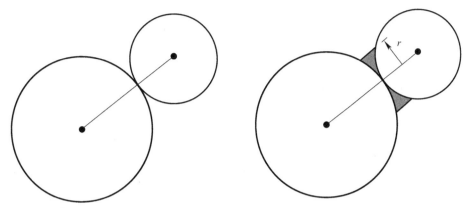

图 11.4　粘结模型描述

点接触粘结模型在接触连接情况下，颗粒单元之间可产生拉应力或剪应力，如果拉应力或剪应力超过允许的强度值，二者之间的连接就会断开；接触连接是点接触，因而没有抵抗力矩的功能。并行连接可以将两个单元连接起来抵抗力与力矩的作用，因而并行连接的两个单元之间可以传递拉应力或剪应力的作用，也可以传递力矩的作用。

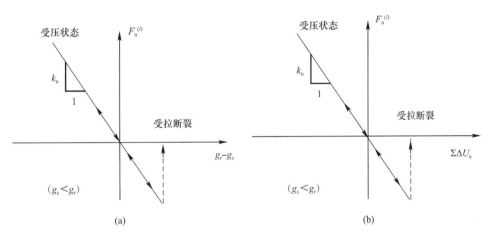

图 11.5　粘结情况下正常线性弹性分量的力位移规律

（a）法向力与接触间隙（绝对公式）；（b）法向力与相对法向位移（增量公式）

在法线方向上，接触力是线性弹簧贡献 $F_\mathrm{n}^{(l)}$（以增量或绝对公式依赖于 M_l）和黏性阻尼器贡献 $F_\mathrm{n}^{(d)}$。如图 11.5 所示。

$$F_\mathrm{n}^{(l)} = \begin{cases} k_\mathrm{n}(g_\mathrm{r} - g_\mathrm{c}) & \text{相对更新模式}(M_l = 0) \\ (F_\mathrm{n}^{(l)})_0 - k_\mathrm{n}\Delta U_\mathrm{n} & \text{绝对更新模式}(M_l = 1) \end{cases} \tag{11.7}$$

（4）赫兹接触模型。赫兹理论以接触疲劳为主要失效形式，PFC 中的赫兹接触模型是基于 Mindlin 和 DereSeWiCz 理论的近似的非线性公式，在 PFC5.0 的版本中对赫兹接触模型做出了以下更改。

1）球与壁接触处理：在以前版本的PFC中，墙壁被概念性地替换为对称地在壁位置上的相同的球，使得力-位移定律中使用的重叠的值被设置为物理球面重叠值的两倍。在PFC5.0版本中，力被解决为球体小平面接触。实际上，现在接触处的法向力比以前的方法小一半。

2）2D公式：PFC中赫兹模型的理论背景仅适用于球-球接触或球体平面接触的情况。

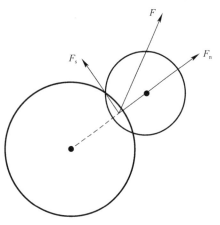

图 11.6　接触模型描述

3）引入了一个新的参数，以允许在正常卸载的情况下减小切向刚度，以防止杂散能量的产生。

（5）滑移模型。滑移模型允许相互接触的单元之间产生滑移，直至最终分离，若单元之间没有建立连接，则单元之间可以产生拉应力。

如图 11.6 所示，当作用于单元上的合力沿切向的分力达到最大允许剪切力时，就产生单元之间的滑移。

如果颗粒单元之间没有建立连接，则当颗粒单元之间的距离达到某一定值时，单元之间的拉应力会自动消失；当单元之间已经分离，但接触仍旧存在，这时的接触为"虚接触"，单元之间的作用力为零。

（6）其他模型。其他接触模型，如简化黏性模型、简化塑性模型、位移软化模型、滞后阻尼模型、伯格斯模型等详见用户手册，请读者自行学习。

11.3.3　计算公式

1. 物理方程——力与位移关系

颗粒间接触以及颗粒与墙的接触通过力与位移的关系来表达，图 11.7 为颗粒间接触以及颗粒与墙接触的力学模型图。

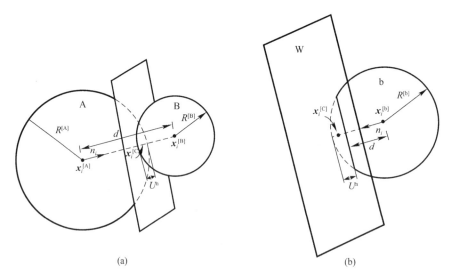

(a)　　　　　　　　　　　　　　　　(b)

图 11.7　颗粒间接触以及颗粒与墙接触的力学模型图

（a）颗粒间接触；（b）颗粒与墙接触

颗粒间接触平面的单位法向量定义为：

$$n_i = \frac{x_i^{[B]} - x_i^{[A]}}{d} \tag{11.7}$$

式中：$x_i^{[A]}$ 和 $x_i^{[B]}$ 分别为颗粒 A 和 B 的质心连线位置向量；d 为颗粒质心之间的距离；i 为某一接触点。

颗粒间以及颗粒与墙之间接触的重叠量定义为：

$$U^n = \begin{cases} R^{[A]} + R^{[B]} - d \\ R^{[b]} - d \end{cases} \tag{11.8}$$

接触点的位置矢量由式（11.9）给出：

$$x_i^{[C]} = \begin{cases} x_i^{[A]} + \left(R^{[A]} - \frac{1}{2}U^n \right)n_i \\ x_i^{[b]} + \left(R^{[B]} - \frac{1}{2}U^n \right)n_i \end{cases} \tag{11.9}$$

相对于接触平面，颗粒间以及颗粒与墙之间的接触力可以分解为法向接触力分量与切向接触力分量：

$$F_i = F_i^n + F_i^s \tag{11.10}$$

法向接触力矢量由式（11.11）计算：

$$F_i^n = K^n U^n \tag{11.11}$$

接触点的切向移动速度通过式（11.12）计算：

$$V^s = (\dot{x}_i^{[\Phi^2]} - \dot{x}_i^{[\Phi^1]})t_i - \omega_3^{[\Phi^2]} \mid x_k^{[C]} - x_k^{[\Phi^2]} \mid - \omega_3^{[\Phi^1]} \mid x_k^{[C]} - x_k^{[\Phi^1]} \mid \tag{11.12}$$

式中：$x_i^{[\Phi^j]}$ 和 $\omega_3^{[\Phi^j]}$ 分别为相对实体 Φ^j 的平移速度与转动速度。

Φ^j 由式（11.13）给定：

$$\{\Phi^1, \Phi^2\} = \begin{cases} \{A, B\} \\ \{b, w\} \end{cases} \tag{11.13}$$

接触点的切向位移增量为：

$$\Delta U^s = V^s \Delta t \tag{11.14}$$

接触点的切向力增量为：

$$\Delta F^s = -k^s \Delta U^s \tag{11.15}$$

接触点新的切向力由迭代计算给出：

$$F^s \leftarrow F^s + \Delta F^s \leqslant \mu F^n \tag{11.16}$$

2. 运动定律—牛顿运动定律

单个颗粒的运动形式由作用其上的合力和合力矩决定，可用单元内任一点的平移运动和旋转运动来描述。

平移运动：

$$F_i = m(\ddot{x}_i - g_i) \tag{11.17}$$

旋转运动：

$$M_i = \dot{H}_i \tag{11.18}$$

$$M_i = I\dot{\omega}_i = (\beta m R^2)\dot{\omega}_i \tag{11.19}$$

式中：F_i 为合力；m 为颗粒总质量；g_i 为重力加速度；M_i 为合力矩；$\dot{H}_i$ 为角动量；β 为

临界阻尼比，颗粒为球体时，$\beta = \dfrac{2}{5}$，颗粒为圆盘时，$\beta = \dfrac{1}{2}$。

当时间步长为 Δt 时，颗粒在 t 时刻的平移和转动加速度为：

$$\ddot{x}_i^{(t)} = \frac{1}{\Delta t} \left[\dot{x}_i^{(t+\Delta t/2)} - \dot{x}_i^{(t-\Delta t/2)} \right] \tag{11.20}$$

$$\dot{\omega}_i^{(t)} = \frac{1}{\Delta t} \left[\dot{\omega}_i^{(t+\Delta t/2)} - \dot{\omega}_i^{(t-\Delta t/2)} \right] \tag{11.21}$$

将式（11.17）和式（11.18）分别代入式（11.14）和式（11.16），得到：

$$\dot{x}_i^{(t+\Delta t/2)} = \dot{x}_i^{(t-\Delta t/2)} + \left(\frac{F_i^{(t)}}{m} + g_i \right) \Delta t \tag{11.22}$$

$$\omega_i^{(t+\Delta t/2)} = \omega_i^{(t-\Delta t/2)} + \left(\frac{M_i^{(t)}}{I} \right) \Delta t \tag{11.23}$$

利用式（11.24）对颗粒的中心位置进行更新：

$$x_i^{(t+\Delta t)} = x_i^{(t)} + \dot{x}_i^{(t+\Delta t/2)} \Delta t \tag{11.24}$$

颗粒运动循环过程如下：给定 $x_i^{(t-\Delta t/2)}$、$\omega_i^{(t-\Delta t/2)}$、$x_i^{(t)}$、$F_i^{(t)}$ 及 $M_i^{(t)}$ 的值，利用式（11.19）、式（11.20）获得 $\dot{x}_i^{(t+\Delta t/2)}$ 和 $\omega_i^{(t+\Delta t/2)}$ 的值，然后利用式（11.21）获得 $x_i^{(t+\Delta t)}$，在下一循环计算所需的 $F_i^{(t+\Delta t)}$ 和 $M_i^{(t+\Delta t)}$ 的值，由力与位移的关系获得。

3. 流—固耦合计算

PFC 程序将计算范围内颗粒间的孔隙视为相邻流域导管连接起来的一系列圆形质点的网络集合。

当有流体通过时，导管相当于一个长为 L、开度为 a、平面外单位深度的平行板通道，则流量计算公式为：

$$q = ka^3 \frac{P_2 - P_1}{L} \tag{11.25}$$

式中：k 为传导系数；$P_2 - P_1$ 为两相邻流域的压力差。正压力差表示流体由流域 2 流向流域 1。

（1）当法向力为压力时，导管开度 a 满足下式：

$$a = \frac{a_0 F_0}{F + F_0} \tag{11.26}$$

式中：a_0 为法向力为零时的残余开度；F_0 为实际法向力；F 为平行板开度减小为 $a_0/2$ 时的法向力。

（2）当法向力为拉力时，导管开度 a 满足下式：

$$a = a_0 + mg \tag{11.27}$$

式中：m 为放大系数；g 为两颗粒间的法向距离。

每一流域从周围导管汇入的流量为 $\sum q$，在一个时步 Δt 内，引起的流体压力增量为：

$$\Delta P = \frac{K_f}{V_d} \left(\sum q \Delta t - \Delta V_d \right) \tag{11.28}$$

式中：ΔP 为流体压力增量；K_f 为流体体积模量；V_d 为计算流域的表观体积。

PFC 程序中的流—固耦合关系，主要体现在如下三个方面：

（1）颗粒间接触的张开、闭合变化，将导致颗粒间接触力产生变化；

（2）流域的受力变化将引起流域压力产生变化；

（3）流域压力变化会对颗粒间接触产生牵引作用。

11.3.4　计算过程

在颗粒元计算中，交替应用物理方程和运动定律实现循环计算过程。由牛顿第二定律确定每个颗粒在接触力和自身体力作用下的运动，由力与位移关系对接触点处的位移产生的接触力进行更新。

其计算过程如图 11.8 所示。

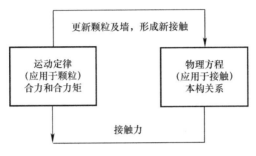

图 11.8　计算循环过程图

11.4　建模方法

11.4.1　定义墙体

命令格式：wall create/generate keyword …
其中，keyword 为关键词。

墙体的建立有以下两种方式：

（1）通过 wall　create 命令以（x1, y1）、（x2, y2）为端点的线段建立墙体。建立多个首尾相连的线段墙体时，可随后依次列出墙体两节点坐标。关键词包括 id、vertices。

单个墙体命令格式：wall　create　vertices　x1　y1　x2　y2

多个墙体命令格式：wall　create　vertices　x1　y1　x2　y2　x2　y2　x3　y3

（2）通过 wall　generate 命令建立规则的几何墙体，如四边形、圆形、平面、多边形、球体（3D）、圆柱（3D）等。关键词包括 box、circle、cylinder 等。

矩形墙体命令格式：wall　generate　box　fxmin　fxmax　fymin　fymax

球形墙体命令格式：wall　generate　sphere　position　x1　y1　z1　radius　r
其中，fxmax、fxmin、fymax、fymin 分别为矩形区域 x、y 方向的最大值、最小值。

命令举例：

（1）以端点为线段表示墙体，如图 11.9（a）所示。

domain extent -0.25 0.25

wall create…

　　　vertices　　　-0.25 0.0…

　　　　　　　　　　0.25 0.0 …

　　　　　　　　　　0.25 0.0 …

```
        0. 25 0. 25…
        0. 25 0. 25…
        -0. 25 0. 25
```

（2）建立球形墙体，如图 11.9（b）所示。

```
domain extent -10 10
wall generate…
    group circles…
    circle position 5. 0 -2. 0…
    radius 3. 0 …
    resolution 0. 1
```

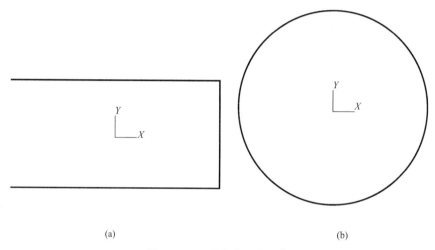

(a) (b)

图 11.9 wall 命令生成墙体

（a）以端点为线段表示墙体；（b）球形墙体

11.4.2 颗粒生成

命令格式：ball create/ distribute/generate keyword …

颗粒的建立有以下三种方式：

（1）建立单个颗粒，关键词包括 group、id、position、radius、x 、y、z。

命令格式：ball create position x1 y1 radius r

（2）建立相应孔隙率或级配颗粒，关键词包括 bin、box、numbin、porosity、resolution。

命令格式：ball distribute porosity n1

（3）建立相应数量颗粒，关键词包括 box、cubic、fishdistribution、gauss、group、hexagonal 、id、number、radius、tries。

命令格式：ball generate radius r1 r2 number n

其中，x1、y1 为颗粒坐标，r 为颗粒半径，r1、r2 为颗粒半径范围，n1 为孔隙率，n 为尝试生成颗粒数量。其他关键词用法请看 PFC 用户手册。

命令举例：

（1）在坐标（0，0）处建立半径为 1 的单个颗粒，如图 11.10 所示。

domain extent -3. 0 3. 0

ball create position 0. 0 0. 0 radius0. 1

ball create position 1. 0 0. 0 radius 0. 05

ball create position -1. 0 0. 0 radius 0. 06

ball create position 0. 0 1. 0 radius 0. 07

ball create position 0. 0 -1. 0 radius 0. 08

（2）建立孔隙率为 0. 30 的颗粒，如图 11. 11 所示。

domain extent -25. 0 25. 0 condition periodic

cmat default model linear method deformability emod 1e6 kratio 1. 25 property
fric 0. 25

ball distribute radius 1. 0 1. 6 porosity 0. 30

ball attribute density 1000. 0 damp 0. 7

cycle 1000 calm 100

solve

该方法生成颗粒时，颗粒会产生较大的重叠量，可用 cycle n calm m 命令进行消除，n 为循环步数，m 为每个 m 步使颗粒速度与旋转设为 0。

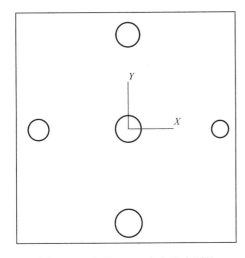

图 11. 10　ball create 命令生成颗粒

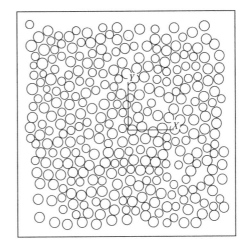

图 11. 11　ball distribute 命令生成颗粒

（3）尝试建立数量为 100 的颗粒，如图 11. 12 所示。

domain extent -10. 0 10. 0 condition periodic

ball generate radius 0. 15 0. 30 number 1000 box -5. 0 5. 0 -5. 0 5. 0

该方法生成颗粒时，初始没有重叠量，tries 初始默认为 20000 次，超过 20000 次尝试时，停止生成颗粒。

11. 4. 3　复杂形状

1. 环形区域

命令格式：ball generate number n1 radius r1 r2 range annulus center x0 y0 radius r3 r4

其中，n1 为目标生成颗粒，默认尝试次数为 20000 次，可通过 tries 关键词改变尝试生成次数；r1、r2 为生成颗粒的粒径范围，分别为最小半径与最大半径；x0、y0 为环形区域中心位置；r3、r4 为圆环的内半径与外半径。

命令举例：

new

domain extent -3.0 3.0

ball generate number 200 radius 0.08 0.10 range annulus center 0 0 radius 1 2

运行以上命令后，在内半径为 1.0m、外半径为 2.0m 的环形区域尝试生成 200 个半径为 0.08～0.10m 的圆形颗粒，实际生成 189 个颗粒，如图 11.13 所示。

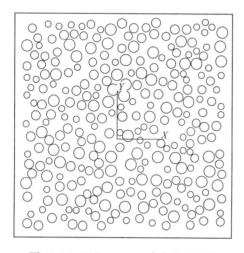

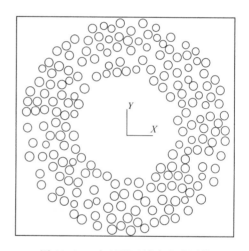

图 11.12　ball generate 命令生成颗粒　　　　图 11.13　在环形区域内生成颗粒

2. 圆形区域

只需将环形区域中 r3 设为 0 就可在圆形区域内生成颗粒。

命令格式：ball generate number n1 radius r1 r2 range annulus center x0 y0 radius 0 r4

其中，n1 为目标生成颗粒，默认尝试次数为 20000 次，可通过 tries 关键词改变尝试生成次数；r1、r2 为生成颗粒的粒径范围，分别为最小半径与最大半径；x0、y0 为环形区域中心位置；r3、r4 为圆环的内半径与外半径。

命令举例：

new

domain extent -3.0 3.0

ball generate number 1000 tries 200000 radius 0.08 0.10 range annulus center 0 0 radius 0 2

运行以上命令后，在半径为 2.0m 的圆形区域尝试生成 1000 个半径为 0.08～0.10m 的圆形颗粒，实际生成 268 个颗粒，如图 11.14 所示。

3. 框架结构

应用 ball generate 命令中 cubic 关键词生成规则排列颗粒，再利用 ball delete 命令删除框架以外的颗粒，采用平行粘结接触模型使颗粒粘结在一起，如图 11.15 所示。

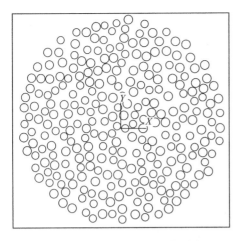 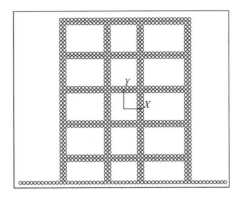

图 11.14　在圆形区域内生成颗粒图　　　图 11.15　生成框架结构颗粒分布示意图

11.4.4　其他

PFC 程序中的边界条件设置、材料参数赋值、监测点历史记录以及计算结果显示与输出等相关命令及内容，与前面的 FLAC 程序大同小异，详细说明可参见使用手册，此处不再赘述。

11.5　岩土类试样双轴试验数值模拟分析

11.5.1　试验背景

由于细观的几何与力学参数与岩土体的宏观力学参数并非一一对应，所以用颗粒流程序来解决科学问题时，需选取合适的细观参数。

岩土体的基本力学参数可由室内三轴压缩试验获得，并以应力—应变曲线来表现。颗粒流程序可通过细观参数标定，研究其与宏观力学特性的关系，并选取合适的参数，使建立模型的运动规律与实际情况相符合。

数值模型的细观参数包括颗粒级配与大小、摩擦系数、阻尼系数、粘结强度、刚度等，采用不同的参数组合来表示不同材料性质的岩土材料。颗粒之间的力学行为与特征，对于研究岩土材料的本构关系与力学性质具有重要的意义。

本节对利用 PFC2D 进行双轴压缩试验的模型构建过程、伺服控制试验原理进行阐述，并得出其应力-应变曲线。

11.5.2　构建模型

双轴压缩模型构建过程（图 11.16）如下：

（1）生成四面墙体，模型试样尺寸为 50mm×100mm。

（2）采用平行粘结模型，对颗粒细观参数进行赋值。

（3）在矩形区域内生成颗粒半径在指定范围内的颗粒。为避免初始颗粒重叠量过大而导致颗粒溢出，循环时采用 calm 命令将颗粒速度与旋转速度归零，并通过循环消除颗粒内部非均匀内力。

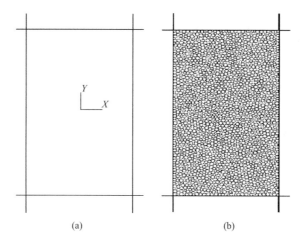

(a)   (b)

图 11.16　双轴试验模型构建图

11.5.3　计算参数

双轴压缩试件采用的计算参数见表 11.1。

试件细观参数表　　　　　　　　　　　　　　　表 11.1

重度 γ (kN/m³)	最小半径 $R_{\min}$ (mm)	最大半径 $R_{\max}$ (mm)	颗粒法向与切向刚度 K_{bn}、K_{bs} (GPa)	摩擦系数 f	粘结强度 Coh (MPa)	抗拉强度 Ten (MPa)
25.0	0.5	1.0	100	0.5	10.0	10.0

11.5.4　双轴试验实现与控制

PFC 程序对试件施加压力是通过控制墙体的移动来进行的。伺服控制时，墙体移动速度通过墙体应力与目标应力的差值进行计算：

$$u = G\Delta\sigma$$
$$G = \frac{\alpha A}{k_{\mathrm{n}}^{(w)} N_{\mathrm{c}} \Delta t} \tag{11.29}$$

式中：$\Delta\sigma$ 为应力差；α 一般取 0.5；A 为接触面积；$k_{\mathrm{n}}^{(w)}$ 为平均接触刚度；N_{c} 为接触总数；Δt 为时间间隔。

在进行双轴压缩试验时，首先通过伺服控制形成目标围压，使试验围压与目标围压在一定的误差范围以内。然后在侧向进行伺服控制，在竖向对墙体施加一适宜的加载速率，进行加载、卸载试验。进行试验前，先在试样内部形成预想的应力场，然后对试验过程中的相关参数，如围压、主应力差、轴向应变、体积应变等进行定义。

模拟岩土试样双轴加载试验系统如图 11.17 所示。

11.5.5　试验结果分析

1. 伺服加载前

如图 11.18 所示,在建立双轴压缩模型后,颗粒力链及位移分布杂乱无章,未形成明显的连续力链。墙体附近的颗粒位移朝墙外,是由于初始生成颗粒时会产生一定的重叠量,从而产生接触力,这与生成颗粒的方式及设置的孔隙率有关。当初始接触力过大,会导致伺服加载还未进行,颗粒间连接键就已经断裂,甚至飞出墙体。可通过调整孔隙、墙体刚度系数或使用 calm 等命令消除初始应力,将初始位移调零。

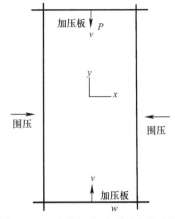

图 11.17　双轴加载试验系统示意图
v—速度；P—压力

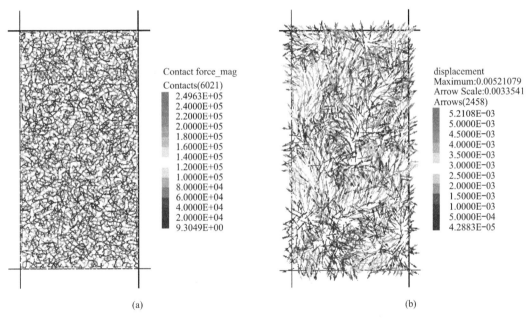

(a)　　　　　　　　　　　　　(b)

图 11.18　初始模型接触力及位移矢量图
(a) 接触力图；(b) 位移矢量图

2. 双轴加载与卸载试验结果分析

试件受压破坏并形成贯穿裂缝时,破裂块体与接触力链如图 11.19 所示。其中,"frature.fis" 函数是用于识别和显示破裂颗粒,可直接调用;图形显示窗口中 DFN 选项可显示裂隙。由图 11.9 可知,随着试件被压裂破坏,出现不均匀力链,在破坏面处,力链稀疏且出现明显连续的强力链,强力链方向基本一致且与断裂面成锐角,这是由于断裂面两端颗粒的相对错动而产生剪切力。颗粒碎块分布、力链分布、位移矢量方向及裂隙分布特征均一致。

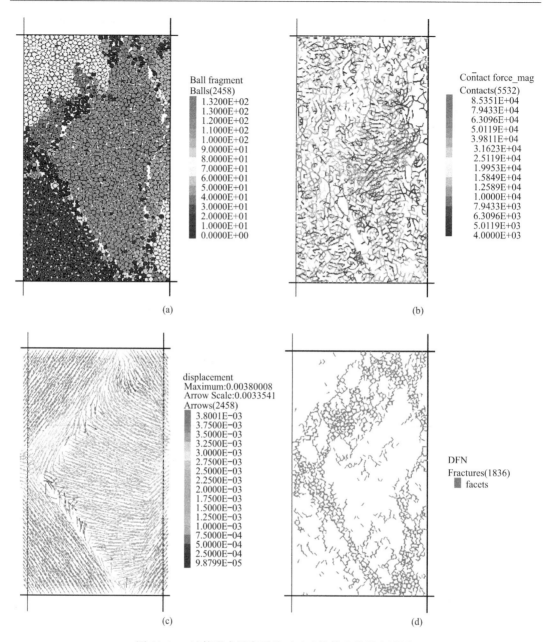

图 11.19　试件形成贯穿裂缝时破碎块体及接触力链图
（a）破碎块体；（b）接触力链图；（c）位移矢量；（d）裂隙

　　加载、卸载过程中，轴向应力变化趋势如图 11.20～图 11.22 所示。应力-应变曲线在初始时刻大致呈凹状，并出现轻微波动，此时颗粒被压密，当加载速度越大时，波动越明显，随后进入弹性阶段。当加载、卸载节点位于弹性阶段时，加载、卸载曲线与原曲线大致重合，塑性变形量很少；当加载、卸载节点处于塑性区域时，加载、卸载曲线形成塑性闭合环具有残余变形量；当再次加载至原有应力时，沿着原曲线继续发展。当应力达到峰值后，还具有一定的残余强度。

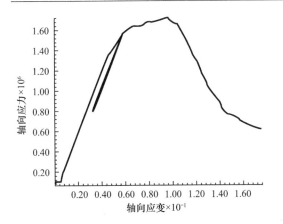

图 11.20　加载与卸载过程中轴向应力
与轴向应变关系图（塑性阶段卸载）

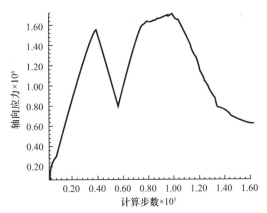

图 11.21　加载与卸载过程中轴向应力
与计算步数关系图

11.5.6　主要结论

（1）PFC 颗粒流软件可以模拟岩石循环加卸载过程，可以通过合理选取微观物理力学参数来得到与室内试验相近的结果，对宏观物理力学现象进行模拟。

（2）经过上述模拟，可以通过建立微观物理力学参数与宏观力学现象中的特征，进行参数标定，与室内试验相结合，从微观的角度研究实际工程应用中出现的问题。同时，也可以通过调节颗粒间的力学行为准则，对砂土类的本构关系进行更深一步的研究。

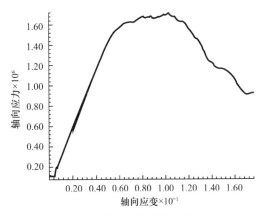

图 11.22　加载与卸载过程中轴向应力
与轴向应变关系图（弹性阶段卸载）

11.6　土体压裂注浆流-固耦合数值试验分析

11.6.1　试验背景

在实际工程中，往往需要加强岩土体的物理力学性质，这可通过注浆的方法来实现。注浆技术可用于围岩加固、防止突水突泥、减少地基沉降等方面。为了解注浆时岩土体裂隙发育过程、分布以及浆液扩散规律，可通过 PFC 进行压裂注浆试验来从宏细观角度进行研究。

11.6.2　构建模型

试验构建了一个长、宽均为 10.0m 的矩形区域，并向其中填充半径为 0.08~0.12m 的颗粒，注浆半径为 0.1m，注浆压力为 1.0MPa，注浆位置为区域中心。为使流域密集贯通，编写 fish 函数 ball.big 来使接触数目小于等于 1 的颗粒粒径放大，不断循环，直至所有颗粒接触数目都大于1。同样也可以采用删除接触数目小于等于1的颗粒的方法形成流体域。

为了解注浆区域周围裂隙、应力与应变发展情况，在模型中心设立三个测量圆，半径分别为1.0m、2.0m、3.0m。

初始模型构建后的单元分布、接触力、流-固耦合网络、测量圆位置如图11.23～图11.26所示。

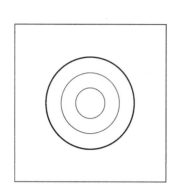

图11.23　测量圆布置图

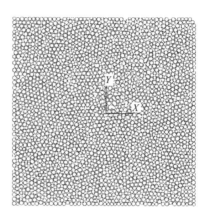

图11.24　初始模型颗粒

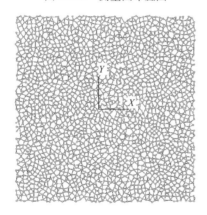

图11.25　流体域网络图

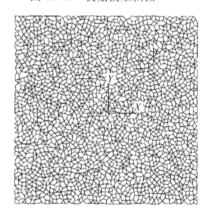

图11.26　初始力链图

11.6.3　计算参数

试验采用的物理力学参数见表11.2和表11.3。

试件细观参数表　　　　表11.2

重度 （kN·m^{-3}）	最大粒径 （mm）	最小粒径 （mm）	颗粒法向与切向刚度（MN）	摩擦系数	墙体法向与切向刚度（MN/m）	孔隙度
2000	120	80	0.15	0.2	100	0.15

压裂注浆参数　　　　表11.3

注浆压力（MPa）	渗透系数（m/s）	法向压力为零时开度（mm）	0.5倍残余开度时法向力（Pa）
2.0	0.5	1.0	5000

11.6.4　模拟步序

（1）构建试验模型。为使模型更加紧凑密实，并且初始重叠量小，不至于颗粒逸出，将接触数目小于或等于 1 的颗粒半径逐步放大，直至所有颗粒接触数量均大于等于 2。

（2）求解运算，以减少不均匀内力，将球体位移清零，并设置平行粘结接触模型，相关命令流见"zj0.dat"。

（3）调用"dom.fis"文件中函数，构建流体域。

（4）设置流体参数，调用"dom1.fis"文件中函数，计算并施加流体压力，进行注浆压裂试验。

11.6.5　试验结果分析

图 11.27～图 11.30 分别为注浆压裂试验结束后的颗粒分布形态图、裂隙示意图、应力矢量场图及速度矢量图。向注浆孔注浆后，附近颗粒向外挤压，在中间区域产生裂隙或孔洞，裂隙扩展开始沿着某一方向扩展，近似直线，靠近边界时，裂隙扩展方向发生变化。从应力矢量图可以看出，沿着裂隙发展方向的颗粒受压，近乎垂直于裂隙发展方向的颗粒受拉。

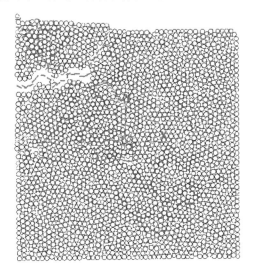

图 11.27　注浆压裂后模型状态图

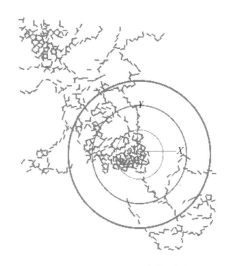

图 11.28　裂隙扩展图

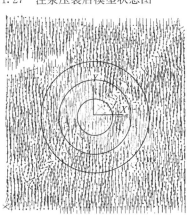

图 11.29　注浆压裂后应力矢量图

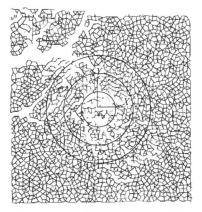

图 11.30　注浆压裂后速度矢量图

如图 11.31 所示，在注入 2MPa 的注浆压力后，注浆孔附近的应力从以压应力为主转为以拉应力为主，并且与 0 应力轴交点几乎一致。测量圆半径越小，应力越大，当附近的颗粒几乎完全破碎时，1～3m 范围内应力值接近。

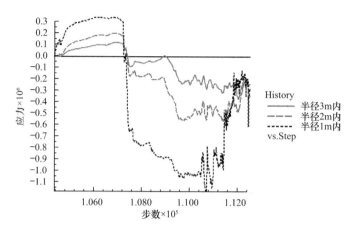

图 11.31　不同半径范围内下应力 vs 步数图

如图 11.32 所示，总体而言，注浆孔周围的孔隙率逐步增加，增长速度随半径范围增加而减小。在注浆前，孔隙率随着半径范围增加而增大；在注浆后，反之。这可以看出，在注浆过程中，近场压裂、远场压密；从半径 1m 与 2m、2m 与 3m 区域的孔隙率交点来看，随着裂隙的扩展，压裂区域逐渐扩大。

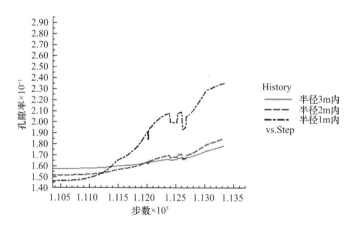

图 11.32　不同半径范围内下孔隙率 vs 步数图

由图 11.33 可见，在注浆压裂过程中，随半径范围增加，应变越小，产生的波动越小。裂隙产生会使应变产生波动，先增后减；当产生的裂隙注浆贯通，注浆孔附近颗粒被压碎时，应变急剧增加。因此，可以通过不同半径测量圆的应变曲线，分析注浆压裂主要影响范围及裂隙发展状态。

11.6.6　主要结论

（1）PFC 程序可以对注浆压裂过程进行模拟，可对裂隙扩展、应力变化等过程进行研究。

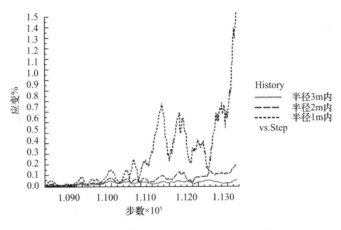

图 11.33　不同半径范围内下应变 vs 步数图

（2）通过调节注浆压力、渗透系数、粘结强度等细观参数，观察注浆压裂模拟过程的宏观特征变化，建立起宏观现象与细观参数的关系，对理论分析及工程应用均有重要意义。

11.7　半明半暗隧道开挖与支护过程分析

11.7.1　工程概况

现需在某黏性碎石土中采用半明半暗开挖方法建设公路隧道，如图 11.34 所示。首先在构建的墙体区域内生成模型，删除上部墙体并进行切槽作业；对上坡进行护坡后，对预设的公路隧道两侧设置土护拱基础及抗滑桩；生成公路隧道并用土石进行回填，随后开挖隧道内预留核心土，并完成底拱及支护设置。

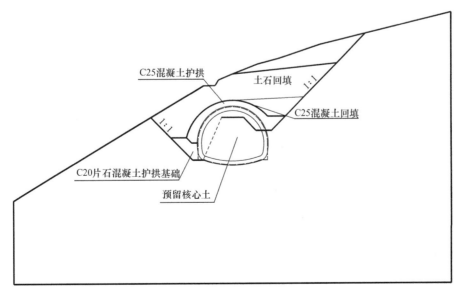

图 11.34　半明半暗隧道施工剖面示意图

269

11.7.2　构建模型

利用 PFC 构建模型，如图 11.35 所示。模型边界及坡面利用墙体进行模拟，待生成的颗粒模型平衡稳定后，删除上部墙体。颗粒分区域生成，也可编写 fish 函数控制颗粒生成范围。其中，黏性碎石边坡采用线性接触模型，遵循摩尔—库伦准则，护拱及基础采用平行粘结模型，抗滑桩采用 clump 来进行模拟。经过循环，消除颗粒间的不平衡力，并将颗粒的初始位移调零。

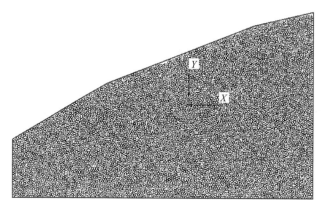

图 11.35　边坡模型初始颗粒分布图

11.7.3　计算参数

模拟计算采用的物理力学参数见表 11.4 所列内容。

颗粒模型的物理力学参数表　　　　　　表 11.4

重度（kN·m⁻³）	最大粒径（mm）	最小粒径（mm）	颗粒法向与切向刚度（MN/m）	摩擦系数	墙体法向与切向刚度（MN/m）
2200	300	150	100	0.3	3000

11.7.4　模拟步序

根据初步施工方案，依施工顺序进行半明半暗隧道工程施工模拟分析，计算步骤如下：

（1）生成初始边坡模型。设置墙体，划定颗粒生成范围，两侧及下方墙体为模型边界，上方墙体模拟初始坡面。分别在数个区域内生成粒径较小的颗粒，再通过调整颗粒放大系数，使颗粒放大，基本填满模型区域。设置颗粒基本参数及重力，使颗粒在自重状态下达到初始平衡。相关命令流见文件"tunnel1-1.txt"。

（2）开挖半明隧道部分，护坡加固。删除上方墙体，将颗粒接触力、位移调零，将重力调零。将半明隧道部分区域内颗粒删除，提供护坡部分颗粒的摩擦系数及接触连接强度。相关命令流见文件"tunnel1-2.txt"。

（3）左侧基础及护拱设施作分为设置抗滑桩和不设置抗滑桩两种工况，拱脚片石混凝土回填见命令流"tunnel1-3.dat"。

设置抗滑桩。删除抗滑桩区域内颗粒，在该区域内利用 clump 命令生成抗滑桩。通过循环及 clam 命令，使抗滑桩周围颗粒达到平衡状态。相关命令流见文件"tunnel2-3.dat"。

（4）回填拱顶上部土体。在矩形区域内生成颗粒，删除原始坡面外颗粒，相关命令流详见"tunnel1-4.dat"。

（5）开挖半暗部分核心土，详情请见"tunnel1-5.txt"。设置护拱及拱顶回填完成后，在护拱的保护下，进行半暗部分核心土开挖及回填。删掉隧道底部仰拱区岩土体颗粒，生成仰拱支护颗粒模拟回填。组成仰拱的颗粒采用平行连接模型，回填部分颗粒采用接触连接，直接赋予各自相应的参数即可。

11.7.5　计算结果分析

图 11.36 为边坡切槽开挖后的位移矢量场图。由图可见，边坡切槽部分按照 1∶1 坡度放坡开挖后，在隧道左、右两侧形成两个不同的边坡，左侧坡体较低，右侧坡体则高达 17m 左右。由于研究区域内岩土体主要为含黏土碎石，较松散，所以开挖后右侧坡体表面颗粒向临空侧产生较大位移，局部颗粒有挤出、滑落趋势；左侧坡体也向临空侧产生位移，但相对右侧边坡较小。

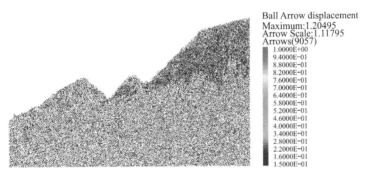

图 11.36　边坡切槽开挖后的位移矢量场图

待切槽后岩土体的位移不再发生较大变化后，设置隧道基础及护拱。为了更好地比较设置抗滑桩与未设置抗滑桩条件下的岩土体位移，设置基础及抗滑桩前，将岩土体位移归零。图 11.37 和图 11.38 分别为设置抗滑桩与未设置抗滑桩条件下的隧道基础与护拱施工图。设置抗滑桩时，由于抗滑桩的挤压作用，岩土体位移量及范围比未设置抗滑桩的大。

图 11.37　设置抗滑桩的隧道基础与护拱施工图

图 11.38 未设置抗滑桩的隧道基础与护拱施工图

图 11.39 和图 11.40 分别为设置抗滑桩与未设置抗滑桩条件下的完成隧道拱顶回填图。

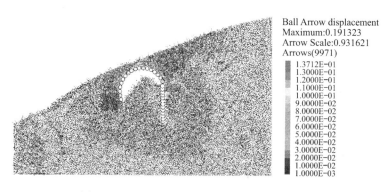

图 11.39 设置抗滑桩的完成隧道拱顶回填图

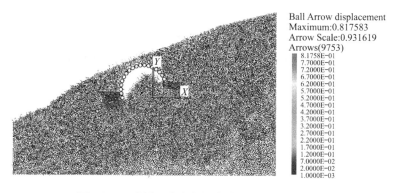

图 11.40 未设置抗滑桩的完成隧道拱顶回填图

由图 11.41 和图 11.42 可见,拱顶回填后,设置抗滑桩时的岩土体位移量最大值为 137mm,远小于未设置抗滑桩时的岩土体最大位移量 416mm;右侧边坡位移值小于未设置抗滑桩的位移值,故设置抗滑桩,以减小由于隧道内部清挖核心土施工、引起右侧边坡滑移的风险性。

图 11.43 为设置抗滑桩工况条件下,分步完成半明半暗隧道工程全部施工过程示意图。

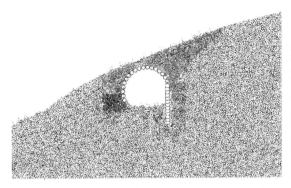

图 11.41　设置抗滑桩、完成核心土开挖后的位移矢量场图

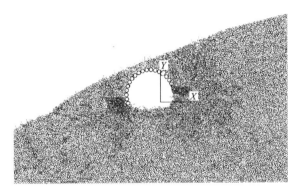

图 11.42　不设抗滑桩、完成核心土开挖后的位移矢量场图

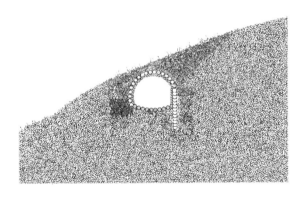

图 11.43　设置抗滑桩工况、完成隧道施工过程图

11.7.6　主要结论

（1）对于松散、强度低的岩土体，采用 PFC 计算程序能够模拟其在加、卸载条件下（如开挖和回填）的非线性力学行为，并可以直观显示各种工况下颗粒的位移趋势。

（2）为防止核心土开挖而诱发的施工风险，在隧道右侧打设抗滑桩，可以有效控制右侧坡体滑动，对类似工程有一定的参考价值。

习题与思考题

1. 基于双轴数值试验，熟悉并掌握应用 PFC 构建计算模型、伺服控制试验过程，以及试验中加载/卸载的方法。

2. 按所附双轴试验的数据文件，试改变试样尺寸、颗粒接触刚度、颗粒间摩擦系数、颗粒集合体孔隙度以及颗粒大小等，分析微观参数与试样应力-应变之间的响应关系。

3. 应用 PFC 计算程序，在不同注浆压力作用下，对注浆孔周围岩土体中的裂纹萌生、发育和发展过程进行模拟分析。

4. 考虑是否设置抗滑桩，试对半明半暗隧道施工过程的位移场进行数值模拟和对比分析。

第 12 章　PKPM 建模方法与应用实例

12.1　概述

PKPM 系列软件系统是一套集建筑设计、结构设计、设备设计、节能设计于一体的大型建筑工程综合 CAD 系统，目前 PKPM 还有建筑概预算、施工、施工企业信息化等系列软件。它在国内建筑设计行业占有绝对优势，在省部级以上设计院的普及率达到 90% 以上，是国内建筑行业应用最广泛的一套 CAD 系统。

PKPM 结构设计有先进的结构分析软件包，包含了国内最流行的各种计算方法，比如平面杆系、矩形及异形楼板、墙、板的三维壳元及薄壁杆系、梁板楼梯及异形楼梯、各类基础、砌体及底框抗震、钢结构、预应力混凝土结构分析、建筑抗震鉴定加固设计等。全部计算模块均按我国 2010 年发布的系列设计规范编制，全面反映了新规范要求的荷载效应组合、设计表达式、抗震设计新概念的各项要求。

点击 PKPM 主界面"应用"按钮，进入"结构建模"模块，程序显示如图 12.1 所示。

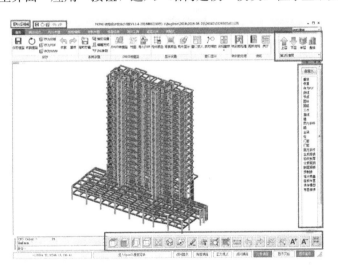

图 12.1　建模程序 PMCAD 主界面

程序将屏幕划分为上侧的 Ribbon 菜单区、模块切换及楼层显示管理区、快捷命令按钮区，下侧的命令提示区、快捷工具条按钮区、图形状态提示区和中部的图形显示区。

Ribbon 菜单主要为软件的专业功能，主要包含文件存储、图形显示、轴线网点生成、构件布置编辑、荷载输入、楼层组装、工具设置等功能，具体菜单外观和内容都从 TgRibbon-PM. xml 菜单文件中读取，该文件安装在 Ribbon 目录的 Support 子目录中。

上侧的模块切换及楼层管理区，可以在同一集成环境中切换到其他计算分析处理模块，而楼层显示管理区可以快速进行单层、全楼的展示。

上侧的快捷命令按钮区，主要包含了模型的快速存储、恢复，以及编辑过程中的恢复（Undo）、重做（Redo）功能。

下侧的快捷工具条按钮区，主要包含了模型显示模式快速切换，构件的快速删除、编辑、测量工具，楼板显示开关，模型保存、编辑过程中的恢复（Undo）、重做（Redo）等功能。

12.2 程序简介

PKPM 结构计算软件中共包含 29 个模块。其中 PMCAD、SATWE、JLQ、JCCAD、LTCAD 是进行钢筋混凝土结构设计时所需的常用模块，如图 12.2 所示。QITI 是进行砌体结构设计的专用模块。钢筋混凝土与砌体结构设计的常用模块特点介绍如下。

图 12.2 PKPM2010 网络版运行环境设置

12.2.1 结构平面计算机辅助设计软件——PMCAD

PMCAD 是整个结构 CAD 的核心，它建立的全楼结构模型是 PKPM 各二维、三维结构设计软件的前处理部分，也是梁、柱、剪力墙、楼板等施工图设计软件和基础 CAD 的必备接口软件。

12.2.2 高层建筑结构空间有限元分析软件——SATWE

SATWE 是专门为高层结构分析与设计而开发的基于壳元理论的三维组合结构有限元分析软件。具有以下特点：

（1）SATWE 采用空间杆单元模拟梁、柱及支撑等杆件，采用在壳元基础上凝聚而成的墙元模拟剪力墙。

（2）SATWE 适用于多层和高层钢筋混凝土框架、框架-剪力墙、剪力墙结构以及高层钢结构和钢-混凝土混合结构。SATWE 考虑了多、高层建筑中多塔、错层、转换层及楼板局部开洞等特殊结构形式。

（3）SATWE 可完成建筑结构在恒荷载、活荷载、风荷载、地震作用下的内力分析及荷载效应组合计算，对钢筋混凝土结构、钢结构及钢-混凝土混合结构均可进行截面配筋计算或承载力验算。

（4）SATWE 所需的几何信息和荷载信息都从 PMCAD 建立的结构模型中自动提取生成，并有多塔、错层信息自动生成功能。

（5）SATWE 完成计算后，可将计算结果下传给施工图设计软件完成梁、柱、剪力墙等的施工图设计，并可为各类基础设计软件提供各荷载工况，也可传给钢结构软件和非线性分析软件。

12.2.3　剪力墙结构计算机辅助设计软件——JLQ

该软件能完成剪力墙平面模板尺寸，墙分布筋，墙柱、墙梁配筋的设计，提供两种图样表达方式：第一种是剪力墙结构平面图、节点大样图与墙梁钢筋表达方式；第二种是截面注写方式。从 PMCAD 数据中生成剪力墙模板布置尺寸结果，从高层建筑计算程序 SATWE、TAT 或 PMSAP 中读取剪力墙配筋计算结果。

12.2.4　基础 CAD 设计软件——JCCAD

JCCAD 是建筑工程的基础设计软件。主要功能特点如下：

（1）适应多种类型基础的设计；

（2）接力上部结构模型；

（3）接力上部结构计算生成的荷载；

（4）考虑上部结构刚度的计算；

（5）地质资料的输入及完整的计算体系；

（6）施工图辅助设计。

12.2.5　楼梯计算机辅助设计软件——LTCAD

适用于单跑、双跑、三跑的梁式及板式楼梯和螺旋及悬挑等各种异形楼梯设计。可完成楼梯的内力与配筋计算及施工图设计，画出楼梯平面图、竖向剖面图，楼梯板、楼梯梁及平台板配筋详图。并且可与 PMCAD 连接使用，只需指定楼梯间所在位置并提供楼梯布置数据，即可快速成图。

12.2.6　砌体结构辅助设计软件——QITI

QITI 可以完成多层砌体结构、底框-抗震墙结构和配筋砌块砌体小高层建筑的结构分析计算和辅助设计的全部工作，包括结构模型及荷载输入、结构分析计算以及施工图设计等。砌体结构的材料包括烧结砖、蒸压砖和混凝土小型空心砌块。本软件功能集中，流程清晰，操作方便。

其他设计结构模块名称及功能见表 12.1。

其他设计结构模块名称及功能   表 12.1

PK	钢筋混凝土框架、框排架、连续梁结构计算与施工图绘制
PMSAP	复杂多层及高层建筑结构分析与设计软件
Spas CAD	空间建模程序
TAT	多、高层建筑结构三维分析程序
SLABCAD	复杂楼板分析与设计软件
SLABFIT	楼板舒适度分析
PUSH&EPDA	多层及高层建筑结构弹塑性静、动力分析软件
FEQ	高精度平面有限元框支剪力墙计算及配筋
GJ	钢筋混凝土基本构件设计计算软件
BOX	箱形基础 CAD
JCYT	基础及岩土工具箱
STS	钢结构设计软件
STPJ	钢结构重型工业厂房设计软件
STSL	钢结构算量软件
GSCAD	温室结构设计软件
PREC	预应力混凝土结构设计软件
Chimney	烟囱分析设计软件
SILO	筒仓结构设计分析软件
JDJG	建筑抗震鉴定加固设计软件
PAAD	PKPM AutoCAD 版本施工图软件
STAT-S	结构设计者的工程量统计软件
STXT	钢结构三维施工详图 CAD/CAM 软件

12.3 建模方法

PKPM 各子模块的使用功能有很大差别，为了便于初学者能够熟练掌握 PKPM 建模技巧，本书在这里主要介绍 PKPM 中的基本建模方式，即 PMCAD 模块的使用方法。

12.3.1 PMCAD 适用范围

结构平面形式任意，平面网格可以正交，也可斜交成复杂体形平面，并可处理弧墙、弧梁、圆柱、各类偏心、转角等。

（1）层数≤190；

（2）标准层≤190；

（3）正交网格时，横向网格、纵向网格各≤170；斜交网格时，网格线条数≤30000；用户命名的轴线总条数≤5000；

（4）节点总数≤12000；

（5）标准柱截面≤800；标准梁截面≤800；标准墙体洞口≤512；标准楼板洞口≤80；标准墙截面≤200；标准斜杆截面≤200；标准荷载定义≤9000；

（6）每层柱根数≤3000；每层梁根数（不包括次梁）≤14000；每层圈梁根数≤14000；每层墙数≤2500；每层房间总数≤6000；每层次梁总根数≤6000；每个房间周围最多可以容纳的梁、墙数<150；每节点周围不重叠的梁墙根数≤15；每层房间次梁布置

种类数≤40；每层房间预制板布置种类数≤40；每层房间楼板开洞种类数≤40；每个房间楼板开洞数≤7；每个房间次梁布置数≤16；每层层内斜杆布置数≤2000。

12.3.2　PMCAD 建模的基本步骤

PMCAD 建模是逐层录入模型，再将所有楼层组装成工程整体的过程。建模的大致步骤如下：

（1）平面布置首先输入轴线。程序要求平面上布置的构件一定要放在轴线或网格线上，因此凡是有构件布置的地方一定先用【轴线网点】菜单布置它的轴线。轴线可用直线、圆弧等在屏幕上画出，正交网格也可用对话框方式生成。程序会自动在轴线相交处计算并生成节点（白色），两节点之间的一段轴线称为网格线。

（2）构件布置须依据网格线。两节点之间的一段网格线上布置的梁、墙等就是一个构件。柱必须布置在节点上。比如，一根轴线被其上的 4 个节点划分为三段，三段上都布满了墙，则程序就生成了三个墙构件。

（3）用【构件布置】菜单定义构件的截面尺寸、输入各层平面的各种建筑构件，并输入荷载。构件可以设置对于网格和节点的偏心。

（4）【荷载布置】菜单中程序可布置的构件有柱、梁、墙（应为结构承重墙）、墙上洞口、支撑、次梁、层间梁。输入的荷载有作用于楼面的均布恒载和活载，梁间、墙间、柱间和节点的恒载和活载。

（5）完成一个标准层的布置后，可以使用【增加标准层】命令，把已有的楼层全部或局部复制下来，再在其上接着布置新的标准层，这样可保证当各层组装在一起时，上下楼层的坐标系自动对位，从而实现上下楼层的自动对接。

依次录入各标准层的平面布置，最后使用【楼层组装】命令组装成全楼模型。

12.3.3　启动 PMCAD

1. PKPM 主界面

双击桌面 PKPM 快捷图标，或者使用桌面"多版本 PKPM"工具启动 PKPM 主界面，如图 12.3 所示。在对话框右上角的专业模块列表中选择"结构建模"选项。

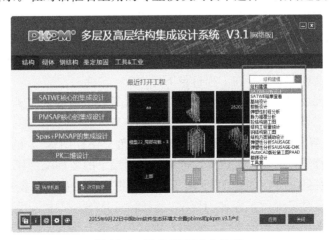

图 12.3　启动 PKPM 主界面

可以移动光标到相关的工程组装效果图上，双击鼠标左键启动 PMCAD 建模程序，也可以用鼠标点击"应用"，启动建模程序 PMCAD。

提示：鼠标移动到工程组装效果图上，等待 1 秒后，程序会给出当前工程模型的全路径信息提示。

2. 工作子目录

做任何一项工程，应建立该项工程专用的工作子目录，子目录名称任意，但不能超过256 个英文字符或 128 个中文字符，也不能使用特殊字符。为了设置当前工作目录，请按菜单上的"改变目录"，此时屏幕上出现如图 12.4 所示的对话框。

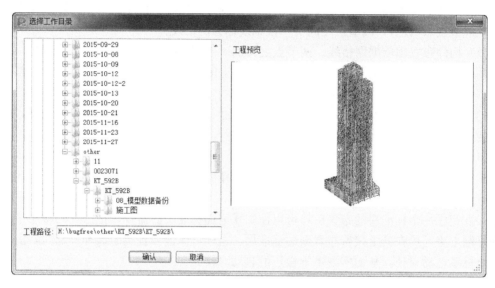

图 12.4　改变工程目录

用户选择驱动器、目录，也可以直接在"目录名称"栏中输入带路径的目录，然后按【确定】，就设置好工作目录了。对于新建工程，设置工作目录后，首先应在专业模块列表中选择"结构建模"选项，这样可建立该项工程的整体数据结构，完成后可按顺序执行列表中的其他项。

提示：不同的工程应在不同的工作子目录下运行。

3. 工程数据及其保存

一个工程的数据结构，包括用户交互输入的模型数据、定义的各类参数和软件运算后得到的结果，都以文件方式保存在工程目录下。

对于已有的工程数据，把各类文件拷出，再拷入另一机器的工作子目录中，就可在另一机器上恢复原有工程的数据结构。

位于 PKPM 主界面左下角处（图 12.3 中左下角"保存图标"）的"文件存取管理"程序提供了备份工程数据的功能。该模块可把工程目录下的各种文件压缩后保存，用户可有选择地挑选要保存的文件。如图 12.5 所示，程序把文件类型按照模块分类，如 PKPM建模数据主要包括模型文件"工程名 . JWS"（例如 aa. JWS，其中 aa 为工程名）和 ∗ . PM文件。程序自动挑选出该类型的文件，经用户确认后按 ZIP 格式压缩打包，压缩文件也保存在当前工作目录下（图 12.6）。用户可方便地将其拷贝、保存到其他地方。

图 12.5　文件类型选择对话框

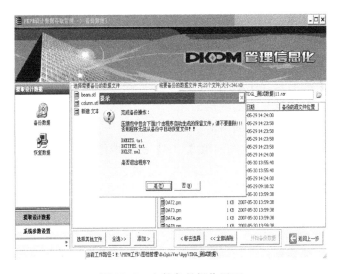

图 12.6　文件备份操作界面

12.3.4　功能键定义

本节所述内容利于快速查询之用，初学者可以跳过本节，阅读后续章节。

鼠标左键＝键盘【Enter】，用于确认、输入等；

鼠标右键＝键盘【Esc】，用于否定、放弃、返回菜单等；

键盘【Tab】，用于功能转换，或在绘图时用于选取参考点；

提示：以下提及【Enter】、【Esc】和【Tab】时，也即表示鼠标的左键、右键和【Tab】键，而不再单独说明。

鼠标中滚轮往上滚动：连续放大图形；

鼠标中滚轮往下滚动：连续缩小图形；

鼠标中滚轮按住滚轮平移：拖动平移显示的图形；

【Ctrl】＋按住滚轮平移：三维线框显示时，变换空间透视的方位角度；

【F1】＝帮助热键，提供必要的帮助信息；

【F2】＝坐标显示开关，交替控制光标的坐标值是否显示；

【Ctrl】＋【F2】＝点网显示开关，交替控制点网是否在屏幕背景上显示；

【F3】＝点网捕捉开关，交替控制点网捕捉方式是否打开；

【Ctrl】＋【F3】＝节点捕捉开关，交替控制节点捕捉方式是否打开；

【F4】＝角度捕捉开关，交替控制角度捕捉方式是否打开；

【Ctrl】＋【F4】＝十字准线显示开关，可以打开或关闭十字准线；

【F5】＝重新显示当前图，刷新修改结果；

【Ctrl】＋【F5】＝恢复上次显示；

【F6】＝充满显示；

【Ctrl】＋【F6】＝显示全图；

【F7】＝放大一倍显示；

【F8】＝缩小一倍显示；

【Ctrl】＋【W】＝提示用户选窗口放大图形；

【F9】＝设置捕捉值；

【Ctrl】＋【←】＝左移显示的图形；

【Ctrl】＋【→】＝右移显示的图形；

【Ctrl】＋【↑】＝上移显示的图形；

【Ctrl】＋【↓】＝下移显示的图形；

如【ScrollLock】打开，以上的四项【Ctrl】键可取消。

【←】＝使光标左移一步；

【→】＝使光标右移一步；

【↑】＝使光标上移一步；

【↓】＝使光标下移一步；

【Page Up】＝增加键盘移动光标时的步长；

【Page Down】＝减少键盘移动光标时的步长；

【U】＝在绘图时，后退一步操作；

【S】＝在绘图时，选择节点捕捉方式；

【Ctrl】＋【A】＝当重显过程较慢时，中断重显过程；

【Ctrl】＋【P】＝打印或绘出当前屏幕上的图形；

【Ctrl】＋【～】＝具有多视窗时，顺序切换视窗；

【Ctrl】＋【E】＝具有多视窗时，将当前视窗充满；

【Ctrl】＋【T】＝具有多视窗时，将各视窗重排。

以上这些热键，不仅在人机交互建模菜单起作用，在其他图形状态下也起作用。

12.3.5 建模具体步骤

1. 轴线输入

程序提供了【两点直线】【折线】【圆环】【圆弧】【节点】【平行直线】【矩形】等基本图素，它们配合各种捕捉工具、热键和其他一级菜单中的各项工具，构成了一个小型绘图系统，用于绘制各种形式的轴线。

绘制图素采用了通用的操作方式，比如画图、编辑的操作和 AutoCAD 完全相同。

例如，输入一条 3 段直线 *AB*、*BC*、*CD*，如图 12.7 所示，第 1 段（即 *AB* 段）呈 30°方向，长 6000；第 2 段（即 *BC* 段）呈 0°方向，长 6000；第 3 段（即 *CD* 段）呈 90°方向，长 6000。

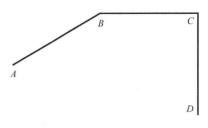

图 12.7　绘直线示例

点取菜单【折线】，第一点 *A* 由绝对坐标（10000，20000）确定，在"输入第一点"的提示下在提示区键入 10000，20000。

第二点 *B* 用相对极坐标输入，该点位于第一点 30°方向，距离第一点 6000。这时屏幕上出现的是要求输入下一点的提示，这时键入 6000＜30，输入相对极坐标，即完成第二点输入。

第三点 *C* 用相对坐标输入，键入 6000（*Y* 向相对坐标 0 可省略输入）。第四点 *D* 用相对坐标输入，键入 0，－6000。

图素的复制、删除等编辑功能在【轴线网点】菜单中，如图 12.8 所示，可用于编辑轴线、网格、节点和各种构件。

图 12.8　图素编辑菜单

凡是有对称性、可复制性的图素尽量使用编辑工具，如有一组平行线，首先画出一根，然后按指定方向和间距复制几次；如有一个三叉形的平面，首先画出一块后，用【镜像复制】或【旋转复制】画出另外两块。

各项编辑命令均有五种工作方式：

（1）目标捕捉方式。当进入程序出现捕捉靶（□）后，便可以对单个图素进行捕捉并要求加以确认，这对于少量的图素或在较繁图素中抽取图素是很方便的。

（2）窗口方式。当进入程序出现箭头（↑）后，程序要求在图中用两个对角点截取窗口，当第一点在左边时，完全包在窗口中的所有图素都不经确认地被选中而被编辑，当第一点在右边时，与窗口边框相交或完全包在窗口中的所有图素都不经确认地被选中而被编辑。这对于整块图形的操作是很方便的。

（3）直线方式。当进入程序出现十字叉（＋）后，程序要求在图中用两个点拉一条直线，与直线相交的所有图素都不经确认地被选中而被编辑。

（4）带窗围取方式。当进入程序出现选择框（□）后，程序要求将需要编辑的图素全部包围在该选择框范围内。

（5）围栏方式。当进入程序出现十字叉（＋）后，程序要求在图中选取任意的点围成一个区域，将需要编辑的图素全部包围在内。注意：此种方式应避免在围选时出现交叉线。

2. 网格生成

网格生成部分的子菜单有：

（1）轴线命名。是在网点生成之后为轴线命名的菜单。在此输入的轴线名将在施工图中使用，而不能在本菜单中进行标注。在输入轴线时，凡在同一条直线上的线段，不论其是否贯通，都视为同一轴线，在执行本菜单时可以一一点取每根网格线，为其所在的轴线命名。对于平行的直轴线，可以在按一次【Tab】键后进行成批的命名，这时程序要求点取相互平行的起始轴线以及虽然平行但不希望命名的轴线，点取之后输入一个字母或数字，程序自动按顺序为轴线编号。对于数字编号，程序将只取与输入的数字相同的位数。轴线命名完成后，应用【F5】刷新屏幕。注意：同一位置上在施工图中出现的轴线名称，取决于这个工程中最上一层（或最靠近顶层）中命名的名称，所以当想修改轴线名称时，应重新命名的层为靠近顶层的层。

（2）轴线显示。是控制轴线显示的开关。

（3）平移网点。可以不改变构件的布置情况，而对轴线、节点、间距进行调整。对于与圆弧有关的节点，应使所有与该圆弧有关的节点一起移动，否则圆弧的新位置无法确定。

（4）删除节点。在形成网点图后可对节点进行删除。删除节点过程中，若节点已被布置的墙线挡住，可使用【F9】键中的【填充开关】项使墙线变为非填充状态。端节点的删除将导致与之联系的网格也被删除。

（5）形成网点。可将用户输入的几何线条转变成楼层布置需用的白色节点和红色网格线，并显示轴线与网点的总数。这项功能在输入轴线后自动执行，一般不必专门点此菜单。

（6）网点清理。本菜单将清除本层平面上没有用到的网格和节点。程序会把平面上的无用网点，如作辅助线用的网格、从别的层拷贝来的网格等清理，以避免无用网格对程序运行产生的负面影响。网点的清理遵循以下原则：

1）网格上没有布置任何构件（并且网格两端节点上无柱）时，将被清理。

2）节点上没有布置柱、斜杆。

3）节点上未输入过附加荷载并且不存在其他附加属性。

4）与节点相连的网格不能超过两段，当节点连接两段网格时，网格必须在同一条直轴线上。

5）当节点与两段网格相连并且网格上布置了构件（包括墙、梁、圈梁）时，构件必须为同一类截面并且偏心等布置信息完全相同，并且相连的网格上不能有洞口。

6）如果清理此节点后会引起两端相连墙体的合并，则合并后的墙长不能超过18m（此数值可以定制）。

（7）上节点高。上节点高即是本层层高相对于楼层高的高差，程序隐含为每一节点高位于层高处，即其上节点高为0。改变上节点高，也就改变了该节点处的柱高和与之相连的墙、梁的坡度，如图12.9所示。用该菜单可更方便地处理像坡屋顶这样楼面高度有变化的情况。

运行上节点高菜单后，可在弹出的对话框中选择节点抬高方式，如图12.10所示。

1）单节点抬高：直接输入抬高值（单位：mm），并按多种选择方式选择按此值进行抬高的节点。

2）指定两个节点，自动调整两点间的节点：指定同一轴线上两节点的抬高值，一般存在高差，程序自动将此两点之间的其他节点的抬高值按同一坡度自动调整，从而简化逐一输入的操作，效果如图12.11所示。

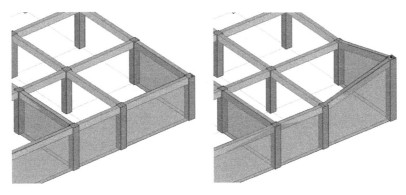

图 12.9　上节点高示例

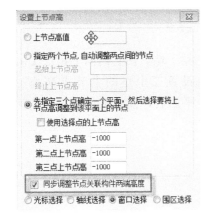

图 12.10　上节点高对话框

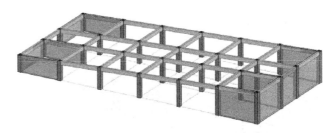

图 12.11　"指定两个节点"方式效果图

3）指定三个节点，自动调整其他节点：该功能用于快捷地形成一个斜面。主要方法是指定这个斜面上的三点，分别给出三点的标高，此时再选择其他需要拉伸到此斜面上的节点，即可由程序自动抬高或下降这些节点，从而形成所需的斜面。例如，需要将图 12.12（a）所示的模型通过节点抬高而形成图 12.12（b）所示的坡面。操作方法为：在节点抬高对话框中设定三点的抬高值，在图形上依次选取①②③三点，此时程序提示选择需要抬高的其他点，框选上该层所有节点，点鼠标右键退出，操作完成。如图 12.13 所示。

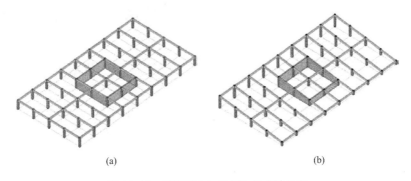

(a)　　　　　　　　　　　　　　　　　(b)

图 12.12　"指定三个节点"方式效果图

为了解决使用上节点高制造错层而频繁修改边缘节点两端梁、墙顶标高的问题，在上节点高界面增加了"同步调整节点关联构件两端高度"选项，在设置上节点高时，如果勾选了该选项，则设置上节点高两端的梁、墙两端将保持同步上下平动，避免了手工调整梁、墙另一端节点的问题。该选项位置如图 12.13 所示。

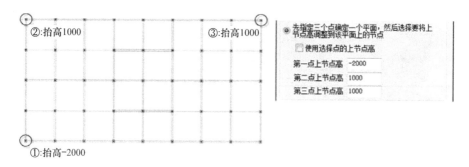

图 12.13 填入"三个点上节点高"数值示意

例如，假设要修改图 12.14 中右侧 3 排柱子及其关联的梁、墙，使它们向下错层 1m。方法：选择三点确定平面的方式，同时勾选同步选项，设置三个点的上节点高值为 −1000mm。在依次选择图 12.14 中的 1、2、3 点确定一个平面后，按照黄色窗口框选构件即可。修改后的错层效果如图 12.15 所示。

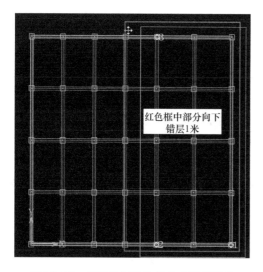

图 12.14 按窗口框选构件方式进行修改

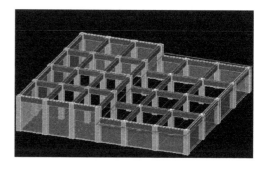

图 12.15 修改后的错层效果图

（8）删除网格。在形成网点图后可对网格进行删除。注意：网格上布置的构件也会同时被删除。

（9）节点对齐。将上面各标准层的各节点与第一层的相近节点对齐，归并的距离就是（11）中定义的节点距离，用于纠正上面各层节点网格输入不准的情况。

（10）网点显示。是在形成网点之后，在每条网格上显示网格的编号和长度，即两节点的间距，帮助用户了解网点生成的情况。如果文字太小，可执行显示放大后再执行本菜单。

（11）节点距离。是为了改善由于计算机精度有限而产生意外网格的菜单。如果有些工程规模很大或带有半径很大的圆弧轴线，【形成网点】菜单会由于计算误差、网点位置不准而引起网点混乱，常见的现象是本来应该归并在一起的节点却分开成两个或多个节点，造成房间不能封闭。此时应执行本菜单。程序要求输入一个归并间距，这样凡是间距小于该数值的节点都被归并为同一个节点。节点归并间距的程序初始值设定为 50mm。

3. 构件布置和楼板生成

（1）构件定义。构件布置分为主梁、柱、墙、门窗、层内斜杆、次梁、层间梁等。菜单如图 12.16 所示。

图 12.16　构件布置菜单

这些构件在布置前必须要定义它的截面尺寸、材料、形状、类型等信息。程序对【构件布置】菜单组中的构件定义和布置的管理都采用如图 12.17 所示的对话框。对话框上面是【增加】【改类型】【改参数】【删除】【复制】【清理】【显示】【组名】【布置】【拾取】等按钮。此对话框截面列表还有排序的功能，可以将定义完的截面列表按输入顺序、形状、参数、材料各列这些特征排序，排序时点击一下相应的列表头就可以了。

图 12.17　构件布置参数

【增加】：定义一个新的截面类型。点增加按钮，将弹出"构件截面类型选择定义"对话框，在对话框中输入构件的相关参数。

【修改类型】：修改已经定义过的构件截面形状和类型。对于已经布置于各层的这种构件的尺寸也会自动改变，此时弹出的类型选择界面中，原类型图标会自动加亮，以表示当前正在修改的类型。

【修改参数】：修改已经定义过的构件截面尺寸及材料。对于已经布置于各层的这种构件的尺寸也会自动改变。

【删除】：删除已经定义过的构件截面定义。已经布置于各层的这种构件也将自动删除。

【布置】：在对话框中选取某一种截面后，再点击【布置】按钮，将它布置到楼层上。选取某一种截面后双击鼠标左键，也可以进入布置状态。

【清理】：自动将定义了但在整个工程中未使用的截面类型清除掉，这样便于在布置或修改截面时快速地找到需要的截面。同时由于容量的原因，也能减少在工程较大时截面类型不够的问题。

【显示】：用于查看指定的构件定义类型在当前标准层上的布置状况。操作方式：例如，先在柱截面列表中选择 1 号截面，再点击"显示"按钮，平面图形上凡是属于 1 号截面的柱子开始闪烁显示，图形上除用鼠标滚轮进行缩放外，不能进行其他操作，如平移等。按鼠标左右键或键盘的任意键可返回柱截面列表对话框。

【组名】：在对话框列表中选择一种截面后，点击"组名"，可给该截面定义一个自定义标示。比如，给基础层的梁定义组名"基础梁"，则可以利用截面列表的排序功能，点击组名列的表头，直接按组名排序就可以将"基础梁"这一类的截面都显示在截面列表的前面，便于管理和构件布置。

【拾取】：直接从图形上选取构件，然后将其布置到新的平面位置。当布置某根构件时，忘记了该构件的尺寸或偏心等布置参数，但知道它与已布置在平面上的某构件相同，此时用拾取功能操作十分简便。拾取的构件不仅包括它的截面类型信息，还包括它的偏心、转角、标高等布置参数信息。

在楼层布置时可同时定义构件，也就是说可边定义构件边进行结构布置。说明：列表中，浅绿色背景的行表示当前标准层有构件使用该截面。

（2）楼板生成。楼板生成菜单位于程序构件布置→楼板菜单组下，包含了自动生成楼板、楼板错层设置、板厚设置、板洞设置、悬挑板布置、预制板布置功能。其中的自动生成楼板功能是按本层信息中设置的板厚值自动生成各房间楼板，同时产生了由主梁和墙围成的各房间信息。本菜单其他功能除悬挑板外，都要按房间进行操作。操作时，当鼠标移动到某一房间时，其楼板边缘将以亮黄色勾勒出来，方便确定操作对象。

打开如图12.18所示菜单后，结构平面图形上会以灰色显示出楼板边缘，并在房间中部显示出楼板厚度。

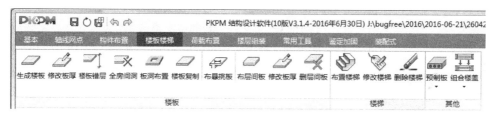

图12.18　楼板相关功能菜单

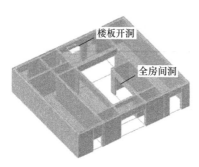

图12.19　楼板开洞示意

为了不影响楼层布置的效率，楼板边线和厚度仅在某些命令状态下才能显示。三维状态下则以半透明方式显示出楼板及其开洞，效果如图12.19所示。

1）生成楼板。运行此命令可自动生成本标准层结构布置后的各房间楼板，板厚默认取【本层信息】菜单中设置的板厚值，也可通过"修改板厚"命令进行修改。生成楼板后，如果修改【本层信息】中的板厚，则没有进行过手工调整的房间的板厚将自动按照新的板厚取值。

如果生成过楼板后改动了模型，此时再次执行生成楼板命令，程序可以识别出角点没有变化的楼板，并自动保留原有的板厚信息，对新的房间则按照【本层信息】菜单中设置的板厚取值。

布置预制板时，同样需要用到此功能生成的房间信息，因此要先运行一次生成楼板命令，再在生成好的楼板上进行布置。

2）楼板错层。运行此命令后，每块楼板上标出其错层值，并弹出"楼板错层"对话框，输入错层高度后，此时选中需要修改的楼板即可，效果如图12.20所示。

图12.20　楼板错层值的输入

多次执行生成楼板命令,对于角点没有变化的房间楼板,自动保留错层信息。

3)修改板厚。【生成楼板】功能自动按【本层信息】中的板厚值设置板厚,可通过此项命令进行修改。运行此命令后,每块楼板上标出其目前板厚,并弹出板厚的输入窗口,输入后在图形上选中需要修改的房间楼板即可。

多次执行生成楼板命令,对于角点没有变化的楼板,自动保留板厚信息。

程序具有批量修改楼板厚度、楼面荷载的功能,如图 12.21 所示。在进入"修改板厚"对话框时,程序自动统计当前标准层中各楼板厚度的个数,形成列表供用户批量修改用。在列表中单击鼠标左键,可直接使用当前行的楼板厚度值进行布置,省去了在文本框中输入数值的过程。并且用鼠标左键双击每个楼板厚度数据,可以批量修改这一厚度的所有楼板。如图 12.21 所示,将列表中"200"改为"180",则这一标准层中所有厚度为 200mm 的 18 块楼板均会被修改为 180mm,而不用在图面上逐一进行选择、修改。

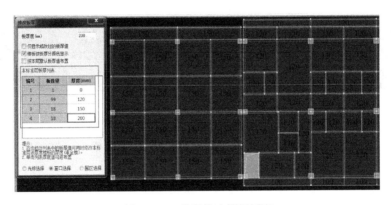

图 12.21　批量修改楼板厚度

4. 荷载输入

一般情况下,在布置构件荷载信息时,会通过不同构件点取不同菜单命令来布置荷载。所以,当要变换构件时,就需要结束当前命令,再点击相应菜单才可实现。而采用【通用布置】命令,则是在不切换菜单的情况下,通过改变对话框中荷载的使用主体,实现荷载的布置,如图 12.22 所示。

【管理定义】:用于荷载的定义,会弹出构件荷载定义对话框,可以进行荷载定义的增加、删除、修改等操作。

布置时,先选取是布置哪种构件的何种荷载类型,再选取是哪类荷载值,之后可捕捉相应的构件进行布置。

之后布置构件荷载时,荷载信息在屏幕上的表现形式和内容如图 12.23 所示。

进入荷载菜单时,为了方便看清常用荷载在层内的布局,默认同时显示多种荷载,梁、柱、墙、节点、次梁、墙洞荷载同时显示在图面上。同时,多种荷载显示的情况下,为了更方便地区分荷载的构件类型,在"丰富"显示状态时程序作了如下 3个设定:

(1)恒载线条颜色为白色,活载线条颜色为粉色,如图 12.24 所示。

图 12.22　荷载通用布置内容

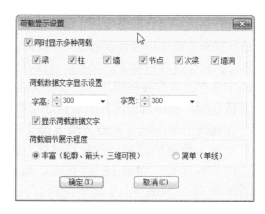

图 12.23　图面荷载显示方式的定义

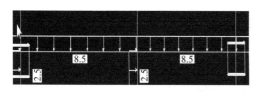

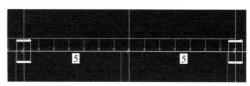

图 12.24　恒活荷载线条颜色区分

（2）当同一网格上有多种构件荷载时，如墙托梁、层间梁、一道梁上布置多个荷载等，程序自动错开荷载进行显示，如图 12.25 所示。

（3）荷载的字体颜色做了如下约定：梁、次梁荷载字体为红色；墙、墙洞荷载字体为绿色；节点荷载字体为白色；柱荷载字体为黄色。

图 12.26 为某工程在恒载工况下，同时显示梁、墙、柱、节点荷载效果。

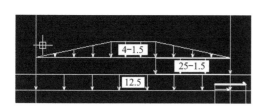

图 12.25　多种荷载错开显示

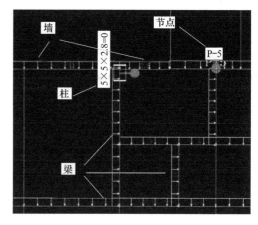

图 12.26　多种荷载同时显示

5. 楼层组装

楼层组装的主要功能是为每个输入完成的标准层指定层高、层底标高后布置到建筑整体的某一部位，从而搭建出完整的建筑模型。界面如图 12.27 所示。

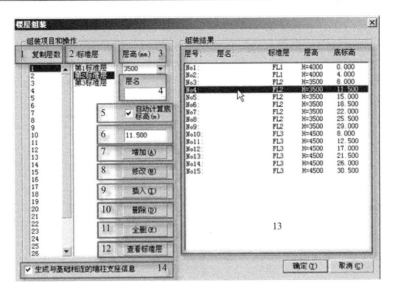

图 12.27　楼层组装对话框

各功能详细含义如下：

（1）复制层数：需要增加的连续的楼层数。

（2）标准层：需要增加的楼层对应的标准层。

（3）层高：需加楼层的层高。

（4）层名：需加楼层的层名，以便在后续计算程序生成的计算书等结果文件中标识出某个楼层。

（5）自动计算底标高：选中此项时，新增加的楼层会根据其上一层（此处所说的上一层是指"组装结果"列表中鼠标选中的那一层，可在使用过程中选取不同的楼层作为新加楼层的基准层）的标高加上一层层高获得一个默认的底标高数值。

（6）层底标高设置：指定或修改层底标高时使用。

（7）增加：根据（1）～（6）号参数，在"组装结果框楼层列表"（13）后面添加若干楼层。

（8）修改：根据当前对话框内设置的"标准层""层高""层名""层底标高"，修改当前在"组装结果框楼层列表"（13）中选中呈高亮状态的楼层。

（9）插入：根据（1）～（6）号参数，设置在"组装结果框楼层列表"（13）中选中的楼层前插入指定数量的楼层。

（10）删除：删除当前选中的标准层。

（11）全删：清空当前布置的所有楼层。

（12）查看标准层：显示组装结果框选择的标准层，按鼠标或键盘任意键返回楼层组装界面。

（13）组装结果框楼层列表：显示全楼楼层的组装状态。

（14）生成与基础相连的墙柱支座信息：勾选此项，确定退出对话框时，程序会自动进行相应处理。

6. 模型的保存

随时保存文件，可防止因程序的意外中断而丢失已输入的数据。可以从图 12.28 的 5

处位置来进行模型的保存，其中有 2 个地方可以点击"保存"按钮，直接进行模型的保存工作；另外 3 处则会给出"是否保存"的提示，在进行结构计算分析模块切换或程序退出的过程中，进行模型的保存工作。

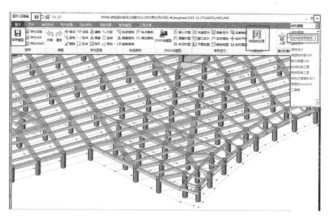

图 12.28 "模型的保存"菜单位置

点取上部"计算分析"菜单的"转到前处理"命令后，或直接在下拉列表中选择分析模块的名称，程序会给出【存盘退出】和【不存盘退出】的选项，如果选择【不存盘退出】，则程序不保存已做的操作并直接退出交互建模程序，如图 12.29 所示。

如果选择【存盘退出】，则程序保存已做的操作，同时程序对模型整理归并，生成以后分析设计模块所需要的数据文件，并接着给出如图 12.30 所示的提示。

图 12.29 退出建模程序的提示

图 12.30 选择退出过程中执行的功能

如果建模已经完成，准备进行设计计算，则应执行这几个功能选项。各选项含义如下。

（1）生成梁托柱、墙托柱的节点：如模型有梁托上层柱或斜柱，墙托上层柱或斜柱的情况，则应执行这个选项，当托梁或托墙的相应位置上没有设置节点时，程序自动增加节点，以保证结构设计计算的正确进行。

（2）清除无用的网格、节点：模型平面上的某些网格节点可能是由某些辅助线生成，或由其他层拷贝而来，这些网点可能不关联任何构件，也可能会把整根的梁或墙打断成几截，打碎的梁会增加后面的计算负担，不能保持完整梁墙的设计概念，有时还会带来设计误差，因此应选择此项把它们自动清理掉。执行此项后再进入模型时，原有各层无用的网格、节点都将被自动清理删除。此项程序默认不打勾。

（3）检查模型数据：勾选此项后程序会对整楼模型可能存在的不合理之处进行检查和提示，用户可以选择返回建模，以核对提示内容、修改模型，也可直接继续退出程序。目前该项检查包含的内容有：

1）墙洞超出墙高。

2）两节点间网格数量超过 1 段。

3）柱、墙下方无构件支撑并且没有设置成支座（柱、墙悬空）。

4）梁系没有竖向杆件支撑从而悬空（飘梁）。

5）广义楼层组装时，因为底标高输入有误等原因造成该层悬空。

6）±0 以上楼层输入了人防荷载。

7）无效的构件截面参数。

如果建模工作没有完成，只是临时存盘退出程序，则这几个选项可不必执行，因为其执行需要耗费一定时间，可以只点击"仅存模型"按钮退出建模程序。

（4）生成遗漏的楼板：如果某些层没有执行"生成楼板"菜单，或某层修改了梁墙的布置，对新生成的房间没有再用"生成楼板"去生成，则应在此选择执行此项。程序会自动生成各层及各层各房间遗漏的楼板。遗漏楼板的厚度取自各层信息中定义的楼板厚度。

（5）楼面荷载导算：程序做楼面上恒载、活载的导算。完成楼板自重计算，并对各层各房间做从楼板到房间周围梁墙的导算，如有次梁，则先做次梁导算，生成作用于梁墙的恒、活载。这一步是 05 版在 PMCAD 主菜单 3 进行的工作。

（6）竖向导荷：完成按从上到下顺序各楼层恒、活荷载的线导，生成作用在底层基础上的荷载。这是 05 版在 PMCAD 主菜单 3 进行的工作。

另外，确定退出此对话框时，无论是否勾选任何选项，程序都会进行模型各层网点、杆件的几何关系分析，分析结果保存在工程文件 layadjdata. pm 中，为后续的结构设计菜单作必要的数据准备。同时对整体模型进行检查，找出模型中可能存在的缺陷并进行提示。取消退出此对话框时，只进行存盘操作，而不执行任何数据处理和模型几何关系分析，适用于建模未完成时临时退出等情况。

建模程序在存盘退出后主要产生下列文件，见表 12.2。

建模程序存盘退出后产生的文件　　　　　　　　　　　　表 12. 2

［工程名］. jws	模型文件，包括建模中输入的所有内容、楼面恒活荷载导算到梁墙上的结果，后续各模块部分存盘数据等。由于 10/08 版中后续计算程序都直接使用此文件数据，不再使用 05 版的各种中间文件，从而也进一步提高了程序的稳定性
［工程名］. bws	建模过程中的临时文件，内容与 ［工程名］. jws 一样，当发生异常情况导致 jws 文件丢失时，可将其更名为 jws 使用
［工程名］. 1ws～［工程名］. 9ws	9 个备份文件，存盘过程中循环覆盖，当发生异常情况导致 jws 文件损坏时，可按时间排序，将最新一个文件更名为 jws 使用
axisrect. axr	"正交轴网"功能中设置的轴网信息，可以重复利用

layadjdata. pm	建模存盘退出时生成的文件，记录模型中网点、杆件关系的预处理结果，供后续的程序使用
pm3j _ 2jc. pm	荷载竖向导算至基础的结果
pm3j _ gjwei. txt	构件自重文件，包括主要构件梁、柱、墙分层自重及全楼总重
PmCmdHistory. log	建模程序自打开至退出过程中执行过的所有命令的名称、运行时间的日志文件
［工程名］zhlg. pm	记录了组合楼盖布置的位置信息、荷载值
dchlay. pm	记录了吊车布置的位置信息、荷载值

至此，前期建模工作完成，可以将保存的模型转入 SATWE 等其他模块进行求解处理。

12.4　七层住宅结构建模荷载输入

12.4.1　工程概况

以一个七层框架住宅楼的施工图设计为例，平面图和屋顶平面图如图 12.31～图 12.38 所示，按照建筑施工图设计创建结构施工图的模型。

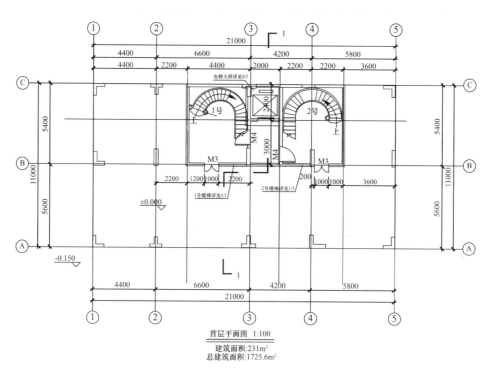

图 12.31　首层平面图

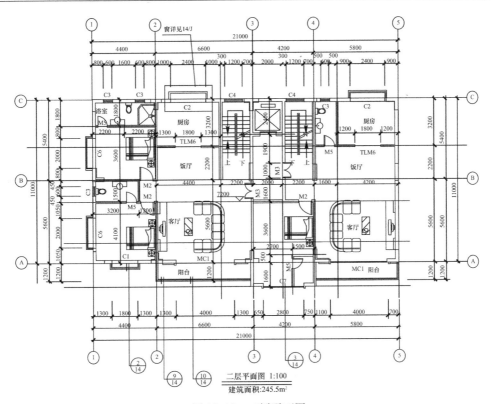

二层平面图 1:100
建筑面积:245.5m²

图 12.32　二层平面图

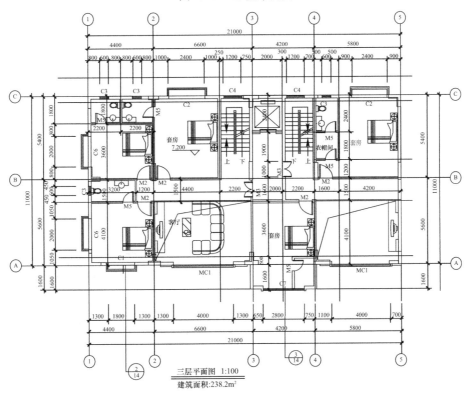

三层平面图 1:100
建筑面积:238.2m²

图 12.33　三层平面图

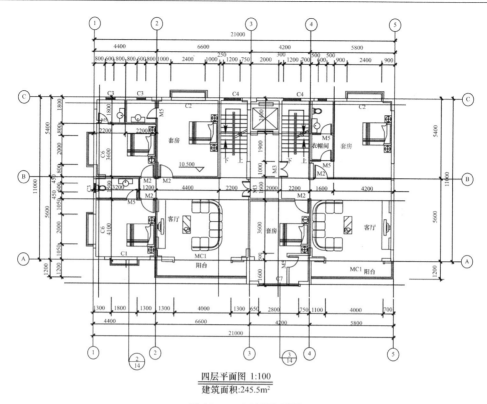

四层平面图 1:100
建筑面积:245.5m²

图 12.34 四层平面图

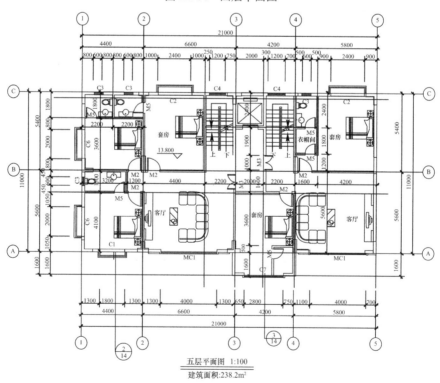

五层平面图 1:100
建筑面积:238.2m²

图 12.35 五层平面图

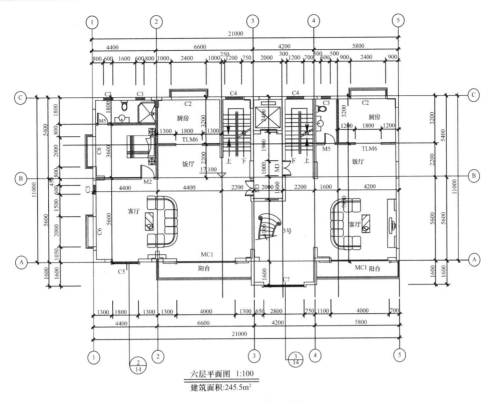

六层平面图　1:100
建筑面积:245.5m²

图 12.36　六层平面图

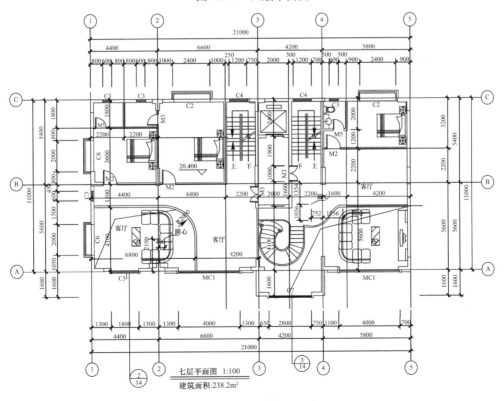

七层平面图　1:100
建筑面积:238.2m²

图 12.37　七层平面图

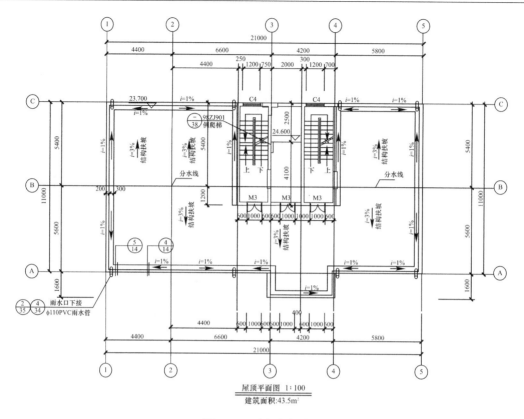

图 12.38　屋顶平面图

12.4.2　工程文件的建立

在 PKPM2010 中一个工程对应一个工程目录，首先按照如下步骤创建此工程目录。

（1）双击 PKPM 图标启动软件，单击左下角"改变工程目录"按钮，按照图 12.39 所示创建"PMCAD"工程目录。

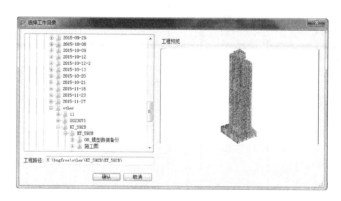

图 12.39　改变工程目录

（2）新建完成后，选择"PMCAD—建筑模型与荷载输入"，单击"应用"按钮，输入工程名称，单击"确定"按钮即可进入建模初始界面。

12.4.3　绘制轴网

1. 绘制轴网

在右侧屏幕菜单中执行"轴线输入 | 正交轴网"命令，按照表 12.3 所示的数据绘制轴网。

轴网数据	表 12.3
上/下开间	4400mm，6600mm，4200mm，5800mm
左/右开间	5400mm，5400mm

（1）执行"轴线输入 | 正交轴网"命令，弹出"直线轴网输入"对话框。
（2）在"下开间"后的文本框中输入开间值"4400，6600，4200，5800"。
（3）在"左进深"后的文本框中输入进深值"5400，5400"，如图 12.40 所示。
（4）单击"确定"按钮，在屏幕绘图区插入轴网。

2. 轴线命名

执行"轴线命名"命令，按照如下命令行提示，对轴网进行命名，如图 12.41 所示。

轴线名输入：请用光标选择轴线（[Tab] 成批输入）	\\按【Tab】键；
移光标点取轴线：	\\点取最左侧竖直轴线；
移光标去掉不标的轴线（[ESC] 没有）	\\按【ESC】键；
输入起始轴线名：	\\输入"1"后回车；
移光标点取轴线：	\\点取最下侧水平轴线；
移光标去掉不标的轴线（[ESC] 没有）	\\按【ESC】键；
输入起始轴线名：	\\输入"A"后回车；
移光标点取轴线：	\\按回车键退出命名操作。

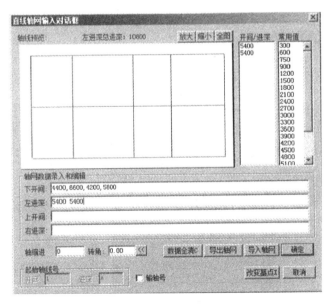

图 12.40　输入进深值

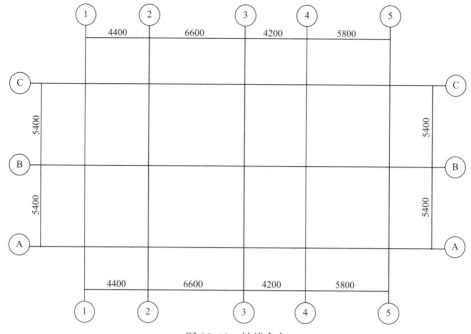

图 12.41 轴线命名

3. 轴线编辑

（1）执行"轴线输入｜平行直线"命令，按照表 12.4 所示的数据生成平行直线，各节点的命名如图 12.42 所示。

平行直线数据 　　　　　　　　　　　　　　　　　　表 12.4

起始节点	第二节点	距离	起始节点	第二节点	距离
点 1	点 2	3600	点 5/点 2	点 9/点 10	2200
点 1	点 2	−1500	点 4	点 7	−2200
点 2	点 3	−1200	点 10	点 4	770
点 4	点 5	−1500	点 11	点 8	3800
点 6	点 7	2000	点 12	点 13	−1200
点 8	点 5	1260	点 14	点 15	−1600

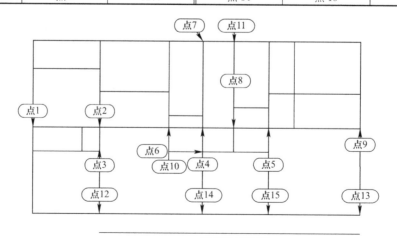

图 12.42 节点命名

（2）执行"两点直线"命令，连接节点，如图 12.43 所示。

（3）执行"网格生成｜删除网格"命令，删除部分网格，如图 12.44 所示。

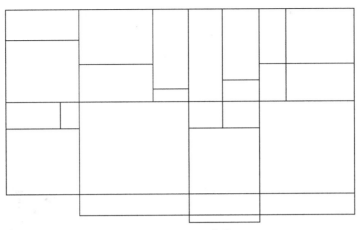

图 12.43　两点直线

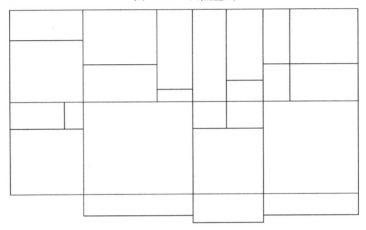

图 12.44　删除网格

（4）再次执行"轴线输入｜平行直线"命令，平移距离为"－1500"，绘制轴网如图 12.45 所示。

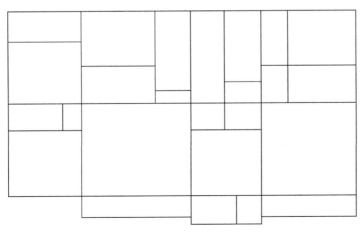

图 12.45　平行直线

12.4.4 柱布置

（1）按照如下操作步骤，创建框架柱1，在柱布置集成面板中，点击【增加】按钮，弹出柱的截面类型选择对话框，如图12.46（a）所示。选择某一类型，如矩形后，会弹出参数输入界面，如图12.46（b）所示。要求定义柱的截面尺寸及材料（混凝土或钢材料），同时右侧预览图根据输入尺寸按比例绘制截面形状。如果材料类别输入0，保存后自动更正为6（混凝土）。如果新建的截面参数与已有的截面参数相同，新建的截面将不会被保存。柱最多可以定义800类截面。

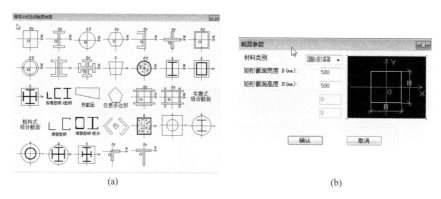

(a)   (b)

图12.46　柱截面定义操作

（2）按照建筑平面图，在2轴与B轴的交点处布置框架柱1，并设置偏轴偏心为"450"，如图12.47所示。

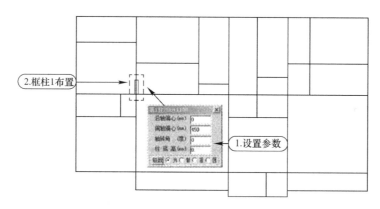

图12.47　框架柱1布置

（3）用同样的方法，定义框架柱2～12，并布置框架柱2～12。

12.4.5 梁布置

结构一层梁的布置参照建筑二层平面图的墙的布置。

1. 主梁布置

同柱布置，与柱不同的是梁布置在网格上。一个网格上通过调整梁端的标高可布置多道梁，但两根梁之间不能有重合的部分。梁最多可以定义800类截面。主梁布置的参数有偏轴距离和其两端相对于楼层的高差。采用此方法依次布置主梁，并根据位置不同修改不同主梁截面参数。截面参数具体含义如下：

（1）偏心：可以输入偏心的绝对值。布置梁时，光标偏向网格的哪一边，梁也偏向那一边。

（2）梁顶标高：梁两端相对于本层顶的高差。如果该节点有上节点高的调整，则是相对于的调整后节点的高差。如果梁所在的网格是竖直的，梁顶标高 1 指下面的节点，梁顶标高 2 指上面的节点；如果梁所在的网格不是竖直的，梁顶标高 1 指网格左面的节点，梁顶标高 2 指网格右面的节点。对于按主梁输入的次梁，三维结构计算程序将默认为不调幅梁。

（3）轴转角：此参数控制梁布置时梁截面绕截面中心的转角，如图 12.48 所示。

2. 次梁布置

执行"主梁布置"命令，将次梁当作主梁布置。列举某工程的次梁布置，如图 12.49 所示。

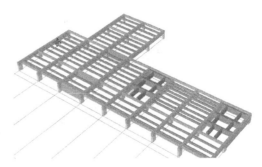

图 12.48　定义主梁截面　　　　图 12.49　某工程次梁布置

12.4.6　楼板布置

1. 楼板布置

（1）补充布置 200×400 电梯梁，如图 12.50 所示。

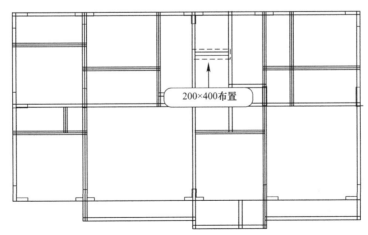

图 12.50　电梯梁布置

（2）楼板生成菜单位于程序"构件布置→楼板"菜单组下，包含了自动生成楼板、楼板错层设置、板厚设置、板洞设置、悬挑板布置、预制板布置等功能。其中的生成楼板功能按本层信息中设置的板厚值自动生成各房间楼板，同时产生了由主梁和墙围成的各房间信息。本菜单其他功能除悬挑板外，都要按房间进行操作。操作时，鼠标移动到某一房间时，其楼板边缘将以亮黄色勾勒出来，方便确定操作对象。如图 12.51 所示。

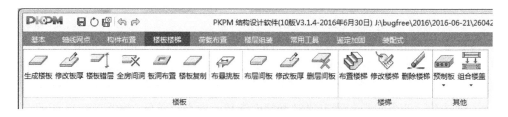

图 12.51 楼板楼梯功能区

2. 楼板编辑

（1）执行"楼板错层"命令，运行此命令后，每块楼板上标出其错层值，并弹出"楼板错层"参数输入窗口，输入错层高度后，此时选中需要修改的楼板即可，如图 12.52 所示。

图 12.52 楼板错层

（2）执行"全房间洞"命令，设置楼梯间以及电梯的洞口布置，如图 12.53 所示。

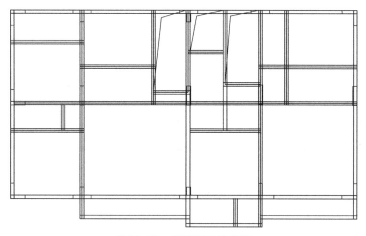

图 12.53 楼梯洞口的布置

12.4.7 楼面荷载布置

（1）执行"恒活设置"命令，定义楼面荷载的恒、活荷载值，如图 12.54 所示。

（2）执行"楼面荷载｜导荷方式"命令，修改楼梯间的梁荷载，如图 12.55 所示。

（3）执行"楼面荷载｜楼面活载"命令，修改阳台活载为 $2.5\mathrm{kN/m^2}$，如图 12.56 所示。

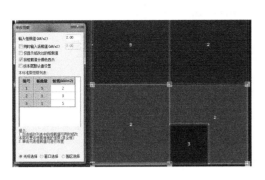

图 12.54　恒、活荷载值设置　　　　图 12.55　修改楼梯间的梁荷载

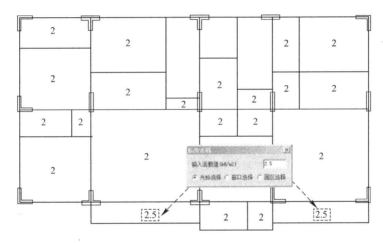

图 12.56　修改阳台活载

12.4.8　梁间荷载布置

1. 梁上荷载计算

（1）一般楼板荷载计算

① 计算填充墙外墙线荷载（$6.6+1.65+1.2\approx10$kN/m），如下：

构造层：$0.2\times10\times3.30=6.6$；外墙面：$0.5\times3.3=1.65$；内墙面：$0.36\times3.3=1.188$；

② 计算填充墙内墙线荷载（$3.3+1.2+1.2\approx6$kN/m），如下：

构造层：$0.1\times10\times3.30=3.3$；墙面：$0.36\times3.3\times2=2.376$；

③ 计算楼梯墙线荷载（$7.92+2.376\approx10.5$kN/m），如下：

构造层：$0.24\times10\times3.30=7.92$；墙面：$0.36\times3.3\times2=2.376$；

④ 计算阳台梁上线荷载（$0.3+1.0\approx1.5$kN/m），如下：

构造层：$0.2\times10\times0.150=0.3$；栏杆：$1.0$。

（2）楼梯梁折算荷载（以右侧楼梯为例）

① 楼梯间板折算恒荷载（13kN/m），如下：

梯板自重：$(0.12 \times 25 + 2) / \cos31° = 5.466 kN/m^2$；

楼梯间面荷载折算为梁上线荷载（13kN/m），如下：

折算线荷载：$5.466 \times (4.63/2) = 12.65 kN/m$，取13kN/m；

② 楼梯折算活荷载（4.5kN/m），如下：

梯板活荷载：$2.0 kN/m^2$；

楼梯间面荷载折算为梁上线荷载（4.5kN/m），如下：

折算线荷载：$2.0 \times (4.63/2) = 4.32 kN/m$，取4.5kN/m。

（3）电梯梁折算荷载

① 电梯板折算恒荷载（6.5kN/m），如下：

梯板自重：$0.12 \times 25 + 2 = 5.0 kN/m^2$；

楼梯间面荷载折算为梁上线荷载（6.5kN/m），如下：

折算线荷载：$5.0 \times (2.4/2) = 6.5 kN/m$；

② 电梯折算活荷载（8.5kN/m），如下：

电梯活荷载：$7.0 kN/m^2$；

电梯面荷载折算为梁上线荷载（8.5kN/m），如下：

折算线荷载：$7.0 \times (2.4/2) = 8.4 kN/m$，取8.5kN/m。

2. 梁间荷载布置

（1）恒载输入

① 执行"恒载输入"命令，布置外墙梁荷载10kN/m，如图12.57所示。

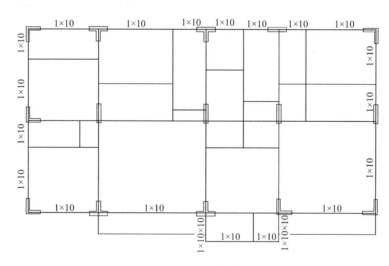

图12.57 梁恒载输入1

② 执行"恒载输入"命令，布置内墙梁荷载6kN/m，如图12.58所示。

③ 执行"恒载输入"命令，布置其他梁荷载，如图12.59所示。

（2）活载输入。执行"恒活设置"命令，定义楼面荷载的活荷载值，如图12.60所示。

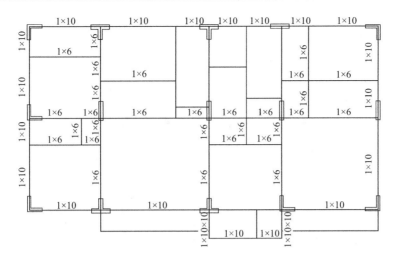

图 12.58 梁恒载输入 2

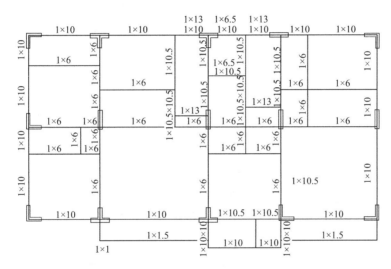

图 12.59 梁恒载输入

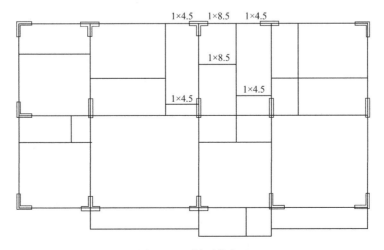

图 12.60 梁活载布置

12.4.9 换标准层

(1) 执行"楼层定义 | 换标准层"命令，全部复制第一标准层。

(2) 按照建筑三层平面图，修改结构二层布置图，并布置荷载，如图 12.61 所示。

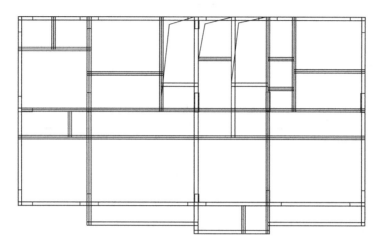

图 12.61 第二标准层结构布置

(3) 执行"楼层定义 | 换标准层"命令，全部复制第二标准层，生成新标准层。

(4) 按照建筑四层平面图，修改结构三层布置图，并布置荷载，如图 12.62 所示。

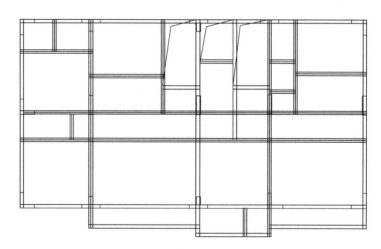

图 12.62 第三标准层结构布置

(5) 按照建筑五层平面图，布置结构四层图，并布置荷载，如图 12.63 所示。

(6) 按照建筑六层平面图，布置结构五层图，并布置荷载，如图 12.64 所示。

(7) 按照建筑七层平面图，布置结构六层图，并布置荷载，如图 12.65 所示。

(8) 按照建筑顶层平面图，布置结构七层图，并布置荷载，如图 12.66 所示。

(9) 按照建筑楼梯的布置，布置楼梯顶板结构图，并布置荷载，如图 12.67 所示。

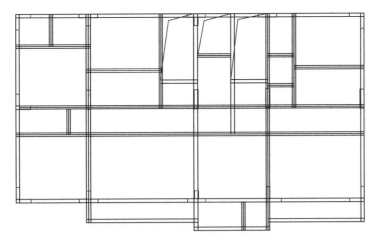

图 12.63　第四标准层结构布置

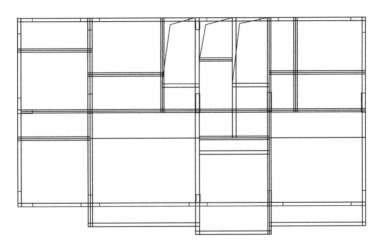

图 12.64　第五标准层结构布置

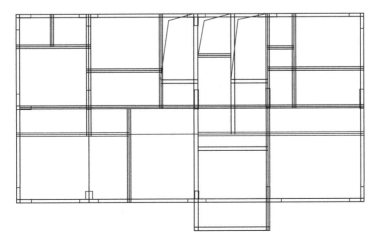

图 12.65　第六标准层结构布置

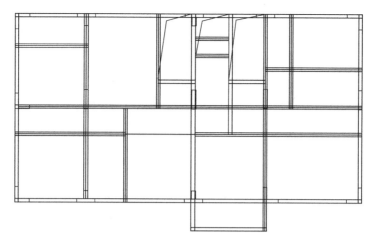

图 12.66 第七标准层结构布置

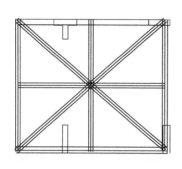
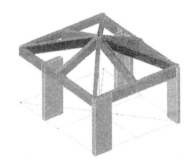

图 12.67 楼梯顶板结构布置

12.4.10 楼层组装

1. 设计参数

（1）执行"设置参数"命令，弹出"楼层组装—设计参数"对话框，如图 12.68 所示。

（2）按照下列所述设置参数：

- 总信息：钢筋混凝土框架结构；
- 材料信息：梁、柱钢筋为 HPB300；
- 地震信息：设计地震分类为一类，地震烈度为 6 度，地震加速度为 $0.5g$；
- 风荷载信息：基本风压为 0.35，地面粗糙度类别为 B 类。

2. 组装楼层

（1）执行"楼层组装｜楼层组装"命令，弹出"楼层组装"对话框。

（2）按照下列所述组装楼层：

- 设置复制层数为 1，标准层为第 1 标准层，层高设为 5200；
- 设置复制层数为 1，标准层为第 2 标准层，层高设为 3300；
- 设置复制层数为 1，标准层为第 3 标准层，层高设为 3300；
- 设置复制层数为 1，标准层为第 4 标准层，层高设为 3300；
- 设置复制层数为 1，标准层为第 5 标准层，层高设为 3300；

- 设置复制层数为 1，标准层为第 6 标准层，层高设为 3300；
- 设置复制层数为 1，标准层为第 7 标准层，层高设为 3300；
- 设置复制层数为 1，标准层为第 8 标准层，层高设为 3000。

（3）执行"楼层组装｜动态模型"命令，查看动态模型，如图 12.69 所示。

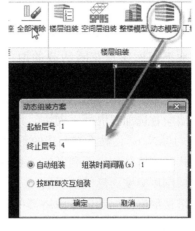

图 12.68　楼层组装设计参数　　　　图 12.69　整楼动态查看

（4）至此，PMCAD 建模部分完成，在右侧屏幕菜单中执行"保存"命令后，再执行"退出"命令，并在弹出的"请选择"对话框中单击"存盘退出"按钮，然后又弹出后续操作选项对话框，直接单击"确定"按钮即可，如图 12.70 所示。

图 12.70　保存与退出

在学习了后续的 PKPM 操作后，可用此结构模型进行 SATWE 和施工图绘制的练习。

12.5　海口某商住楼结构设计

12.5.1　工程概况

位于海口市的某商住楼一期工程包括两座对称的塔楼、地下车库及其他辅助用房。塔楼为 20 层的住宅楼，含一层地下室，地下室底标高为－3.40m。层高分别为：地下4.9m，一层 4.8m，二至十八层 2.9m，十九至二十层 3.1m，电梯机房 3.2m，水箱间4.7m。地下车库实为半地下车库，位于两栋塔楼的南侧，底标高－2.40m，顶标高 1.2m，柱网为 8.0m×6.0m 及 8.0m×7.2m。车库的屋顶为花园绿化，并通消防车。

本工程抗震设防烈度为 8 度，设计基本地震加速度值为 0.30g，框架抗震等级为二级，剪力墙抗震等级为一级，场地土类别为Ⅱ类。

12.5.2　结构的整体分析

本工程采用 PKPM 程序建立结构模型并进行结构的整体分析。由于两栋塔楼的各户型通过电梯、楼梯、走廊连成一体，而各户型之间设有天井，无板相连，因此除了利用 PKPM 进行结构的整体分析外，还利用广厦程序进行复算，即按各户型相连之间的板为有限刚度，而各户型本身楼板为无限刚度考虑。在结构的整体分析中充分运用了抗震概念设计的思想，主要体现在如下几方面。

（1）地下车库屋顶花园活载的取值：屋顶花园有消防车道处，活载取消防车荷载 $20kN/m^2$，无消防车道处则取 $5.0kN/m^2$。

（2）填充墙的材料问题：为了减轻塔楼自重，除外墙采用 200mm 厚的黏土空心砖外，其余内隔墙应首选加气混凝土砌块，其次是黏土空心砖。加气混凝土砌块加砂浆砌筑后的重度取 $9\sim10kN/m^2$，黏土空心砖的重度则按实际取用。另外，在布置填充墙时，应考虑其布置方式对主体结构的不利影响，避免平面布置不均匀造成主体结构扭转，上下布置不均匀造成层刚度突变而形成软弱层。

（3）塔楼的嵌固问题：考虑塔楼的室内外高差为 1.6m，并且与地下车库相连，因此塔楼上部的嵌固部位取至地下室底，即考虑地下室作为一层计算。

（4）层间剪刚比调整问题：塔楼地下室层高为 4.9m，首层为 4.8m，二层以上为 2.9m。显然，如果首层与二层的剪力墙面积相同，则两者的刚度比为 1.655，即二层的刚度大于首层的刚度，因此为了使塔楼各层的刚度趋于均匀，应将各层的剪力墙厚度进行调整，具体如下：二层以下的剪力墙厚度调整为：除电梯间和楼梯间的墙厚为 200mm，电梯井筒间墙厚为 160mm 外，其余均为 240mm；二层以上除电梯间和楼梯间的墙厚为 180mm，电梯井筒间墙厚为 160mm 外，其余均为 240mm，并且尚须经电算进行调整。

（5）剪力墙的抗侧刚度问题：本工程的结构体系为钢筋混凝土剪力墙结构。为了使结构不致因剪力墙抗侧刚度太大而造成结构的自振周期短，房屋顶点位移、层间位移小，从而使得工程费用增加，本工程对墙体的位置、墙肢的长度均进行了合理的布置和调整，使一般墙肢长度多为 $2.5\sim3m$，同时也做到了最小墙肢长度不小于 $5b_w$（b_w 为剪力墙的厚度）。为了避免剪力墙体系产生水平方向的扭转问题，在考虑剪力墙的布置时，尽量做到正交抗剪中心接近建筑物质量产生的侧向荷载的作用中心。

（6）抗震的加强问题：该工程各个拐角处为了满足建筑使用功能的需要，多数角部为开口角窗，致使角部在地震作用下的抗扭转性能差。为了提高角部抗震性能，采取了如下措施。

1）开口位的两向剪力墙在 18 层以下不得开洞，确保剪力墙刚度；

2）角窗洞边的暗柱按约束边缘构件设计，并加大其竖向配筋；

3）加厚角位房间的楼板，并在转角处板内设置连接两侧墙体的暗梁。

（7）为了加强各户型之间的连接，增强整体协同工作能力，应在各户型相连的通风天井的外侧设双梁，并在双梁之间设 100mm 厚板。

12.5.3　部分计算结果及其分析

1. 结构的位移比

位移比是控制结构整体扭转和平面布置不规则性的重要指标。位移比包含两部分内容：①楼层竖向构件的最大水平位移与平均水平位移的比值 $Ratio\text{-}(X)$ 和 $Ratio\text{-}(Y)$；②楼层竖向构件的最大层间位移与平均层间位移的比值 $Ratio\text{-}Dx$ 和 $Ratio\text{-}Dy$。根据表 12.5 可知，本工程结构的位移比均小于 1.5，满足规范要求。

结构的位移比　　　　　　　　　　　　　　　　表 12.5

X 向地震作用		Y 向地震作用		X 向风作用		Y 向风作用	
$Ratio\text{-}(X)$	$Ratio\text{-}Dx$	$Ratio\text{-}(Y)$	$Ratio\text{-}Dy$	$Ratio\text{-}(X)$	$Ratio\text{-}Dx$	$Ratio\text{-}(Y)$	$Ratio\text{-}Dy$
1.11	1.11	1.04	1.04	1.25	1.25	1.06	1.06

2. 层间位移角

层间位移角是衡量结构变形能力、控制结构整体刚度和不规则性的主要指标。由表 12.6 可知，结构的最大层间位移角均小于 1/1000，满足规范要求。

结构的最大层间位移角　　　　　　　　　　　　表 12.6

X 向地震作用	Y 向地震作用	X 向风作用	Y 向风作用
1/1020	1/2187	1/5501	1/4748

3. 结构的周期比

周期比是指以结构扭转为主的第一自振周期 Tt 与以平动为主的第一自振周期 $T1$ 的比值。周期比是控制结构扭转效应的重要指标。由"周期、振型、地震力"计算结果文件可知，$Tt=1.5410$，$T1=1.8129$，$Tt/T1=1.5410/1.8129=0.85<0.9$，满足规范要求。

4. 结构的剪重比和刚重比

由表 12.7 可知，剪重比大于 4.8%，刚重比大于 1.4%，满足规范要求。

结构的剪重比和刚重比　　　　　　　　　　　　表 12.7

剪重比（%）		刚重比（%）	
X 向	Y 向	X 向	Y 向
4.81	5.36	7.56	8.89

5. 轴压比

由"梁弹性挠度、柱轴压比、墙边缘构件简图"可知，所有剪力墙中最大轴压比为 0.45，小于 0.5，满足规范要求。

由上述部分计算结果可知，结构的位移比、周期比、层间位移角、剪重比、刚重比和轴压比均在正常范围内。此外，结构的层间刚度比和层间受剪承载力比等计算控制指标也均满足规范要求。由于在结构的整体分析中注重运用抗震概念设计思想，包括活载的取值、嵌固端的确定、填充墙材料的选择和布置、层间刚度比的调整、抗侧刚度沿平面和竖向的分布以及薄弱部位的加强等，因此使得计算结果合理，各项控制指标均符合规范要求，由此证明了上述抗震概念设计思想在结构整体分析中的有效性。

12.6　某砌体结构旅馆的加固设计

12.6.1　工程概况

该旅馆位于北京市，建于 20 世纪 50 年代。建筑平面大体呈矩形，总长 96.1m，总宽

22.39m,结构形式为砌体结构,地下一层,地上四层,局部五层。总建筑面积为 10686.33m²。该建筑被两条变形缝分为三段,分别为Ⅰ区、Ⅱ区、Ⅲ区。Ⅰ区、Ⅲ区地上四层,总高为 16.90m,Ⅱ区地上五层总高为 20.40m。标准层结构平面简图如图 12.71 所示。

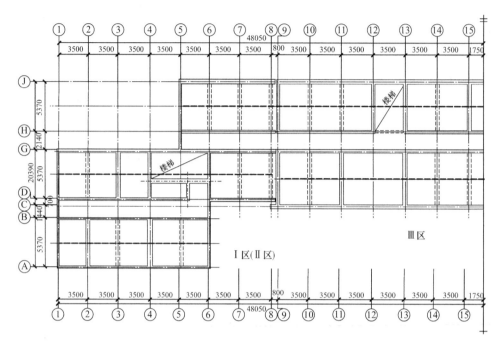

图 12.71 标准层结构平面简图

该建筑地下室层高 2.6m,首层层高 2.8m,二~五层层高均为 3.5m。外墙为清水砖墙,厚 490mm,地上部分内承重墙厚分别为 370mm、240mm。每隔 2~3 开间设横墙一道,Ⅰ区、Ⅲ区与Ⅱ区相连处横墙未封闭。砖强度等级达到原设计不低于 75 号砖的要求;地下室及一层达到原设计不低于 50 号砂浆的要求,但二至五层未达到原设计不低于 25 号砂浆的要求。

楼盖和屋盖的楼板为 40mm 厚现浇楼板,由预制主、次梁和预制密肋承担。预制主、次梁截面为 L、∏ 形,预制密肋的截面为 50mm×200mm,间距为 500mm。除地下室及三层外,混凝土强度等级低于 C10(原设计混凝土为 140 号)。

原建筑为欧式风格,业主准备将其改造为经济型酒店,要求增设两部电梯,对室内外进行装修,全面改造电气、采暖、空调、通信、给水排水系统。同时也要求对其进行结构加固,以保证使用安全及耐久性的要求。

中国建筑科学研究院抗震所于 2005 年 9 月对该建筑进行了结构鉴定,得出了如下鉴定结论:

(1)构造方面:建筑高度高于 8 度区多层黏土砖房最高 18m 的要求;没有按照规范要求设置构造柱;圈梁仅在地下室与顶层处设置,未按照规范要求每层设置。

(2)承载力方面:多数承重墙抗震承载力不足,部分承重墙受压承载力不足,少数承重墙高厚比不满足要求;多数主梁承载力不足且部分梁截面超筋;楼板没有配置负弯矩钢筋，支座处承载力不足。

12.6.2　加固方案

传统的砌体结构加固方法，如增设圈梁和构造柱、用钢丝网抹灰加固砖墙等解决不了结构超高的问题，并且结构抗震能力与延性增强不多。经多次比较论证，采用"喷射钢筋混凝土墙"的加固方案，基本改变了原结构抗侧力体系，具体为在砌体墙的两侧或一侧喷射混凝土组合层，从而大幅度提高墙体承载力和变形性能，形成"砌体-混凝土"组合墙体的抗侧力结构体系。这样可以使整个结构体系改变为组合墙体的剪力墙体系，使结构高度满足 8 度抗震设防的要求。

这种组合墙体的平面内及平面外的抗弯刚度、抗剪强度及延性均相对得到较大提高，并可通过对外墙进行单面加固来保护原外立面，对内墙进行双面加固也为室内改造提供了便利条件。

横墙未封闭处增设混凝土梁、柱来解决刚度不均匀的问题。

12.6.3　加固设计

组合墙是既含有砖墙，又有配筋的混凝土板墙，构件截面特性不统一。为简化计算，将砖墙按剪切模量折算成混凝土的厚度与混凝土板墙合并，在 SATWE 程序中按剪力墙结构进行计算。

经过计算，Ⅰ、Ⅱ、Ⅲ区的周期分别为 0.1610、0.2143、0.1643；最大层间位移角分别为 1/5679、1/6905、1/6828。具体数据见表 12.8。

结构自振周期和层间位移角　　　　　　　　　　表 12.8

项目		Ⅰ区		Ⅱ区		Ⅲ区	
周期		0.1610		0.2143		0.1643	
相对位移		X 向	Y 向	X 向	Y 向	X 向	Y 向
风载	层间最大位移角	1/9999	1/9999	1/9999	1/9999	1/9999	1/9999
	顶点最大位移角	1/9999	1/9999	1/9999	1/9999	1/9999	1/9999
地震	层间最大位移角	1/9999	1/5679	1/9999	1/6905	1/9999	1/6828
	顶点最大位移角	1/9999	1/7416	1/9999	1/9999	1/9999	1/9999

从表 12.8 中可以看出，用组合墙体加固后，建筑物的自振周期明显降低，刚度得到很大提高，加固后的结构刚度也能满足抗震及使用需求。

12.6.4　加固做法

1. 混凝土墙的加固做法

采用喷射混凝土的施工工艺，混凝土加固层内配置双向钢筋网。

2. 梁、板的设计

原有楼板 40mm，预制主、次梁截面为 L、Ⅱ 形，预制密肋的截面为 50mm×200mm，用传统加固方法加固很难实现，而且施工困难，成本很高；并且混凝土强度等级低于 C10，也很难满足目前的加固方法的强度要求。故采用传统加固方法加固是不可行的。

考虑多方面因素，在不增加荷载的情况下，本次设计采用拆去原有梁板，重新现浇钢筋混凝土梁板结构。新增梁可置放于原梁的位置，新增板与墙体的搭接，为避免对原墙体的破坏，利用新增墙板作为支座来满足要求。

习题与思考题

1. 某层平面的某处节点网格线尺寸为 2500mm×4500mm，如要在该板的中心位置开一个 800mm×800mm 的孔，应该选择楼板开洞菜单下的哪个命令？要输入哪些数据？

2. 如果点击"次梁布置"，需要布置纵、横两个方向的次梁，当点取房间后会有哪些提示？在主菜单 2 中输入的次梁和在主菜单 1 中输入的梁在程序处理上有什么不同？

3. 修改结构布置后应进行哪些操作？

4. 对于楼板、梁等结构构件的自重，程序是如何考虑的？

参 考 文 献

[1] 蔡美峰，何满潮，刘东燕. 岩石力学与工程（第二版）. 北京：科学出版社，2013.

[2] 傅巍，蔡九菊，董辉，等. 颗粒流数值模拟的现状. 材料与冶金学报，2004（3）：172-175.

[3] 黄强. 建筑基坑支护技术规程应用手册. 北京：中国建筑工业出版社，1999.

[4] 龚晓南. 土工计算机分析. 北京：中国建筑工业出版社，2000.

[5] 顾慰慈. 渗流计算原理及应用. 北京：中国建材工业出版社，2000.

[6] 何光春. 加筋土工程设计与施工. 北京：人民交通出版社，2000.

[7] 何满潮，王树仁. 大变形数值方法在软岩工程中的应用. 岩土力学，2004（2）：185-188.

[8] 何满潮，黄润秋，王金安，等. 工程地质数值法. 北京：科学出版社，2006.

[9] 李云鹏，王芝银. 固体力学有限单元法及程序设计. 西安：西安地图出版社，1994.

[10] 刘波，韩彦辉. FLAC原理、实例与应用指南. 北京：人民交通出版社，2005.

[11] 刘铁民，钟茂华，王金安. 地下工程安全评价. 北京：科学出版社，2005.

[12] 刘钊，佘才高，周振强. 地铁工程设计与施工. 北京：人民交通出版社，2004.

[13] 路美丽，刘维宁. 盾构法、暗挖法结合修建地铁车站在我国的应用前景. 都市快轨交通，2004
（2）：30-33.

[14] 潘一山，章梦涛，王来贵，等. 地下硐室岩爆的相似材料模拟试验研究. 岩土工程学报，1997
（4）：49-56.

[15] 潘岳，张勇，于广明. 圆形硐室岩爆机制及其突变理论分析. 应用数学和力学，2006（6）：115-123.

[16] 申骞，张小明，申玉良. 岩爆的研究现状及展望. 山西建筑. 2006（22）：117-118.

[17] 北京城建设计研究总院. 地下铁道设计规范 GB 50157—2003. 北京：中国计划出版社，2003.

[18] 王润富，余颖禾. 有限单元法概念与习题. 北京：科学出版社，1998.

[19] 王勖成，邵敏. 有限单元法基本原理和数值方法（第二版）. 北京：清华大学出版社，1997.

[20] 王树仁，王金安，戴涌. 大倾角厚煤层综放顶煤运移规律与破坏机理的离散元分析. 北京科技大
学学报，2005（1）：5-8.

[21] 王树仁，王金安，吴顺川，等. 大倾角厚煤层综放开采颗粒元分析. 北京科技大学学报，2006
（9）：808-812.

[22] 王树仁，何满潮，范新民. JS复合型软岩顶板条件下煤巷锚网支护技术研究. 北京科技大学学
报，2005（4）：390-394.

[23] 王树仁，何满潮，武崇福，等. 复杂工程条件下边坡工程稳定性研究. 北京：科学出版社，2007.

[24] 王耀辉，陈莉雯，沈峰. 岩爆破坏过程能量释放的数值模拟. 岩土力学，2008（3）：790-794.

[25] 王泳嘉，邢纪波. 离散单元法及其在岩土力学中的应用. 沈阳：东北大学出版社，1991.

[26] 魏群. 散体单元法的基本原理数值方法及程序. 北京：科学出版社，1991.

[27] 吴顺川，金爱兵，高永涛. 袖阀管注浆技术改性土体研究及效果评价. 岩土力学，2007（7）：
1353-1358.

[28] 徐林生，王兰生. 二郎山公路隧道岩爆特征与防治措施研究. 中国公路学报，2003（1）：74-76.

[29] 徐芝纶. 弹性力学（第五版）上册. 北京：人民教育出版社，2016.

[30] 杨果林，肖宏彬. 现代加筋土挡土结构. 北京：煤炭工业出版社，2002.

[31] 赵忠虎，谢和平. 岩石变形破坏过程中的能量传递和耗散研究. 四川大学学报（工程科学版），
2008（2）：26-31.

[32] 张凤祥，朱合华，傅德明. 盾构隧道. 北京：人民交通出版社，2004.

[33] 中国岩石力学与工程学会岩石锚固与注浆技术专业委员会. 锚固与注浆技术手册（第二版）. 北京：中国电力出版社，2010.

[34] 钟茂华，王金安，史聪灵，等. 地铁施工围岩稳定性数值分析. 北京：科学出版社，2006.

[35] 周爱国. 隧道工程现场施工技术. 北京：人民交通出版社，2004.

[36] 周健，池永，池毓蔚，等. 颗粒流方法及 PFC2D 程序. 岩土力学，2000（3）：271-274.

[37] 周健，池毓蔚，池永，等. 砂土双轴试验的颗粒流模拟. 岩土工程学报，2001（6）：701-704.

[38] 周维垣，杨强. 岩石力学数值计算方法. 北京：中国电力出版社，2005.

[39] 齐威. ABAQUS6. 14 超级学习手册. 北京：人民邮电出版社，2017.

[40] 王金安，王树仁，冯锦艳. 岩土工程数值计算方法实用教程. 北京：科学出版社，2010.

[41] 傅永华. 有限元分析基础. 武汉：武汉大学出版社，2003.

[42] 王玉镯，傅传国. ABAQUS 在结构工程中的应用. 北京：中国建筑工业出版社，2010.

[43] 刘鸿文. 材料力学（第六版）. 北京：高等教育出版社，2017.

[44] 冯维明. 理论力学. 北京：国防工业出版社，2018.

[45] 石亦平. ABAQUS 有限元分析实例详解. 北京：机械工业出版社，2006.

[46] 庄茁. ABAQUS 非线性有限元分析与实例. 北京：科学出版社，2008.

[47] 周建兵，江玲，李波. PKPM 结构设计与分析计算从入门到精通. 北京：中国铁道出版社，2015.

[48] 郭仕群，杨震. PKPM 结构设计与应用案例. 北京：机械工业出版社，2015.

[49] 陈超核，等. 建筑结构 CAD——PKPM 应用于设计实例. 北京：化学工业出版社，2012.

[50] PKPM v3. 1 软件说明书-结构建模软件 PMCAD.

[51] Amadei B. 1982. The Influence of Rock Anisotropy on Measurement of Stresses In Situ. Ph. D. Thesis. University of California, Berkeley.

[52] Bagnold R A. 1954. Expriments on a gravity-free dispersion of large solid particles in a Newtonian fluid under shear. Proc R Soc Lond, A225：49-63.

[53] Bardet J Pand Proubet J. A numerical investigation of structure of persistent shear bands in granular media. Geotechnique, 1991（4）：599-613.

[54] Britto A M and Gunn M J. 1987. Critical State Soil Mechanics via Finite Elements. Chichester U. K.：Ellis Horwood Ltd；488.

[55] Campbell C S. 1990. Rapid granular flows. Ann Rev Fluid Mech, 22：57-92.

[56] Chen W F and Han D J. 1988. Plasticity for Structural Engineers. New York：Springer-Verlag；606.

[57] Drescher，A. 1991. Analytical Methods in Bin-Load Analysis. Amsterdam：Elsevier；255.

[58] Itasca. 1996. FLAC3D v. 1.1 User's Manual（3 vols）. Itasca Consulting Group Inc. Minneapolis, USA.

[59] Itasca. 1996. UDEC 2D（3.0）User's Manual. Itasca Consulting Group Inc. Minneapolis, USA.

[60] Itasca. 1998. PFC 2D（3.0）User's Manual. Itasca Consulting Group Inc. Minneapolis, USA.

[61] Jaeger J C, Cook G W. 1979. Fundamentals of rock mechanics. London：Chapman and Hall Press，466-470.

[62] Lekhnitskii S G. 1981. Theory of Elasticity of an Anisotropic Body. Moscow：Mir Publishers；430.

[63] Malvern L E. 1977. Introduction to the Mechanics of a Continuous Medium. Englewood Cliffs, New Jersey：Prentice Hall；173.

[64] Roscoe K H and Burland J B. 1968. "On the Generalised Stress-Strain Behavior of 'Wet Clay'" in Engineering Plasticity, J. Heyman and F. A. Leckie, eds. Cambridge：Cambridge University Press，535-609.

［65］ Vermeer P A and de Borst R. 1984. Non-Associated Plasticity for Soils，Concrete and Rock. Heron，29（3）：3-64.

［66］ Wilkins M L. 1964. "Fundamental Methods in Hydrodynamics" in Methods in Computational Physics，Alder et al.，eds. New York：Academic Press，Vol. 3：211-263.

［67］ Wood D M. 1990. Soil Behaviour and Critical State Soil Mechanics. Cambridge：Cambridge University Press.